北京理工大学"双一流"建设精品出版工程

Spacecraft Flight Dynamics and Control

航天器飞行动力学与控制

张景瑞　杨科莹　蔡　晗◎编著

北京理工大学出版社
BEIJING INSTITUTE OF TECHNOLOGY PRESS

图书在版编目(CIP)数据

航天器飞行动力学与控制 / 张景瑞,杨科莹,蔡晗编著. --北京:北京理工大学出版社,2024.4

ISBN 978-7-5763-3875-1

Ⅰ.①航…　Ⅱ.①张…②杨…③蔡…　Ⅲ.①航天器-飞行力学②航天器-飞行控制　Ⅳ.①V412.4②V448

中国国家版本馆CIP数据核字(2024)第088579号

责任编辑：王玲玲　　**文案编辑**：王玲玲
责任校对：刘亚男　　**责任印制**：李志强

出版发行 / 北京理工大学出版社有限责任公司
社　　址 / 北京市丰台区四合庄路6号
邮　　编 / 100070
电　　话 / (010) 68944439（学术售后服务热线）
网　　址 / http://www.bitpress.com.cn

版 印 次 / 2024年4月第1版第1次印刷
印　　刷 / 廊坊市印艺阁数字科技有限公司
开　　本 / 787mm×1092mm　1/16
印　　张 / 14.25
字　　数 / 330千字
定　　价 / 69.00元

前 言

PREFACE

航天器飞行动力学与控制阐述力学原理和控制方法在航天领域的应用与发展，是航天技术的重要理论基础之一。本书由北京理工大学张景瑞教授、杨科莹副研究员、蔡晗副研究员共同编著，旨在围绕航天器飞行动力学展开论述，对姿态控制、轨道机动、新型航天器的动力学与控制进行叙述和总结。全书共分为 8 章：第 1 章总述了航天技术的发展历史，并对航天动力学中的矢量基础知识进行了介绍；第 2 章介绍了基础的航天器轨道动力学，包括与轨道相关的时间系统、空间坐标系的定义、开普勒轨道、轨道摄动，以及典型的卫星轨道等；第 3 章介绍了航天器姿态动力学，包括描述姿态的航天器坐标系及其转换、姿态运动学、姿态动力学及空间环境力矩等；第 4 章针对姿态确定方法展开了介绍，包含各类姿态敏感器及其测量方法、自旋卫星和三轴姿态稳定卫星的姿态确定方法等；第 5 章介绍了航天器的被动姿态稳定控制系统，讨论了单刚体和双刚体自旋卫星的姿态稳定条件，以及重力梯度被动姿态稳定控制；第 6 章针对主动姿态稳定控制系统，以喷气推力器和角动量管理装置为执行机构，介绍了主动姿态稳定控制系统的设计；第 7 章围绕复杂航天器的姿态控制，分别介绍了挠性航天器和充液航天器的动力学建模及姿态控制回路设计方法；第 8 章以新时代航天器为对象，介绍了巨型星座卫星、航天器寿命末期离轨、在轨组装、空间站、星际航行等的发展。本书深入浅出，含有较多实例，形式丰富，在阐述原理的同时联系实际，工程实用性强。

本书是作者在多年从事航天器动力学与控制研究的基础上，吸取了长期在本科专业基础课教学及研究生教学与培养中的经验，在阐述相关原理的同时，辅以具有代表性的实例，使读者能更好地理解相关原理，同时掌握一定的实际应用技巧。为充分适应快速发展的信息化要求，本书附有演示程序或示例代码，以及参考文献，在激发读者兴趣的同时，加深读者对相关原理的理解。在本书撰写过程中，北京理工大学博士生李夏临、肖前、袁雨润、张若楠、张泽霖参与了内容讨论和校对工作。值本书出版之际，作者向所有为本书的出版给予过支持和帮助的老师、学生和朋友致以由衷的感谢。谨以此书献上作者最诚挚的问候与最衷心的祝福。

本书可作为高等学校航天及相关专业研究生和高年级本科生课程教材，也可供从事相关工作的研究人员和技术人员参考。书中疏漏之处，敬请广大读者不吝赐正，并提出宝贵意见。

编　者

目 录
CONTENTS

第1章 绪 论

1.1 航天器简介

1.1.1 航天技术发展历史

航天技术发展是当今世界上最引人注目的事业之一，它推动着人类科学技术的进步，使人类活动的领域由大气层内扩展到宇宙空间。航天技术是现代科学技术的结晶，是基础科学和技术科学的集成，力学、热力学、材料学、医学、电子技术、光电子技术、自动控制、计算机、真空技术、低温技术、半导体技术、喷气推进、制造工艺学等学科，以及这些科学技术在航天应用中相互交叉、渗透而产生的大量新学科，都对航天技术的发展起了重要作用。因此，航天技术是一个国家科学技术水平的重要标志。

航天技术是一门综合性的工程技术，主要包括制导与控制技术，热控制技术，喷气推进技术，能源技术，空间通信技术，遥测遥控技术，生命保障技术，航天环境工程技术，火箭及航天器的设计、制造和实验技术，航天器的发射、返回和在轨技术等。由多种技术融于一体的航天系统是现代高新技术的复杂大系统，不仅规模庞大，技术高新、尖端，而且人力、物力耗费巨大，工程周期长。时至今日，航天技术已被广泛应用到政治、军事、经济和科学探测等领域，已成为一个国家综合国力的象征。

1.1.1.1 人类的早期航天探索

人类很早就有遨游太空、征服宇宙的理想。宇宙的星球对人类一直充满着吸引力和神秘感，许多美丽的神话和传说，反映了人类对宇宙的向往和探索空间奥秘的心情。“嫦娥奔月”“牛郎织女”以及“孙悟空腾云驾雾，一个筋斗十万八千里”等，这些古老的神话与传说，是在生产力与科学技术水平极度低下的古代，人类幻想利用与征服天空的愿望。人类为了实现腾空飞行的理想，经历了一段相当艰难曲折的过程。很早以前，人类就做过种种飞行的尝试与探索。在中国的西汉时期、欧洲的中世纪都有人类模拟鸟类进行过飞行活动的尝试。

然而，真正航天飞行的历史是从火箭技术的发明开始的，没有火箭也就没有航天飞行。追溯源头，中国是最早发明火箭的国家。“火箭”这个词在三国时代（公元220—280年）就出现了。不过那时的火箭只是在箭杆前端绑有易燃物，点燃后由弩弓射出，故也称为“燃烧箭”。随着中国古代四大发明之一的火药出现，火药便取代了易燃物，使火箭迅速应用到军事中。公元10世纪唐末宋初就已经有了火药用于火箭的文字记载，这时的火箭虽然使用了火药，但仍须由弩弓射出。真正靠火药喷气推进而非弩弓射出的火箭的外形被记载于明代茅元仪编著的《武备志》中（图1-1）。这种原始火箭虽然没有现代火箭那样复杂，但已经具有了战斗部（箭头）、推进系统（火药筒）、稳定系统（尾部羽毛）和箭体结构（箭杆），完全可以认为是现代火箭的雏形。

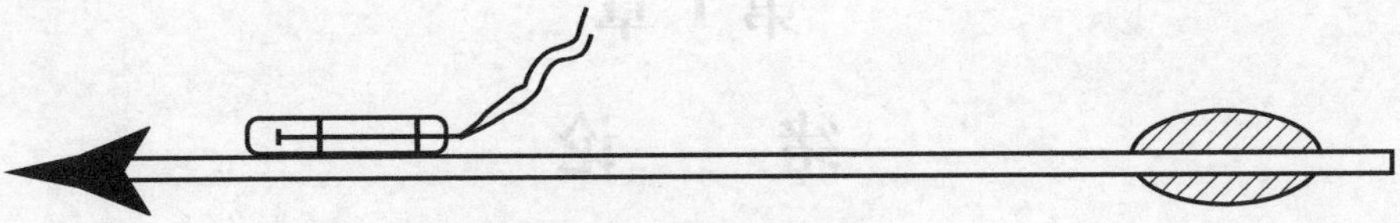

图 1-1　中国古代原始火箭

中华民族不但发明了火箭，而且还最早应用了串联（多级）和并联（捆绑）技术以提高火箭的运载能力。明代史记中记载的“神火飞鸦”就是并联技术的体现，如图 1-2 所示；“火龙出水”就是串、并联综合技术的具体运用，如图 1-3 所示。

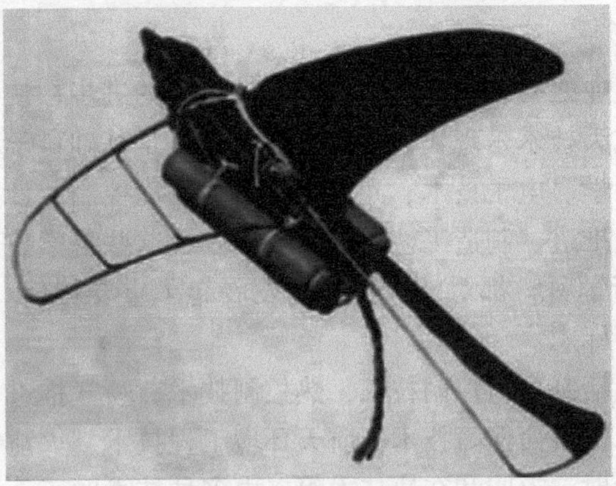

图 1-2　神火飞鸦

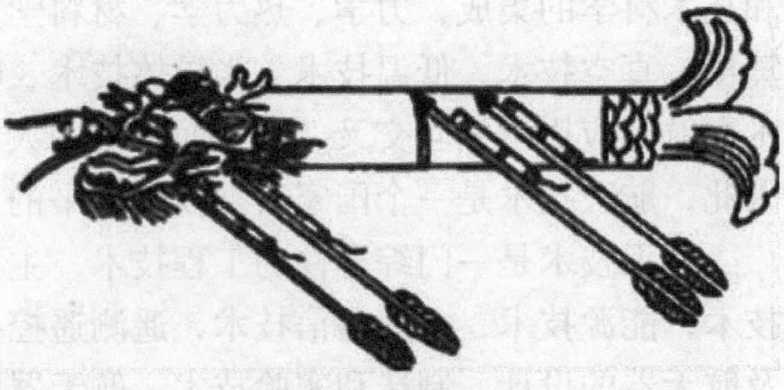

图 1-3　火龙出水

世界上第一个试图乘坐火箭上天的“航天员”也出现在中国。相传在 14 世纪末期，中国有位被称为“万户”的人，两手各持一个大风筝，请他人把自己绑在一把特制的座椅上，座椅背后装有 47 支当时最大的火箭（又称“起火”）。他试图借助火箭的推力和风筝的气动升力来实现“升空”的理想（图 1-4）。万户的勇敢尝试虽然遭遇失败并为此献出了生命，但他仍是世界上第一个想利用火箭的力量进行飞行的人。为了纪念这位传奇式的人物，国际上将月球表面东方海附近的一个环形山以“万户”命名。

图 1-4　万户飞天

虽然我们的祖先发明了火药、火箭，但由于长期的封建统治，致使中华民族的聪明才智得不到充分发挥，科学技术因而停滞不前。尽管欧洲人在中国发明火箭的几百年后才学会使用火箭，然而现代火箭技术还是首先在欧洲得到迅速发展。

13—14 世纪，中国的火箭技术与其他火药兵器一同传到阿拉伯国家和印度，后又传入欧洲。至 18 世纪后期，印度军队在抗击英国和法国军队的多次战争中就曾大量使用火药火箭并取得了成功，由此推动了欧洲火箭技术的发展。曾在印度作战的英国人威廉·康格里夫（William Congreve）在19世纪初对印度火箭做了改进，他确定了黑火药的多种配方，改善了制造方法并使火箭系列化，最大射程可达3 km。19世纪70年代以后，火炮技术在使用性能方面有了新的突破，火箭终于被准确度很高的火炮所代替。尽管如此，这些初期火箭的原理都成为近代火箭技术的基础。

1.1.1.2 近代航天技术的发展

19世纪末20世纪初，火箭才又重新蓬勃地发展起来。在近代的火箭技术和航天飞行的发展过程中，涌现出许多勇于探索的航天先驱者，其中代表人物有齐奥尔科夫斯基、戈达德、奥伯特。

苏联科学家齐奥尔科夫斯基（图1-5）一生从事利用火箭技术进行航天飞行的研究。在他的经典著作中，对火箭飞行的思想进行了深刻的论证，最早从理论上证明了用多级火箭可以克服地心引力进入太空的论点。他建立了火箭运动的基本数学方程，奠定了航天学的基础。他首先肯定了液体火箭发动机是航天器最适宜的动力装置，论述了关于液氢-液氧作为推进剂用于火箭的可能性，为运载器的发展指出了方向，这些观点仅仅几十年就成为现实。他还指出过用新的燃料（原子核分解的能量）来作火箭的动力，并具体地阐明了用火箭进行航天飞行的条件、火箭由地面起飞的条件以及实现飞向其他行星必须设置中间站的设想。他还提出过许多的技术建议，例如，他建议使用燃气舵来控制火箭，用泵来强制输送推进剂到燃烧室中，以及用仪器来自动控制火箭等，都对现代火箭和航天飞行的发展起了巨大的作用。

美国的火箭专家、物理学家和现代航天学奠基人之一——戈达德博士（图1-6）在1910年开始进行近代火箭的研究工作，他在1919年发表的《达到极大高度的方法》论文中，阐述了火箭飞行的数学原理，指出火箭必须具有7.9 km/s的速度才能克服地心引力，并研究了利用火箭把有效载荷送至月球的几种可能方案。戈达德博士认识到液体推进剂火箭具有极大的潜力，他从1921年开始研制液体火箭。1926年3月16日，他进行了人类首次液体火箭飞行实验并获得成功。火箭长3.04 m，飞行2.5 s，达到12 m高，56 m远，速度为103 km/h，这使得他成为液体火箭的实际创始人。1932年，他首次用陀螺控制的燃气舵操纵火箭飞行。1935年，他实验的火箭实现了超声速飞行，最大射程达20 km。

图1-5 齐奥尔科夫斯基

图1-6 戈达德博士

德国的奥伯特教授在他1923年出版的《飞向星际空间的火箭》一书中不仅确立了火箭在宇宙空间真空中工作的基本原理，而且说明火箭只要能产生足够的推力，便能绕地球轨道飞行。同齐奥尔科夫斯基和戈达德一样，他也对许多推进剂的组合进行了广泛的研究。

真正的近代火箭的出现是在第二次世界大战时的德国。早在1932年，德国就发射了A2火箭，飞行高度达到3 km。1942年10月3日，德国首次成功地发射了人类历史上第一枚弹道导弹V-2（A4型），并于1944年9月6日首次投入作战使用。第二次世界大战期间，先后有4 300多枚V-2导弹袭击了英国、荷兰安特卫普港和其他目标，破坏严重。V-2是单级液体火箭，全长14 m，质量为13 t，箭体直径为165 m，最大射程为320 km，发动机熄火高度为96 km，飞行时间约为320 s，命中精度圆公算偏差为5 km，有效载荷约为1 t。

V-2导弹的成功在工程上实现了19世纪末、20世纪初航天技术先驱者的技术设想，并培养和造就了一大批有实践经验的火箭专家，对现代大型火箭的发展起到了继往开来的作用。V-2导弹的设计虽然不尽完善，但它却是人类拥有的第一件向地球引力挑战的工具，成为航天技术发展史上的一个重要里程碑。

第二次世界大战后，美国、苏联两国分别接收了参与V-2导弹研制的部分专家、设备及资料，为这两个国家在第二次世界大战后迅速发展火箭和导弹技术创造了有利的条件。20世纪40年代末至50年代末，在V-2的基础上，以美国和苏联为主研制的火箭武器得到了迅速发展，各种类型的导弹武器相继问世，并形成了一个完整的导弹武器系统。

通过各种型号导弹的研制，人们积累了研制现代火箭系统的经验并建立了初具规模的配套工业设施。至此，不少科学家意识到，人类已经初步掌握了进入空间的基本技能，冲出大气层向宇宙空间进军指日可待。

1.1.1.3 现代航天的里程碑

1957年10月4日，苏联用“卫星”号运载火箭把世界上第一颗人造地球卫星送入太空，卫星呈球形，外径为0.58 m，外伸4根条形天线，质量为83.6 kg，卫星在天上正常工作了3个月。按照今天的标准衡量，苏联的第一颗卫星只不过是一个伸展开发射机天线的圆球，但它却是世界上第一个人造天体，把人类几千年的梦想变成了现实，为人类开创了航天新纪元，标志着人类活动范围的又一飞跃。

1958年1月3日，美国发射了第一颗卫星“探险者1号”。

1959年9月12日，苏联发射了月球探测器“月球2号”（图1-7），第一次击中月球。同年10月4日发射的“月球3号”第一次成功地拍下了月球背面的照片。

图1-7 “月球2号”

1960年3月11日，美国发射了“先驱者5号”探测器（图1-8），它成为人类第一个深空探测器，从3.65×10^7 km远处发回了探测数据。

1961年2月21日，苏联发射了“金星1号”探测器，开始了人类对太阳系行星的探测。

1961年4月12日，苏联成功地发射了第一艘“东方号”载人飞船，尤里·加加林（图1-9）成为人类第一位航天员，揭开了人类进入太空的序幕，开始了世界载人航天的新时代。

图1－8 “先驱者5号”

图1－9 尤里·加加林

1961 年 5 月 5 日，美国第一位进行亚轨道飞行的航天员艾伦·B. 谢泼德驾驶美国“水星”MR3 飞船进行首次载人亚轨道飞行，美国因此成为继苏联之后世界上第二个具有载人航天能力的国家。此后，1962 年 2 月 20 日，美国发射载人飞船“水星 6 号”，航天员欧约翰·格伦成为美国第一个进入地球轨道的人。

1962 年 8 月，苏联相继发射“东方 3 号”和“东方 4 号”飞船上天，并首次在太空实现载人飞船的交会飞行，最近相距 5 km，第一次从太空传回电视信号。

图1－10 “水手2号”

1962 年 8 月 27 日，美国发射的“水手 2 号”（图 1－10）探测器第一次成功飞越金星。

1964 年 10 月 12 日，苏联成功发射了第二代载人飞船“上升 1 号”，这是苏联也是世界航天史上第一次载 3 人飞行。

1964 年 11 月 28 日，美国发射的“水手 4 号”探测器第一次成功飞越火星。

1965 年 3 月 18 日，苏联发射了载有别列亚耶夫、列昂诺夫的“上升 2 号”飞船。飞行中，列昂诺夫进行了世界航天史上的第一次太空行走。

1965 年 3 月 23 日，美国成功发射了第二代载人飞船“双子星座 3 号”，这是美国首次载 2 人飞行。同年 6 月 3 日，美国发射“双子星座 4 号”飞船，实现美国第一次太空行走。之后美国发射了“双子星座 6 号”与“双子星座 7 号”飞船，实现了美国载人飞船第一次空间交会飞行，最近时相距约为 0. 3 m。

1966 年 1 月，苏联两艘“联盟号”飞船第一次在轨道上成功交会对接，并实现了两位航天员从一艘飞船向另一艘飞船的转移。

1966 年 3 月 16 日，美国发射了载有航天员阿姆斯特朗（图 1－11）和斯科特的“双子星座 8 号”，飞行中首次实现载人飞船与一个名叫“阿金纳”对接舱体的对接。这是世界航天史上第一次空间对接。

图 1-11　阿姆斯特朗

1968 年 12 月 21 日，美国发射了载有波尔曼、洛弗尔和安德斯的“阿波罗 8 号”飞船。飞船进入距月面 112 km 的月球轨道上飞行了 10 圈，时间为 20 h 6 min，并向地球发回电视信号，这是世界上第一艘绕月飞行的载人飞船。

1969 年 7 月 16 日，美国发射的“阿波罗 11 号”载人飞船登月成功，航天员阿姆斯特朗成为世界上第一个踏上月球的人，并说出了一句广为流传的名言：“这对一个人来说，只不过是小小的一步，可是对人类来讲，却是巨大的一步。”19 min 后，奥尔德林跟着也踏上了月球。在月球静海西南角着陆，成为涉足地球之外另一天体的首批人员。他们在月球上安放了科学实验装置，拍摄了月面照片，搜集了 22 kg 月球岩石与土壤样品，然后自月面起飞，与指挥舱会合，返回地球，首次实现了人类登上月球的梦想。

1970 年 4 月 11 日，美国发射了载有航天员洛弗尔、海斯和斯威加特的“阿波罗 13 号”飞船进行第 3 次登月飞行。飞行 56 h 后，飞船离地球 3.3×10^5 km，差不多接近月球时，因两个纽扣大的恒温器开关故障，使服务舱燃烧电波贮氧箱爆炸，舱内许多设备遭损坏，氧气和水也损失过半，航天员洛弗尔、海斯和斯威加特面临葬身太空之灾。但他们临危不惧，按地面科学家们精确计算的轨道和地面指挥员的命令，手动操纵飞船，使用登月舱的氧气和动力，于 4 月 17 日成功地返回地球，创造了航天史上死里逃生的奇迹。

1971 年 4 月 19 日，苏联用“质子”号火箭发射“礼炮 1 号”空间站入轨成功，其质量约为 18 t，总长为 14 m，轨道高度为 200 ~ 250 km，轨道倾角为 51.6°，成为人类第一个空间站。运行期间对接了两艘“联盟”号飞船，完成了有关天体物理学、航天、医学、生物学等方面的科研计划，考察地球资源和进行长期失重条件下的技术实验。“礼炮 1 号”空间站于 1971 年 10 月 11 日在太平洋上空坠毁，共飞行了 175 天，其中，“联盟 11 号”的航天员进站工作了 3 星期。此后一直到 1982 年，苏联又连续发射了“礼炮 2 号”~“礼炮 5 号”空间站和第二代“礼炮 6 号”“礼炮 7 号”空间站。

1971 年 12 月 7 日，美国发射了载有塞尔南、埃文斯和施密特的“阿波罗 17 号”飞船。11 日到达月球，两名航天员在月球表面逗留 75 h，在月球轨道上释放了一颗卫星。飞船 19 日返回。这是人类迄今最后一次载人登月飞行，也是“阿波罗”飞船第 7 次登月飞行。

1972 年 3 月 2 日，美国发射了木星和深远空间探测器“先驱者 10 号”（图 1-12）。它携有表明人类信息的镀金铝板，经过 11 年飞行，于 1983 年 6 月越过海王星轨道，而后成为飞离太阳系的第一个人造天体。

1973 年 5 月 14 日，美国用“土星 V”火箭发射了名为“天空实验室”的空间站。后与多艘“阿波罗”飞船对接，先后有 3 批 9 名航天员到其上工作。原预计“天空实验室”能运行到 1982 年，但终因空间站故障严重，无法正常使用，其运行轨道急剧下降，于 1979 年 7 月 12 日坠落于南印度洋澳大利亚西南水域。这是美国发射的第一个载人空间站。

1975 年 4 月 5 日，苏联发射了载有拉扎列夫和马卡罗夫的“联盟 18A”飞船，准备与“礼炮 4 号”对接。火箭第 3 级点火不久，正值火箭上升到 144 km 的高空时，因制导系统发生故障，飞船在空中翻滚，并偏离预定轨道。地面控制中心不得不发出应急救生指令，使火

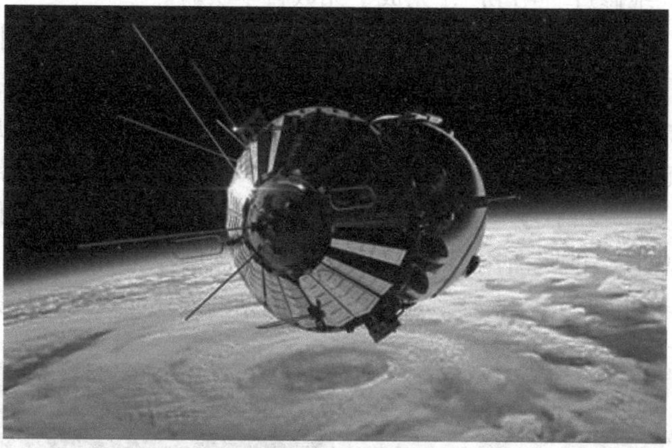

图1-12 “先驱者10号”

箭紧急关机，返回舱与飞船分离。航天员按应急方案返回，在西伯利亚西部山区安全着陆。飞行只进行了22 min。这是载人航天以来，第一次因火箭飞行不正常而成功采取的应急救生措施。

1975年6月8日，苏联发射了“金星9号”探测器，实现了在金星表面着陆。

1975年7月15日，苏联、美国发射了飞船进行联合对接飞行。7月17日，美国“阿波罗18号”飞船和苏联“联盟19号”飞船成功地对接（图1-13），苏联、美国航天员实现了飞船间的互访。这是冷战期间苏联、美国两个竞争对手难得的“太空握手”。

1975年8月20日，美国发射了“海盗1号”探测器，第一次在火星表面着陆成功。

1977年9月，美国发射了“旅行者2号”探测器，对天王星、海王星进行探测。

1981年4月，世界上第一架垂直起飞、水平着陆、可重复使用的美国航天飞机“哥伦比亚号”（图1-14）试飞成功，标志着航天运载器由一次性使用的运载火箭转向重复使用的航天运载器的新阶段，是航天史上一个重要的里程碑，标志着人类在空间时代又上了一层楼，进入了航天飞机时代。此后又陆续建造了“挑战者号”“亚特兰蒂斯号”“发现号”和“奋进号”航天飞机。1986年1月28日，“挑战者号”航天飞机在发射升空仅73 s后即爆炸，航天飞机上7名航天员全部遇难；2003年2月1日，“哥伦比亚号”航天飞机在返航途中解体，航天飞机上7名航天员遇难。

图1-13 “阿波罗18号”与“联盟19号”

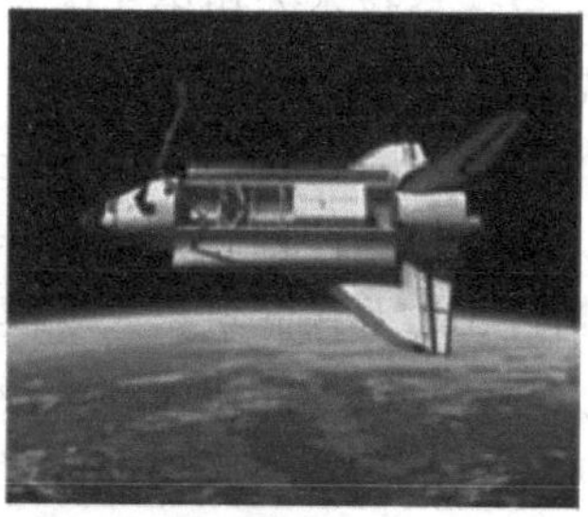

图1-14 航天飞机“哥伦比亚号”

2011年，美国结束了航天飞机的飞行任务。尽管如此，美国航天飞机投入运营30年，在太空部署过卫星，维修过“哈勃”，完成了无数科学实验。

1986 年 2 月 20 日，苏联第三代长期载人空间站“和平号”轨道空间站的核心舱发射成功，此后历时 10 年，直到 1996 年 4 月 26 日，苏联（俄罗斯）才建成由核心舱、“量子 1 号”舱、“量子 2 号”舱、“晶体”舱、“光谱”舱和“自然”舱组成的完整的“和平号”轨道空间站（图 1 – 15）。它成为目前人类发射的在轨运行时间最长的载人航天器，在轨运行超过 15 年。2001 年 3 月 23 日，“和平号”轨道空间站被引入大气层销毁，完成了其辉煌的历史使命。

1998 年 11 月 20 日，俄罗斯用“质子 K”火箭将国际空间站（图 1 – 16）的第一个部件——“曙光号”多功能舱送入太空，建造国际空间站的宏伟而艰巨的任务从此拉开了帷幕。

图 1 – 15 “和平号”轨道空间站

图 1 – 16 国际空间站

2007 年 9 月 27 日，美国成功发射了“黎明号”小行星探测器，这是人类第一个探测小行星带的探测器。

2009 年 3 月 7 日，开普勒太空望远镜从佛罗里达州卡纳维拉尔角升空。此次任务是“探索行星系统的结构和多样性”。开普勒太空望远镜的原始任务于 2013 年结束，第二项任务 K2 在 2014 年启动。这项任务原定持续到 2018 年，但当年 8 月人们发现该太空望远镜还有富余的燃料。截至 2016 年 5 月，开普勒太空望远镜已经发现了 1 284 颗新行星，其中，只有 9 颗被认为处于宜居带内。

2015 年 12 月，太空探索技术公司成功让“猎鹰 9 号”火箭的第一级返回地球。这次着陆开启了太空飞行的新纪元，使抵达太空轨道成了普通大众可以参与的、更廉价、可持续性更高的活动。回望来时路，让人难以置信的是这个行业已经走了这么远。2021 年 3 月 14 日，太空探索技术公司第 9 次发射“猎鹰 9 号”火箭第一级，创造了一项在几十年前看来无法想象的纪录。

SpaceX 在 2015 年起陆续向美国联邦通信委员会提出并获批了包含 4. 2 万颗近地轨道卫星的大规模星座计划 Starlink（图 1 – 17），随后 OneWeb、Yaliny 与 Telesat 等公司也发布了总计超过 5. 2 万颗低轨超大规模星座的发射计划。

人类就是以如此快速的步伐冲击着宇宙大门，人类探索太空的里程碑如图 1 – 18 所示。

不难看出，从公元 10 世纪的中国火箭到第二次世界大战的 V – 2 导弹，人类出于军事需求发展了火箭技术，而这恰恰为航天技术的发展奠定了坚实的基础。自 20 世纪 40 年代至今，航天技术以惊人的速度发展着并日臻完善。我们可以坚信，随着科学技术的进步和工业基础的不断增强，航天技术将会有更大的突破并更趋完善。

图 1 – 17　**Starlink 星座概念图**

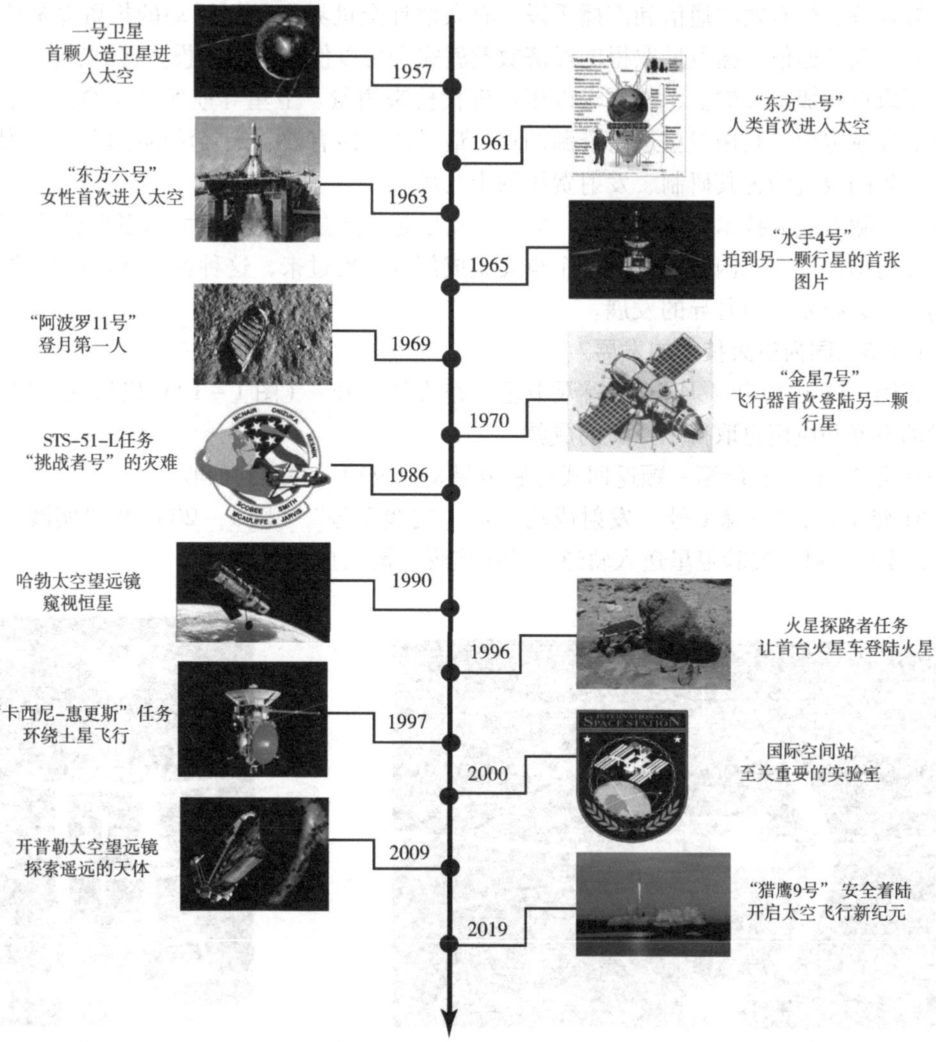

图 1 – 18　人类探索太空的里程碑

1.1.1.4 近代航天技术的应用

航天技术从20世纪50年代末期的研究实验阶段发展到了20世纪70年代中期的广泛实际应用阶段。其中，20世纪60年代以来，为科学研究、国民经济和军事服务的各种科学卫星与应用卫星得到了很大发展。至20世纪70年代，军、民两用卫星已全面进入应用阶段。一方面，向侦察、通信、导航、预警、气象、测地、海洋、天文观测和地球资源调查等专门化的方向发展；另一方面，各类卫星也向多用途、长寿命、高可靠性和低成本的方向发展。这两种趋势相互补充，取得了显著的效益。20世纪80年代中后期，基于模块化和集成化设计思想的新型微、小卫星崛起，成为航天技术发展中的一个新动向。这类卫星质量小、成本低、研制周期短、见效快，已逐渐成为今后应用卫星的一支生力军。

从1957年世界上第一颗人造地球卫星发射成功算起，迄今仅50余年，航天技术取得了巨大的成就是前所未有的，产生了巨大的社会效益与经济效益。通信卫星通信距离远、容量大、质量高、灵活可靠，因此已成为现代通信的重要手段。20世纪80年代初期，国际卫星通信网已承担了2/3的洲际电信业务和几乎全部的电视传输业务。对幅员辽阔的国家，利用卫星是最经济、最有效的通信和广播手段。有人估计全世界在空间活动的投资总额为4 000多亿美元，仅从通信广播卫星取得的经济效益就完全可以使这笔巨大投资得到补偿。至于军事卫星所取得的成就和效益，就更难以用经济代价来衡量。卫星导航实现了全天候、全球、高精度的导航定位。利用卫星进行资源调查是最迅速、最有效、最经济的手段。一颗地球资源卫星全年的效益约为其研制、发射费用的十几倍。

总之，随着航天技术应用的发展，航天活动已越来越显示出其巨大的军事意义和经济效益，已成为国民经济和国防建设的一个重要组成部分。反过来，这种社会和经济效益又进一步推动着航天技术日新月异的发展。

1.1.1.5 国内航天技术的发展

在我国，继1970年4月24日首颗卫星“东方红一号”（图1-19）发射成功以来，航天技术的发展和应用也取得了巨大的成就。

1975年11月，我国第一颗返回式遥感卫星发射成功，并顺利回收。

1981年1月，“风暴1号”发射成功，将“实践2号”（图1-20）及“实践2号甲”“实践2号乙”科学实验卫星送入轨道，首次实现一箭三星发射。

图1-19 “东方红一号”

图1-20 “实践2号”

1984 年 4 月，我国第一颗静止轨道实验通信卫星发射成功。

1986 年 2 月，我国第一颗静止轨道实用通信卫星发射成功。

1988 年 9 月，我国第一颗气象卫星“风云一号”发射成功。

进入 20 世纪 90 年代，我国航天技术应用的步伐进一步加快，大容量通信卫星“东方红三号”、气象卫星“风云一号”和“风云二号”以及资源卫星先后发射成功。中国的应用卫星已初步形成系列，国产应用卫星按照用途，可分为地球观测卫星，如风云系列卫星、海洋系列卫星、中巴地球资源卫星（与巴西合作）、返回式卫星；通信中继卫星，如“东方红”系列卫星；导航定位卫星，如北斗卫星导航系统。在载人航天、空间站技术和深空探测方面，我国更是发展迅速。

1999 年 11 月 20 日，我国成功发射了第一艘实验飞船“神舟号”，在载人航天领域迈出了坚实的一步。之后在 2001—2002 年间，相继成功发射了“神舟二号”“神舟三号”和“神舟四号”飞船。

2003 年 10 月 15 日，我国第一艘载人飞船“神舟五号”成功发射。中国首位航天员杨利伟成为浩瀚太空的第一位中国访客，单人飞行了 21 h，绕地球 14 圈，中国成为世界上第三个将人类送入太空的国家。2005 年 10 月，我国第二艘载人飞船“神舟六号”成功发射。

2007 年 10 月 24 日，“长征三号甲”运载火箭搭载我国首颗探月卫星“嫦娥一号”发射成功，实现绕月飞行。

2008 年 9 月 25 日，我国第三艘载人飞船“神舟七号”（图 1 – 21）成功发射，3 名航天员翟志刚、刘伯明、景海鹏顺利升空。27 日，翟志刚身着我国研制的“飞天”舱外航天服，在身着俄罗斯“海鹰”舱外航天服的刘伯明的辅助下，进行了 19 min 35 s 的出舱活动。中国随之成为世界上第三个掌握空间出舱活动技术的国家。

2011 年，“神舟八号”与“天宫一号”实现交会对接（图 1 – 22）。

图 1 – 21 “神舟七号”

图 1 – 22 “神舟八号”与“天宫一号”交会对接

2013 年，“嫦娥三号”携“玉兔”月球车实现月球表面软着陆。

2016 年 10 月 17 日，搭载两名航天员景海鹏、陈冬的“神舟十一号”载人飞船在酒泉顺利发射成功，景海鹏成为迄今为止中国唯一三入太空的航天员，在经历 33 天的太空遨游后，于 11 月 18 日返回地球。

2019 年 1 月 3 日，“嫦娥四号”探测器成功登陆月球，这是人类探测器首次造访月球背面，是航天事业发展的一座里程碑。

2020 年 4 月 24 日，我国行星探测任务正式命名为“天问”，将我国首次火星探测任务命名为“天问一号”。2020 年 7 月 23 日 12 时 41 分，“长征五号遥四”运载火箭托举着我国首次火星探测任务“天问一号”探测器，在中国文昌航天发射场点火升空。2021 年 5 月 15 日 7 时 18 分，“天问一号”着陆器顺利降落在火星乌托邦平原。

2021 年 6 月 17 日，搭载“神舟十二号”载人飞船的“长征二号 F 遥十二”运载火箭在酒泉卫星发射中心发射，聂海胜、刘伯明、汤洪波 3 名航天员成为中国空间站天和核心舱的首批“入住人员”。他们在轨驻留 3 个月，开展舱外维修维护、设备更换、科学应用载荷等操作和再生环控生保等实验。中国载人航天工程已全面迈入空间站建设阶段。

1992 年，中国政府就制定了载人航天工程“三步走”发展战略，建成空间站是发展战略的重要目标。北京时间 2022 年 7 月 24 日 14 时 22 分，搭载“问天”实验舱的“长征五号 B 遥三”运载火箭在中国文昌航天发射场点火发射，发射取得圆满成功。北京时间 2022 年 7 月 25 日 3 时 13 分，“问天”实验舱成功对接“天和”核心舱前向端口，整个交会对接过程历时约 13 h。8 月，中国空间站第 2 个实验舱段——“梦天”实验舱已运抵文昌航天发射场。

1.1.1.6　航天器分类与系统组成

航天技术是一门研究和实现如何把航天器送入空间，并在那里进行活动的工程技术。它主要包括航天器、运载工具和地面测控三大部分。为了便于了解，首先对航天器进行分类。

同一个航天器可兼有数种任务，因此，机械地、绝对地分类是不可能的。同一类航天器往往包括了几种系列，而每一系列又可分成数种不同的卫星系统或型号。

1.1.1.6.1　按载人与否分类

航天器可分为无人航天器与载人航天器两大类。无人航天器按是否绕地球运行，又可分为人造地球卫星和宇宙探测器两类。它们又可以进一步按用途分类，如图 1－23 所示。

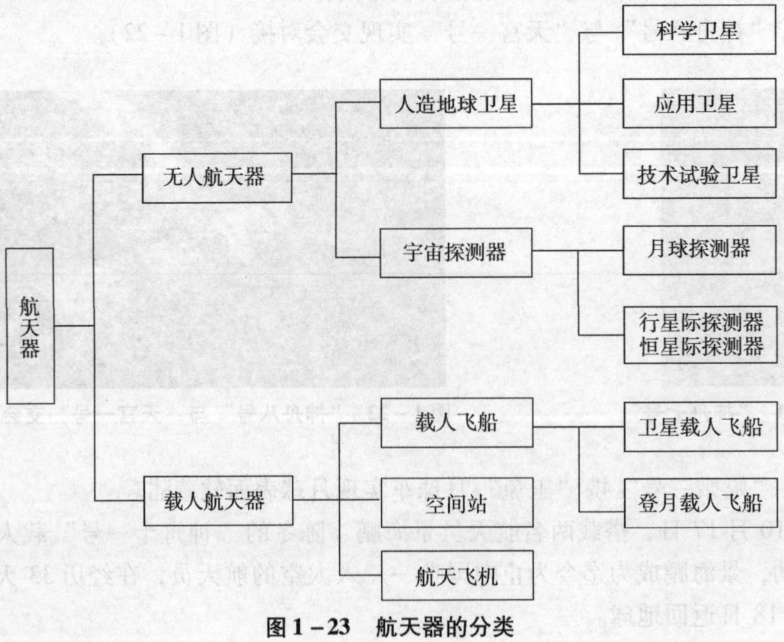

图 1－23　航天器的分类

1. 人造地球卫星

人造地球卫星简称人造卫星，是数量最多的航天器（占 90% 以上）。它们的轨道高度为

100多千米到几十万千米。按用途，它们又可分为以下几种类型。

（1）科学卫星。发展科学卫星的主要目的：①研究近地空间环境和日地关系，为载人飞船、应用卫星和战略武器的发展提供资料；②进行天文观测；③对地球科学，例如地球磁场、电离层与磁层的关系、地壳力学、海洋动力学等方面进行研究。

（2）应用卫星。利用星载仪器设备，以应用为目的，在轨道上完成某种任务的卫星，称为应用卫星。它们直接为国民经济和军事服务，如通信卫星、气象卫星、侦察卫星、导航卫星、测地卫星、地球资源卫星等。

（3）技术实验卫星。技术实验卫星是针对某些航天器（如应用卫星或飞船等）的特殊新工艺或某项新的系统技术而设计的，其目的是进行预先的飞行实验。在航天技术发展中，技术实验卫星曾发挥了它的作用，世界各国都相当重视这种卫星的研制。

2. 载人航天器

目前的载人航天器只在近地轨道飞行和从地球到月球的登月飞行。今后将出现可以到达各种星球的载人飞船，以及供人类长期在空间生活和工作的永久性空间站。载人航天器按飞行和工作方式，可分为以下几种类型。

（1）载人飞船。载人飞船是能保障航天员在外层空间生活和工作，以执行航天任务并能返回地面的航天器。

（2）空间站。空间站是可供多名航天员巡访、长期工作和居住的载人航天器。

（3）航天飞机。航天飞机是可以重复使用的，往返于地面和高度在1 000 km以下的近地轨道之间，运送有效载荷的航天器。

3. 宇宙探测器

飞出地球轨道的探测器，有行星际探测器和恒星际（飞出太阳系）探测器两种。其中，行星际探测器按探测目标又可分为月球和行星（金星、火星、水星、木星、土星等）探测器，如20世纪60—70年代，苏联发射的“月球”“金星”“火星”“水星”等系列探测器，美国发射的“水手”“海盗”“先驱者”“旅行者”等系列探测器。

1.1.1.6.2 *人造地球卫星按功能分类*

按航天器在轨道上的功能进行分类，人造地球卫星可分为观测站、中继站、基准站和轨道武器四类。每一类又包括了各种不同用途的航天器。

1. 观测站

卫星处在轨道上，对地球而言，它“站得高，看得远（视场大）”，用它来观察地球是非常有利的。此外，由于卫星在地球大气层以外不受大气的各种干扰和影响，因此用它来进行天文观测比地面天文观测站更加有利。属于这种功能的卫星有下列几种典型的用途。

（1）侦察卫星。在各类应用卫星中，侦察卫星发射得最早（1959年发射），发射的数量也最多。侦察卫星有照相侦察卫星和电子侦察卫星两种。

照相侦察卫星是用光学设备对地面目标进行拍照的卫星。20世纪70年代以来，苏联和美国每年发射的军用卫星中，约有1/3的卫星用于各种形式的照相侦察，它们在200 km的近地轨道上进行普查和详查。

电子侦察卫星利用星载电子设备截获空间传播的电磁波，并转发到地面，通过分析和破译，获得敌方的情报。电子侦察的目的是确定他方的飞机、雷达等系统的位置和特征参数，窃听他方的无线电和微波通信。电子侦察卫星以无线电探测和记录设备完成这些使命。

总之，无论是对军事战略侦察还是对军事战术侦察，侦察卫星所提供的情报信息起着不可忽视的作用，曾为苏联和美国政策的制定和军事行动提供了依据。据报道，苏联和美国将近70%的军事情报来源于侦察卫星。

目前，在美国、俄罗斯两国的军用卫星中，50%以上都是侦察卫星。美国已研制了六代侦察卫星，可见光照相分辨率为0.3 m，工作寿命为200 d以上；无线电传输型相机分辨率为0.3~3 m，卫星工作寿命两年多。俄罗斯的侦察卫星工作寿命为几天到几个月。美国通过延长卫星工作寿命，大大减少发射数量，俄罗斯则通过增加卫星发射数量来保证全年有侦察卫星在天上工作。

(2) 气象卫星。气象卫星利用所携带的各种气象遥感器，接收和测量来自地球、海洋和大气的可见光辐射、红外线辐射和微波辐射信息，再将它们转换成电信号传送给地面接收站。气象人员根据收集的信息，经过处理，得出全球大气温度、湿度、风等气象要素资料。几小时就可得到全球气象资料，从而做出中期和长期天气预报，确定台风中心位置和变化，预报台风和其他风暴。气象卫星对于保证航海和航空的安全，保证农业、渔业和畜牧业生产，都有很大的作用。

气象卫星已由单纯的气象实验，发展到多学科和多领域的综合应用；由低轨道系统发展到高轨道系统，形成了全球气象卫星观测网。气象卫星在军事活动中的应用也日益加强，有的国家已建立了全球性的军事气象资料的收集系统，向军事单位提供实时的或非实时的气象资料。

随着航天技术的进一步发展，气象遥感器将向多样化、高精度方向发展，大大丰富气象预报的内容和提高预报精度。同时，气象卫星提供的云图也将由静态云图向动态云图方向发展，这将会引起气象卫星发展的一次重大突破。

(3) 地球资源卫星。地球资源卫星是在侦察卫星和气象卫星的基础上发展而来的。利用卫星上装载的多光谱遥感器获取地面目标辐射和反射的多种波段的电磁波，然后把它传送到地面，再经过处理，变成关于地球资源的有用资料。它们包括地面的和地下的、陆地的和海洋的等。

地球资源卫星可广泛用于：地下矿藏、海洋资源和地下水源调查；土地资源调查，土地利用，区域规划；调查农业、林业、畜牧业和水利资源合理规划管理；预报农作物长势和收成；研究自然植物的生成和地貌；考察和监视各种自然灾害如病虫害、森林火灾、洪水等；观测和预防环境污染、海洋污染；测量水源、雪源；铁路、公路选线，港口建设，海岸利用和管理，城市规划。

地球资源卫星具有重大的经济价值和潜在的军事用途。

(4) 海洋卫星。海洋是生命的“摇篮”和风雨的故乡，海洋与人类的密切关系正逐渐被认识。海洋控制着自然界中水的循环和大气运动，主导调节大陆的气候，提供廉价的运输条件和高质量的水产食物。海洋中蕴藏着巨大的能源和矿物资源。

对海洋、海岸线的调查、研究、利用和开发，虽然可以利用气象卫星、地球资源卫星获得一些资料和数据，但不解决根本问题，例如，资源卫星遥感器波段主要为可见光和近红外波段，而海洋遥感器波段主要为红外和微波波段。我国既是一个大陆国家（9 600 000 km^2土地），又是一个海洋国家（海岸线18 000 km，拥有4 700 000 km^2海域，多于4 000 000 km^2的经济开发区），发展海洋卫星是国民经济和军事部门之必需。

海洋卫星的任务是海洋环境预报，包括远洋船舶的最佳航线选择、海洋渔群分析、近海与沿岸海洋资源调查、沿岸与近海海洋环境监测和监视、灾害性海况预报和预警、海洋环境保护和执法管理、海洋科学研究，以及海洋浮标、台站、船舶数据传输、海上军事活动等。

当然，作为观测站的卫星远不止以上几种，预警卫星、核爆炸探测卫星、天文预测卫星（如美国的“哈勃”太空望远镜）等均属于这一类。虽然它们的功能各有侧重，但基本观测原理都是相似的。

2. 中继站

中继站是一种在轨道上对信息进行放大和转发的卫星。其具体分为两类：一类用于传输地面上相隔很远的地点之间的电话、电报、电视和数据；另一类用于传输卫星与地面之间的电视和数据。这种卫星有以下几种。

（1）通信卫星：利用卫星进行通信。与平常的地面通信相比，其具有下列优点：①通信容量大；②覆盖面积广；③通信距离远；④可靠性高；⑤灵活性好；⑥成本低。通信卫星一般采用地球静止轨道，相当于静止在天空上。若有 3 颗地球静止轨道卫星，彼此相隔 120°，就可实现除地球两极部分地区外的全球通信。

通信卫星已用于国际、国内的军事通信业务，同时，开展了区域性通信和卫星对卫星的通信。卫星通信技术已赋有很浓的军事色彩，它在战略通信和战术通信中占有绝对的优势。目前，各国已有的国际、国内卫星通信系统都承担着军事通信任务。

通信卫星已进入相当成熟的实际应用阶段，特别是随着地球静止轨道卫星通信技术的发展，它的应用日益广泛。它可用于传输电话、电报、电视、报纸、图文传真、语音广播、时标、数据、视频会议等。

（2）广播卫星：广播卫星是一种主要用于电视广播的通信卫星。这种广播卫星不需要经过任何中转就可向地面转播或发射电视广播节目，供公众团体或者个人直接接收，因此又称为直播卫星。目前普通的家庭电视机配一架直径不到 1 m 的天线就可以直接接收直播卫星的电视广播节目。

（3）跟踪和数据中继卫星：跟踪和数据中继卫星是通信卫星技术的一个重大发展。它是利用卫星来跟踪与测量另一颗卫星的位置，其基本思想是把地球上的测控站搬到地球同步轨道上，形成星地测控系统网。这样，可大大增加对近地轨道卫星，如气象卫星、侦察卫星、资源卫星、海洋卫星、通信卫星等的跟踪测轨弧段，提高测轨精度，减少地面站的设置数量。换言之，跟踪和数据中继卫星就是利用地球同步轨道卫星实现地面测控中心对低轨道卫星的跟踪和数据中继的。

发展跟踪和数据中继卫星将改变目前航天活动对地面测控的过分依赖性，同时，可以克服在国外无法设置地面站的困难，因此受到了世界各航天大国的普遍重视。我国目前也在积极地发展这种卫星技术。

除上述各中继站卫星系统外，各国还研制和发射了其他类型的专用通信卫星和无线电业余爱好者卫星，如海事卫星、卫星商业系统、搜索和营救系统等。

3. 基准站

基准站是轨道上的测量基准点，因此要求它测轨非常准确。属于这种功能的卫星有以下几种。

（1）导航卫星：这种卫星发出一对频率非常稳定的无线电波，海上船只、水下的潜艇和陆地上的运动体等都可以通过接收卫星发射的电波信号来确定自己的位置。利用导航卫星进行导航是航天史上的一次重大技术突破，导航卫星可以覆盖全球进行全天候导航，而且导航精度高。卫星导航定位有三种类型：①双频多普勒测速定位系统，如美国的“子午仪”导航卫星系统。该类卫星为两维导航定位系统，只能用于水中舰船，定位精度为 30 ~ 50 m。“子午仪”导航卫星研制始于 1958 年，1964 年开始投入使用，起初是为水下核潜艇定位服务的，目前已停止使用。②导航卫星全球定位系统（GPS），采用伪随机码测距，系统能进行全天候、全天时、实时三维导航定位，定位精度在 10 m 以下，用于舰船、飞机和陆上活动目标等。该系统需要 18 ~ 24 颗卫星组网。俄罗斯也有类似于美国的两代导航卫星系统。③区域性导航定位系统，3 颗星（静止轨道）提供三维位置。若发射两颗星，则只能提供二维位置，如果用户能够提供自身的高程，则可以算出三维位置。该系统特点是同时能为百万用户服务，互不干扰，保密性好。

（2）测地卫星：卫星测地的原理与卫星导航的原理相似。因为地面上的测量站是固定的，所以测量精度比对舰船导航定位的精度高。卫星测地目前达到的精度比常规大地测量的精度高几十倍以上。

测地卫星可完成大地测量、地形测定、地图测绘、地球形状测量，以及重力和地磁场测定。卫星测地在军事、科学研究和民用方面受到重视，许多国家研制和发射了测地卫星系统。利用卫星进行测地，为测绘工作提供了现代化手段，工作周期短，测量精度高，大大节省了人力、物力和财力。特别是要建立精确的全球性地理坐标系或三维地图，利用卫星测地是唯一可行的测量手段。随着科技水平的不断提高，测地卫星的应用也日益广泛，如人们利用测地卫星测量地壳移动，从而监视和预报地震等。

测地卫星有主动和被动之分，可采用三角测量、激光测距、多普勒系统等多种手段达到测地目的。

4. 轨道武器

轨道武器是一种积极进攻的航天器，具有空间防御和空间攻击的职能。它主要包括以下两种。

（1）拦截卫星：卫星作为一种武器在轨道上接近，识别并摧毁敌方空间系统，这种卫星被称为反卫星卫星。反卫星卫星的拦截方式可以有多种，主要有使拦截卫星在空间与目标卫星相遇，然后自爆，以摧毁目标；从拦截卫星上发射反卫星武器，如激光、粒子和微波等定向高能束射武器；拦截卫星用自身携带的小型火箭助推器加速，与目标卫星相碰撞；设法使目标卫星失去工作能力，如利用核辐射击毁目标卫星的电路与结构，向目标卫星相机镜头上喷射物质；等等。

早在 20 世纪 50 年代末期，美国和苏联就开始研究拦截卫星。目前，俄罗斯已经掌握了 1 000 km 以下拦截卫星的技术，美国也在 20 世纪 90 年代成功地进行了在轨反卫星实验。

（2）轨道轰炸系统：轨道轰炸系统是一种空间对地的进攻型武器。其任务是将武器部署在地球轨道上，当它绕地球运行到指定位置时，用反推减速火箭使其减慢速度，降低轨道，按地面指令射向目标。

1.1.1.6.3 航天器的基本系统组成

不同类型的航天器，其系统的结构、外形和功能千差万别，但是它们的基本系统组成都是一致的。典型航天器都是由不同功能的若干分系统组成的，其基本系统一般分为有效载荷和保障系统两大类。

1. 有效载荷

有效载荷是用于直接完成特定的航天飞行任务的部件、仪器或分系统。

有效载荷种类很多，随着飞行任务即航天器功能的不同而异。例如，科学卫星上的粒子探测器，天文观测卫星上的天文望远镜，侦察卫星上的可见光相机、CCD 相机、红外探测器、无线电侦察接收机，气象卫星上的可见光和红外扫描辐射仪，地球资源卫星上的电视摄像机、CCD 摄像机、主题测绘仪、合成孔径雷达，通信卫星上的转发器和通信天线，生物科学卫星上的种子和培养基等，均属有效载荷。

单一用途的卫星装有一种类型的有效载荷，而多用途的卫星可以装有几种类型的有效载荷。

2. 保障系统

保障系统用于保障航天器从火箭起飞到工作寿命终止，卫星上所有分系统的正常工作。

各种类型航天器的保障系统一般包括以下分系统。

（1）结构系统：用来支承和固定航天器上各种仪器设备，使它们构成一个整体，以承受地面运输、运载器发射和空间运行时的各种力学环境（振动、过载、冲击、噪声）以及空间运行环境。对航天器结构的基本要求是质量小、可靠性高、成本低等，因此，航天器的结构大多采用铝、镁、钛等轻合金和碳纤维复合材料等制造。通常用结构质量比，即结构质量占航天器总质量的比例来衡量航天器结构设计和制造水平。

（2）热控制系统：用来保障各种仪器设备在复杂的环境中处于允许的温度范围内。热控制分为被动热控制和主动热控制两类。热控制的措施主要有表面处理（抛光、镀金或喷刷热控涂层），包敷多层隔热材料，使用旋转盘、相变材料、百叶窗、热管和电加热器等。

（3）电源系统：用来为航天器所有仪器设备提供所需的电能。现代航天器大多采用太阳能电池和蓄电池联合供电系统。

（4）姿态控制系统：用来保持或改变航天器的运行姿态。常用的姿态控制方式有重力梯度稳定、自旋稳定和三轴稳定。

（5）测控系统：包括遥测、遥控和跟踪三部分。遥测部分主要由传感器、调制器和发射机组成，用于测量并向地面发送航天器各种仪器设备的工程参数（工作电压、电流、温度等）和其他参数（环境参数和姿态参数等）。遥控部分一般由接收机和译码器组成，用于接收地面测控站发来的遥控指令，传送给有关系统执行。跟踪部分主要是信标机和应答机，它们不断发出信号，以便地球测控站跟踪航天器并测量其轨道位置和速度。

除了以上基本系统组成外，航天器根据其不同的飞行任务，往往还需要有一些不同功能的专用系统。例如，返回式卫星有回收系统，载人飞船有乘员系统、环境控制与生命保障系统、交会与对接系统，航天飞机有着陆系统等。

通常，航天器的各部分系统分别安装在不同的舱段中，一般航天器按舱段可以分为有效载荷舱和公用舱两部分，或者分为有效载荷舱、公用舱和推进舱三部分。有效载荷放置于有效载荷舱中，保障系统安装在公用舱和推进舱中。而对于返回式卫星和载人飞船这一类返回式航天器而言，它们还必须包含一个相对独立的返回舱，放置需要再度返回的有效载荷（人员和物资）和相应的保障系统。

随着航天技术的发展，人们已逐渐开始将航天器的保障系统所在的公用舱和推进舱在结构和技术上相对固定下来，使之模块化，形成平台。将不同的有效载荷与相同的平台（也可称为公用平台）相组合，便可得到不同功能的航天器，从而可以大大缩短研制周期，降低成本，甚至实现平台的小批量生产。

1.1.2 航天器动力学概述

1.1.2.1 航天器动力学及其早期发展

航天器由结构系统、温度控制系统、姿态控制系统、电源系统、无线电遥测遥控和跟踪系统、有效载荷系统以及回收系统等基本分系统组成。航天器一般要经过三个飞行阶段，即发射段、运行轨道段与降落轨道段。因此，动力学问题是航天器轨道设计、结构系统设计及姿态控制系统设计中首先要面对的基本问题。

广义地讲，航天器动力学（Spacecraft Dynamics）是指航天器的轨道运动和姿态运动所涉及的所有动力学问题，这里动力学包括了运动学、稳定性等含义，航天器运动控制也可以视为航天器动力学的一部分。狭义地讲，航天器动力学主要是研究航天器固有的各类动力学特性及其姿态动力学。

要全方位地叙述近几十年来航天器动力学方面的研究成果几乎是不可能的。下面主要以一些观点来概述我们对这一领域状况的总体认识。

自从苏联1957年10月4日发射世界上第一个航天器“人造地球卫星一号”以来，航天器经历了由简单到复杂、由低级到高级的发展历程。相应地，在各个不同发展阶段，航天器动力学也呈现出不同的特点。

在空间探测初期，航天器规模较小、结构紧凑、构造简单，而且对航天器控制性能要求不高，因此，在动力学研究中把它当作刚体来处理，并且可以得到满意的结果。但是也有例外，最典型的例子是1958年美国发射的第一颗人造地球卫星“探险者一号”。该卫星入轨后采用自旋稳定，由于悬在星体外面的四根鞭状天线的弹性振动，造成系统的内能耗散，最后导致卫星姿态失稳而翻滚。在这之后，陆续有些卫星因为非刚性运动的影响而导致姿态控制性能下降或失稳。

后来人们意识到，既然问题出在卫星内部活动部件的运动，就应该放弃理想刚体的假设，代之以准刚体模型。准刚体模型是指在考虑运动学问题时把星体视为刚体，而在考虑动力学问题时又要计入星体非刚性运动所引起的内能耗散。准刚体模型相当准确地描述了早期卫星的动力学特性，并进一步给出了自旋卫星、双自旋卫星的合理的稳定性判据。

20世纪60年代中期对重力梯度稳定卫星可伸展薄壁杆在日光照射下的热弹性振动的研究，以及对带挠性天线的自旋卫星的稳定分析表明：挠性振动不只是姿态控制的干扰，而且是受控对象的一部分。多刚体系统和充液刚体系统动力学也受到重视。到70年代末，以刚体为主体的航天器的姿态动力学问题已基本得到解决。

1.1.2.2 现代航天器动力学问题的复杂性

随着航天事业的发展，航天承担的任务越来越多，航天器规模越来越大，并迅速趋于复杂化。这种复杂性体现在以下三个方面。

首先是结构的复杂化。以国际通信卫星V为例，该卫星带有两个太阳能电池翼，每翼由三块板组成，每块尺寸为1.91 m×1.70 m。两翼展开后跨度达15.60 m，而且卫星质量受发射条件的限制，使得卫星的刚度很低，弹性运动的影响再也不能忽略不计。另外，该卫星为了获得较长时间的工作寿命，还携带有大量液体燃料供变轨、轨道保持及调姿使用，因此液体晃动的影响也不能忽略。这样一来，用刚体或半刚体模型都无法准确描述星体的动力学特性，必须提出新模型来研究航天器的动力学问题与控制问题。我国的第一颗全轨道三轴稳定、双组元推进式通信卫星“东方红三号”于1987 年开始研制。卫星本体为六面体，体内有圆柱形中心承力筒。筒内有两个球形推进剂贮箱，上下排列，每个贮箱直径为1 050 mm，是当时世界上最大的卫星贮箱。起飞时，液体推进剂质量占全星质量的57%。星体南北两侧有太阳帆板，东侧有抛物面通信天线。帆板和天线在发射时均为折叠状态，入轨时即分别一次完全展开。展开后帆板总翼展达 18 m，其转动惯量占全星的60%。这样的构型对姿态动力学与控制提出了更复杂的课题，成为我国空间技术发展史上一个重要的里程碑。

从空间获取信息、材料和能源是航天器发展的长远目标。航天飞机的发射成功，天地往返运输系统的出现，使得航天器的规模不再受一次发射条件的限制，大型航天器如空间站可在空间用模块式结构对接组装而成。随着空间组装和检修技术的成熟，人类将在空间建设各种大型系统，例如，直径上千米的大型光学系统、长达几千米的巨型天线阵和永久性空间站等。

在航天器结构趋于复杂化的同时，其运动因素也更加复杂多样。一般来说，航天器整体在空间要历经轨道转移、机动、保持、返回制动或交会对接等运动，要承受地球引力、气动力、太阳光压、地磁力矩及其他环境作用，要经历失重、微重、低重、慢旋等多种工况。航天器部件将完成伸展运动、展开运动、大角度机动等刚体运动，将激发或抑制振动、波动、晃动乃至碰撞等弹性体或流体特征的运动。

研究对象的复杂化还体现在航天器控制目标的增多以及控制精度、稳定性指标的迅速提高上。早期的航天器体积较小，结构刚性较高，且多为自旋稳定方式，故一般采用被动控制或半主动控制。姿态测量和姿态控制都是针对航天器本体这个刚体进行的，控制精度通常为几度至十分之几度。后来发展起来的通信卫星和广播卫星要求天线指向精度约为波束宽度的1/10，对地观测卫星需要识别目标并定位，要求较高的姿态准确度（十分之几度）和姿态稳定度（几角秒每秒）。天文卫星需要极高的姿态准确度（几角秒）和姿态稳定度（10^{-3}角秒每秒量级）。这些卫星均需要采用高性能的主动控制系统进行控制。跟踪与数据中继卫星是20 世纪 80 年代中期开始发展起来的复杂通信卫星，它要求对卫星本体姿态及天线指向的同时进行控制，而且天线指向精度比目前普通的通信卫星姿态控制精度高一个数量级。巨型航天器如空间站还需要考虑分布参数控制的问题。某些特殊部件，如航天器上的大型天线反射面、光学反射面等不但要求控制其指向，而且需要控制其形状。例如，对一个直径为100 m 的天线的表面尺寸的控制，要求控制精度为 10 mm 量级。

航天器结构的日趋复杂性、运动因素的多样性及控制要求的大幅度提高，向航天器动力学提出了丰富的、多层次的研究课题。这些课题大大调动了广大航天、力学、控制等专业的科研工作者的研究热情。大量的文章在航空、航天、力学等类国际、国内期刊中发表出来。国内的譬如《宇航学报》《航空学报》《力学学报》《中国空间科学技术》等期刊几乎每期都有数篇航天器动力学方面的文章。在美国航空与宇航学会（AIAA）主办的 7 种著名学术期刊中，从“*AIAA Journal*”“*Journal of Guidance, Control and Dynamics*”及“*Journal of Spacecraft and Rockets*”等期刊的年度检索中均可以直接找到航天器动力学的主题索引。广义地讲，流体动力学（Fluid Dynamics）、结构动力学（Structural Dynamics）等索引下的文章也有很多可归属航天器动力学的范畴。

1.1.2.3 航天器动力学的发展现状及其特征

从航天器动力学的发展现状来看，它呈现出以下5个方面的特征，具体进展参见相关章节。

1.1.2.3.1 局部动力学的研究

按从局部到整体的次序，第一个特征表现为局部动力学的研究受到越来越多的关注。目前局部动力学问题的研究对象主要包括连接结构、界面结构等。

大型航天器主要由桁架、梁、板、壳等简单子结构通过连接结构组装在一起。通常，这些子结构的力学特性可以用线性模型来很好地描述。但是，在航天器结构动力学分析以及工程应用研究中，连接结构的动力学特性研究却始终是一个比较薄弱的环节。工程需要与研究现状的差距使得航天器连接结构动力学特性分析与参数辨识问题逐渐引起研究者的注意。

对在轨航天器结构的动力学分析与实验表明，连接结构是结构非线性和无源阻尼的主要来源。在轨航天器中的连接结构所产生的阻尼和结构非线性比其他因素（诸如材料结构阻尼与刚度、几何大变形等）所产生的阻尼与非线性高出1~2个数量级。连接结构的阻尼和非线性刚度分布于各离散位置上，对整体结构的模态造成影响，导致模态密集和非线性耦合等现象，给准确预测大型复杂空间结构的动力学特性带来许多困难。这些因素使得在复杂航天器结构动力学问题的研究中连接结构的建模、动力学特性分析以及实验技术成为一项非常重要的研究内容。

在连接结构或连接机构中，间隙的存在带来大量的动力学问题。著名的哈勃太空望远镜就曾因太阳能帆板连接处存在间隙再加之昼夜温差的影响而导致帆板的“卡死—滑动”周期性运动，使其不能精确定位。机构连接间隙导致两种运动状态：带有摩擦的滑动和空转下的内撞击。这些运动将会引起附件的变形和振动，进而影响到整体航天器的姿态，降低有效载荷的指向稳定度，甚至可能导致局部结构、机构的松动以至疲劳破坏。

大型空间结构中的主框架结构一般为使用大量连接件的桁架式结构，这类结构的动力学问题具有很丰富的内容，目前有许多文献的研究以这类结构为背景。这些研究的内容包括：连接结构本身的力学特性（包括建模与参数辨识）；连接结构参数的变化对整体结构动响应的影响；连接结构的存在引起的系统运动的分叉和混沌现象；连接结构与整体结构比例模型的理论分析与实验研究等。由此可见，航天器连接结构的动力学问题具有丰富的工程应用背景，也要求有与之相适应的深刻的理论分析方法和先进的实验技术手段。

总体来看，目前局部动力学的研究主要集中于单个间隙所引起的诸种动力学问题。可以预期，含大量间隙结构的动力学问题将逐步引起重视，并且谐波平衡法及统计能量法等方法将成为处理这类问题的主要手段。

航天器连接结构动力学特性分析与参数辨识问题的研究，不仅可以为大型复杂空间结构的动力学特性预测及控制方案设计提供参数，还可以为新型号的设计提供参考，对于缩短航天器的设计和实验周期，提高结构安全性和延长使用期限都有重要的意义。

1.1.2.3.2 部件级子系统动力学的研究不断深入

目前，航天器动力学发展的第二个特征是部件级子系统动力学研究的深入，最典型的表现是非线性问题及时变问题的研究。这里所说的部件包括天线、太阳帆板、大型桁架等挠性子结构，也可以把贮箱中的液体视为一种特殊的子结构。航天器上挠性附件的振动可能引起卫星体定向的失稳，液体的旋动或晃动则给航天器的控制带来不可忽视的扰动。在线性意义下，作为弹性部件的杆、梁、板、壳等简单子结构的力学特性的研究已经相当深入与成熟。全充液贮箱中液体的旋动及部分充液贮箱中液体小幅晃动的研究也取得了满意的结果。航天器运动因素的复杂化直接导致了目前部件级子系统动力学研究的非线性或时变特征。航天器大角度的机动可能导致挠性附件大幅度的振动以及液体大幅度的晃动，这属于几何非线性的范畴。航天器入轨后，挠性天线或绳系子卫星的伸展、太阳帆板的展开及贮箱中液体的瞬时大量消耗等则是时变动力学的研究对象。

作为一个经典的颇具启发性的例子，不妨来稍稍详细地回顾和讨论一下做大范围运动的挠性部件动力学近期的一些研究状况。这里大范围运动的含义是刚性平动和转动。平动包括了伸展、回收等运动，转动有绕一轴的转动和任意转动。显然，大范围刚性运动给悬臂梁等挠性结构的变形运动产生了特殊的影响，使其具有固定悬臂结构所不具备的新的变形运动特征。早期的处理办法是不计大范围运动和变形运动的耦合，将大范围运动所导致的惯性力以载荷的形式加诸变形运动。后来采用混合坐标法来解决这一问题，但仅在刚性运动幅度不大、运动速率较小时才能给出满意的结果。随着柔性航天器、柔性机械臂等向高速、轻质、高精度等方向发展，该动力学问题越来越突出，亟待解决。实际上，这个问题的实质在于刚性运动与挠性变形运动耦合的程度，这种耦合也构成了多柔体系统动力学的基本特征，这在后面还要谈到。从部件级动力学的角度，我们主要考察刚性运动对变形运动的作用，它主要体现在两个方面。第一个方面是合理描述弹性构件的变形，在建模过程中保留大范围运动影响大的那些项，忽略影响小的项。Kane 较早研究这一问题，并命名为“动力刚化”问题。以基座绕某一轴做大范围转动为例，转动对挠性梁变形运动至少具有三个层次的影响：其一，大范围的角运动将激励挠性梁的变形，其明显因素是角加速度或引起的切向惯性力；其二，角速度和梁的弯曲运动耦合产生柯氏力作用。在梁变形运动微小时，这个柯氏力的方向沿着梁的方向指向根部或端部，在梁的变形运动幅度较大时，该柯氏力将在梁平衡位置轴线的垂直方向存在分量；其三，由角运动引起的离心惯性力始终有在径向将梁拉直的趋势。刚性运动对变形运动的第二个方面的作用体现为在离散过程中大范围运动对弹性体模态的影响。当大范围运动随时间变化时，该系统不存在结构动力学意义下的固有频率和固有振型。

航天器中液体大幅晃动的研究是难度很大的课题，在考虑到复杂贮箱形状、表面张力效应、防晃装置设置等多种因素后尤其如此。近年来，国际国内均在该领域内进行了大量的探索和研究。但在工程应用中，液体大幅晃动问题主要靠实验来解决。

可以推测，兼有几何非线性及时变特征的部件级动力学问题将是进一步研究的重点。部件级动力学研究的发展还体现在其他很多方面。例如，线性模态理论的深入研究，基于波动的航天结构动力学的研究，航天器复合材料构件的静力学、动力学等效模型研究及智能材料、智能结构在航天工程中的应用等。

1.1.2.3.3 耦合动力学研究进入非线性阶段

系统级耦合动力学的研究进入非线性阶段是航天器动力学在现阶段发展的第三个特征。航天器局部结构、运动特征所导致的动力学现象最终总得通过系统级的动力学行为反映出来，研究部件级动力学的目的也是考察航天工程实际对象中各部分之间的相互作用。从相互作用这个意义上讲，耦合动力学具有极为广泛的含义。航天工程中的耦合动力学一般指结构耦合动力学问题。文献认为，结构耦合动力学主要是研究某个主要的固体结构系统与其他结构和多种非结构因素相互作用的一门学科。多种非结构因素包括气声、液流、电、磁、热力学、控制等。从航天动力学角度讲，典型的结构耦合动力学问题很多，如导弹锥形弹头与空气流之间激振所致的耦合振动、火箭箭体与输液管路中液体间耦合的所谓 POGO 振动、星箭耦合振动、卫星姿态与轨道运动的耦合问题等。由于复杂航天器刚、弹、液介质的多样性，耦合动力学问题更是航天器动力学研究中的重要课题。多刚体动力学、多柔体系统动力学研究的重点均在于各部件之间的耦合动力学问题。这些学科的迅速发展和走向成熟，在很大程度上得益于大量复杂航天器动力学问题的推动。实际上，狭义的航天器动力学或航天器姿态动力学正是以处理挠性附件振动、液体晃动与中心刚体姿态运动之间的耦合问题，建立刚 - 弹 - 液耦合系统的离散化动力学方程并在此基础上进行系统设计分析和仿真作为本学科的主要内容的。这样的动力学方程是航天器姿态控制、指向控制的基础，也是大系统稳定性分析的基础。

从工程实际来看，1997 年发射成功的“东方红三号”卫星姿态动力学模型代表了我国目前航天器耦合动力学的工程应用水平。建模中利用了星体姿态小角速度运动、挠性附件小幅振动及液体小幅晃动等工程假设。一方面，将太阳帆板和抛物面天线看作附着在刚性中心体上的挠性附件，采用混合坐标法建模。建模中需要挠性附件作为悬臂结构的前几阶主振型、频率和阻尼比，以及由主振型特征函数导出的平动耦合系数和转动耦合系数。这些参数经厂家对实际结构（含安装支架）用有限元法算得。另一方面，针对液体晃动，根据卫星在不同运行阶段所具有的加速度方向和大小的不同，建立了远地点点火、位置保持向东加速、向西加速、向南加速和低重力 5 种条件下的横向微幅晃动模型。所采用的等效力学模型是弹簧 - 质量系统或摆系统。模型参数包括晃动频率、晃动质量及位置、固定质量及位置。这些参数分别用有限元计算和 1∶1 模型做常重力下晃动特性实验得到。通过统计分析，确定了比较合理的晃动参数允差范围。利用晃动特性实验得到的阻尼比数据较符合实际。基于上述工作，最终建立了共计 40 阶的刚 - 柔 - 液耦合系统动力学常微分方程。我国目前正在论证和进行预研的跟踪与数据中继卫星（TDRS）充分体现了前述结构复杂、运动复杂、控制要求高三大特点。可以预期，TDRS 的研制必将大大提高我国航天器刚 - 弹 - 液耦合复杂系统动力学和控制的研究水平。在理论探讨中，刚柔耦合动力学与贮箱类液固耦合动力学的研究可以看作是两个典型的例子。在小幅度运动意义下，刚柔耦合动力学可以通过混合坐标法建立离散化动力学模型，贮箱类液固耦合动力学研究中，则通常将液体小幅晃动的等效模型引入耦合系统进行处理。这种线性意义的耦合动力学研究已经较为成熟。目前，理论探讨开始逐步转移到以非线性耦合为特征的研究阶段。

中心刚体带一个或数个挠性附件是刚柔耦合动力学与控制研究中被广泛考察的一类系统。这些研究工作围绕动力学耦合系统数学模型的建立、动力学性态的分析、耦合因素的讨论、稳定性的论证、数值方法的探讨及控制器的设计等内容在不同角度展开。需要指出的是，前面谈到的基座做大范围运动情况下悬臂梁上各点在惯性空间中的运动实际上已经具备了多柔体系统的耦合特征。当外激励的变化规律可以任意给定时，容易理解以下事实，即若基座大范围运动是任意的，则悬臂梁的全部动力学行为所张成的空间应与中心刚体带同样悬臂梁所组成的耦合系统中梁的动力学行为空间一致。区别在于，在刚柔耦合系统研究中，还要注重挠性附件对中心刚体 6 个自由度或部分自由度刚性运动的影响的考察，这一点在设计控制系统时体现得十分突出。而从纯粹的动力学意义上讲，刚柔耦合系统的耦合特征主要是通过其固有特性、初值响应明显体现出来的。正是由于可能动力学行为空间的一致，文献在研究中心刚体加一个挠性附件所构成的典型刚柔耦合系统时，最后常退化为对给定中心刚体转动规律情况下挠性附件运动特性的考察。同样因为这种一致，前面提到的大范围转动对悬臂梁变形运动的三个层次的影响也在不同文献的耦合系统建模中分别得到体现。

带有自由液面液体大幅晃动问题的研究在数学上涉及求解 Navier - Stokes 方程等的初边值问题。由于方程是非线性的，自由液面的位置未知，并且自由液面边界条件也是复杂的非线性方程，这个问题的有关研究和求解是相当困难的。在合乎工程要求、保持实际物理意义的条件下，采用液体晃动问题的简化模型，即液体晃动的线性化模型：液体是理想不可压流体，而且假定液体的晃动是微幅的，再加上抑制晃动和管理措施后，虽然可以得到具有实际意义、在一定的工况下满足工程应用要求的结果，但由于线性简化，实际流体运动的非线性效应被忽略了，而这些非线性效应在一定情况下表现得非常强烈。

航天器在变轨、交会、对接及装配过程中，液体推进剂可能会产生剧烈的晃动；根据外激励频率及腔体的几何形状不同，液体自由面可能会产生诸如面外晃动、旋转、非规则拍振、伪周期运动及混沌等复杂的非线性运动，由此所产生的晃动力及晃动力矩对整体系统动力学具有显著影响。尽管液体大幅晃动持续的时间可能较短，但其危害性却远远超过微幅晃动，可能导致贮液结构完全失效（破坏）和使航天器姿态失控。因此，工程应用上需要深入研究液体大幅晃动问题。

实验对特殊环境的严格要求及昂贵代价，使得随着计算机技术的快速发展而不断得到改进的计算机仿真技术在航天器设计中的应用越来越受到重视。与实验比较，数值模拟技术能较好地弥补实验时间短、外载条件实现困难、初始条件不易保证、测量记录判断困难、实验机会少、经费高等一些不足。由于在航天等领域中的广阔工程背景，迄今为止人们对具有自由面流体大幅晃动问题的数值模拟的研究仍在不断进行。特别是在国外，早在20世纪60年代这一课题就引起众多学者的足够重视，相续发展了标记网格方法（Marker - And - Cell，MAC）方法、有限体积法（Volume Of Fluid，VOF）方法、浮标接力方法（Buoy Relay Method，BRM）、时空有限元方法、任意拉格朗日 - 欧拉方法（Arbitrary Lagrange - Euler，ALE）有限元方法等。与差分方法相比较，有限元方法的最大优点是能比较容易地处理各种复杂的几何形状和统一处理各种典型的边界条件，特别是它便于综合考虑流体晃动与结构的耦合作用。

无论是对非线性刚柔耦合系统的研究还是对非线性液固耦合系统的研究，最后应都能得出这样的结论，即非线性耦合系统的动力学行为具有与线性耦合系统不同的特征，也具有与非线性子系统不同的特征，非线性耦合系统中非线性子系统的响应不能通过相应孤立非线性子系统的响应来预示。这是因为孤立的线性子系统耦合在一起以后，实质的改变仅在于固有特性的改变，而非线性的引入则使耦合系统呈现出大量的耦合的动响应特征。

总体来说，刚体运动有小角度运动与大角度运动之分，弹性变形有微小变形与有限变形之分，液体晃动有小幅晃动与大幅晃动之分。在刚 - 弹 - 液耦合动力学系统中，任何一点非线性因素的引入均会使问题大大复杂化，这是非线性作用的体现，尤其是耦合作用的体现。它给航天器动力学的研究提供了广阔的空间。

1.1.2.3.4 整体航天器动力学模型精化与一体化仿真

在航天工程中，无论是局部动力学的探讨、部件级动力学的研究还是耦合动力学行为的分析，归根结底都是为航天器整体动力学的建模、分析、仿真、设计等服务。当代航天器动力学的第四个发展特征可以概括为整体航天器动力学模型的精化与一体化仿真，直接为工程服务。航天技术的高、精、尖特征要求航天器离散化动力学方程及其求解必须足够精确，能准确有力地反映物理实际。航天器结构日趋复杂化与航天工程应用的方便性又要求离散化动力学方程及其求解能够适应仿真计算机和软件的当前水平。这样两个互相矛盾的因素推动着航天器动力学工程应用的发展。

刚体模型与准刚体模型对早期航天器的动力学描述是简单的、有效的。随着航天器规模的扩大、附件挠性的增强及液体晃动因素的引入，航天器动力学模型逐步发展为刚－弹耦合模型及刚－弹－液耦合模型。对三轴稳定航天器而言，在这样的耦合模型中，工程中一般假设刚体做慢速运动，挠性附件变形很小，从而可以采用混合坐标方法完成刚－弹耦合多体航天器的动力学建模，再根据工程实际假定航天器在轨运行时液体晃动总是小幅度的，则采用线性等效模型来描述液体晃动，最终完成刚－弹－液耦合动力学建模，并在此基础上进行各种条件下的数值仿真及控制器设计。事实上，这样的线性耦合模型是对现代大型复杂航天器所做的简化的动力学描述。我国“东方红三号”卫星及国际上类似的大型复杂航天器的成功发射与运行表明，这样的动力学模型在工程中也是可行的。但在轨飞行中也暴露出一些新的问题。例如，遥测数据表明整体航天器在轨运行的特征频率较地面理论计算及实验值有明显降低，分析认为这是铰链间隙造成的结果。又如，由于对液体大幅晃动特性缺乏认识，在线性耦合模型（中心刚体姿态运动仍然可以是非线性的）中倾向于将液体晃动阻尼取得很小，于是基于该模型所进行的控制器设计虽然具有充足的稳定裕度，却往往过分保守等，这些问题的出现要求根据飞行实验结果对目前工程中所采用的线性耦合模型或模型参数做出适当的改进，如适当地计入间隙对特征频率的影响，合理地估计晃动阻尼等。经过稍加改进的模型是对线性耦合模型的一次超越。然而发展是没有止境的。为了增加有效载荷容量，降低发射成本，将来的航天器将取消防晃装置。为了延长工作寿命，减少燃料消耗，需要加强航天器大角度快速机动及重新定位的动力学描述。可以推断，随着新要求的提出、新问题的涌现，特别是飞行经验的积累，整体航天器动力学模型将越来越精确，完成对原有模型的反复超越，形成螺旋上升的态势。

在直接针对工程或面向工程的航天器动力学研究中，动力学分析设计的软件开发及系统集成是十分重要的环节，也是工作量很大的环节。这种软件开发及系统集成应该是航天器动力学与软件工程的交叉学科，要求其工程实用性好、通用性强、效率高等。这里与航天器动力学密切相关的有两个层次的问题。其一是反映特定介质的运动、动力学参数识别或特殊运动类型的动力学模块的开发；其二是可以适应多类复杂航天器分析设计需求的并具有强大前后处理能力的软件系统集成。其中，特定介质的运动包括刚性运动、弹性变形及液体晃动等；特殊运动类型包括各类耦合动力学问题、局部动力学问题等。由于功能不同，各类航天器结构、运动形式等动力学因素也不相同。在第二个层次的系统集成中，必须使得软件系统具备广泛的适应性，根据具体问题组合不同模块，完成对航天器的分析设计。在航天器动力学软件开发及系统集成中，国内五〇一部、哈尔滨工业大学、上海交通大学、清华大学、国防科技大学等单位的多位专家从不同角度做了大量的工作。

为了具体地说明整体航天器动力学的研究问题，不妨将目前在轨运行和在研的复杂航天器大致分为三类。

第一类是以刚－弹－液耦合为主要特征的航天器。它的子系统动力学及整体动力学问题在上面已经作为例子详细谈到过。

第二类是所谓的大型柔性空间结构（Large Flexible Space Structure，LFSS）。LFSS 一般由基本的框架结构向一个方向或两个方向周期性地延伸拼接而成，这些基本框架又称典型元素，由梁、杆、拉索或板组成。无论是在已上天的卫星中还是在未来的太空实验室、太空电站以及太空城的设计中，LFSS 都是基本的组成部分。LFSS 在航天技术中不仅充当柔性附件，而且可以作为航天器的主体。LFSS 的研究包括典型元素选型这一特殊的子系统动力学问题。根据 LFSS 独有的特征，有限元方法及等效连续模型方法或它们的混合方法在数学建模研究中被广泛地采用。前面提到的波动模型方法也主要是针对 LFSS 提出来的。LFSS 在未来宇航事业发展中具有重要意义，它给航天器动力学提出了很多新的研究课题。

第三类是复杂航天器，并且在国际上已进行了数次这方面的实验。这种卫星由主卫星——空间站或航天飞机、子卫星以及连接系绳构成。过去的几十年里，空间绳系系统受到世界各国学者的广泛关注，所探索研究的问题和应用领域均非常广泛。空间系绳系统可以完成空间运输、发电及深空探测等不同的任务。与传统航天器相比，绳系系统具有长基线、可变构型以及可与地磁场相互作用的特点，使得空间系绳技术具有广泛的应用前景。空间绳系系统早已不是仅停留在理论阶段的空间系统，早在 20 世纪 60 年代中期就进行了首次实验，迄今已经有超过 10 个项目进行了空间验证。尤其在有效载荷在轨返回和大气探测方面具有广泛的工程应用价值。上述任务都要求基于多任务航天器或空间站进行系统设计。绳系系统的使用也不应该妨碍其他已经规划的实验和操作。就这点而言，考虑航天器相对于质心的运动，建立系绳系统的数学模型就显得至关重要。当然，系绳展开过程中异常情况预测也同样重要。此外，对于系绳系统中航天器由于振荡产生的混沌现象的研究也具有重要的科学意义。

航天器与航天器之间相对运动动力学的研究总体上讲方兴未艾，这是当前航天器动力学研究的第五个特征。

1965 年 12 月 15 日，美国“双子星座”6 号和 7 号飞船在航天员参与下，实现了世界上第一次有人太空交会。1968 年 10 月 26 日，苏联“联盟 2 号”和前 3 号飞船实现了太空的自动交会。1975 年 7 月 17 日，美国“阿波罗号”和苏联“联盟号”飞船完成了联合飞行，实现了从两个不同发射场发射的航天器的交会对接。1984 年 4 月，“挑战者号”航天飞机利用交会接近技术，辅以遥控机械臂和航天员的舱外作业，在地球轨道上成功地追踪、捕获并修复了已失灵的“太阳峰年观测卫星”。1987 年 2 月 8 日，苏联“联盟－TM2 号”飞船与在轨道上运行的“和平号”空间站实现了自动对接。1995 年 6 月 29 日，美国航天飞机“阿特兰蒂斯号”顺利地与太空运行的俄罗斯“和平号”航天站对接成功。这次对接与 20 年前美国、苏联飞船对接相比，规模大、时间长，而且合作的项目多。显然，这次成功的对接活动促进了国际空间站的建立，推动了航天技术的发展。中国已掌握了航天器交会对接技术。2011 年 11 月，“神舟八号”飞船与“天宫一号”目标飞行器实现了自动远距离引导段用遥控器、近距离导引段和逼近段（用自主控制）交会对接，2012 年，“神舟九号”载人飞船与“天宫一号”目标飞行器实现了手控（远距离导引段用遥控、近距离导引段用自主控制、逼近段用手控）交会对接。

交会对接飞行控制，根据控制的主体不同，可分为手控、遥控和自主控制 3 种方式。手控是以航天员手控操纵飞船；遥控是由地面操纵飞船；自主控制是由飞船的制导、导航和控制分系统来操纵飞船。交会和对接/靠泊过程包括一系列轨道操纵和轨迹控制，这些轨迹依次将主动飞行器（追逐器）引导至被动飞行器附近，并最终与被动飞行器（目标）接触，接近轨迹的最后一部分必须将追逐器所需的位置、速度、姿态和角速度调整至要求的范围内。在对接时，追逐器的制导、导航和控制（GNC）系统控制进入目标飞行器对接接口和获取所需的飞行器状态参数。在停泊的情况下，追逐器的 GNC 系统相对速度和角速度为 0 的状态将追逐器送到一个会合点，位于目标或追逐器上的机械手将抓住目标或追逐器，将其转移到最终位置，并将其插入相关目标停泊港的接口。

随着航天技术的发展，星座逐渐从传统低轨通信卫星星座向巨型低轨星座发展，对星座安全性要求越来越高。传统低轨通信卫星星座创建于 20 世纪 80 年代末，当时各国提出了许多星座方案，但最终实现组网部署的只有铱星（Iridium）、全球星（Globalstar）和轨道通信（Orbcomm）三大系统。传统低轨通信卫星星座由于规模小，星间分布距离大，制定星座安全措施时，不用考虑星座内部碰撞的可能，只需考虑星座受到外部碰撞的概率。1999 年，Rossi 等人对铱星的碰撞概率进行了模拟计算，得到铱星每 10 年的碰撞概率为 10%，由于碰撞概率较低，星座只需采用空间碎片协调委员会的减缓准则以及对可能发生碰撞的卫星实施规避机动，就可以保证星座的长期稳定运行。巨型低轨星座的发展起源于 2014 年。截至目前，国内外已经公布了多个巨型低轨星座方案，包括国内的鸿雁、虹云、银河航天等星座，国外的 Starlink 系统、OneWeb 系统、LeoSat 卫星系统、TeleSat 系统、开普勒星座、三星系统和波音公司系统等。目前，除了部分公司因为资金问题已经破产，例如，LeoSat 和 OneWeb 等，绝大多数公司还处于星座设计阶段，主要集中在星座及相关发射规划设计，但对星座安全性方面的研究较少。只有 SpaceX 和 OneWeb 等公司发布了对星座安全性方面的研究。

空间站伴随卫星是一种围绕空间站运行，为空间站服务的多用途航天器。伴随卫星可为空间站提供观察、监视、救援与维护等服务。国外对伴随卫星的研究始于 20 世纪 80 年代，目前已有研制成功的伴随卫星并发射升空，国内相应的研究尚处于起步阶段。在空间站附近做伴随运动是空间站伴随卫星的主要任务和特征。执行任务时，伴随卫星往往需同时控制相对空间站的位置、速度和姿态，是一复杂的多变量控制问题。一般地，可用两种方法研究伴随卫星的相对运动：一是用以轨道根数为参数建立相对运动方程为基础的运动学方法，通过设计和控制伴随卫星的绝对轨道或相对轨道实现长期伴飞、绕飞等功能。其优点是可充分利用航天器本身的轨道运动动力学特性，燃料消耗较少，缺点是对定轨方法和精度要求较高，工程实现不易。二是以相对运动动力学方程（C－W 方程）为基础的动力学方法。该法燃料消耗较多，但因其动力学模型简单，直接以易获得的高精度相对运动信息为状态变量，便于设计控制律，工程适用性强。

综上所述，航天器与航天器之间交会对接动力学的研究已有时日，星座技术所带来的动力学问题及空间站伴随卫星动力学问题的研究才起步不久。

1.1.2.3.5　理论研究与工程应用

综上所述，前面概括并阐述了当前复杂航天器动力学研究的 5 个方面的发展特征，也就是航天工程向航天器动力学所提出的多个层面上的发展要求。其中，前 3 个方面的特征标识了理论探讨的发展趋势，第三个特征也涉及工程应用问题，第四个特征则是对航天器动力学工程应用研究状况的直接描述。理论探讨是广泛的、超前的，工程应用则是具体的、比较现实的。理论探讨常表现出典型构件运动形式、动力学特征的复杂，而工程运用则常体现为简单构件、简单运动的复杂组合。然而两者又是密不可分的，工程实际不断地向理论研究提出新现象、新问题，而理论研究的重要成果则一步步渗透到工程应用中，理论与工程的结合对这两方面都是有益的，并将对航天器动力学的发展起到更有力的推动作用。

1.1.2.4 航天器的轨道和姿态动力学

航天动力学的研究内容包括：航天器的质心运动，称为轨道运动；航天器相对于自身质心的运动，称为姿态运动。

1.1.2.4.1 轨道运动

轨道是航天器（属于空间运动体）质心在空间运行时的运动轨迹。影响航天器轨道特性的主要因素包括航天器的初始运动特性、所处的空间力学环境、所受的主动控制力以及运动过程中的几何特性，航天器的轨道动力学及其轨道控制技术是航天器工程的重要组成部分。德国天文学家开普勒1609年提出的行星运行第一定律（椭圆定律）和第二定律（面积定律）、1619年提出的行星运行第三定律（调和定律），奠定了航天器轨道动力学的基础。英国物理学家艾萨克·牛顿1687年提出的万有引力定律和三大运动定律，奠定了航天器工程学的基础。

理想情况下，航天器轨道运动可以看作围绕中心天体的二体运动，即航天器只受中心天体引力的影响，描述航天器轨道运动的物理变量有质心的位置、速度、加速度以及所处的时间。一般假设航天器的质量远远小于中心天体，航天器在空间的一个平面内运动，可以通过轨道六要素来描述航天器的轨道，即轨道半长轴、偏心率、近地点幅角、升交点赤经、轨道倾角和过近地点时刻。

航天器的轨道运动主要受到中心天体的引力作用，但实际上，任何外力都会对航天器的轨道产生影响，而轨道六要素也会因此发生变化，从而使航天器的轨道发生偏离，这种偏离被称为轨道摄动。对于近地轨道航天器，包括近地轨道卫星和近地轨道载人航天器，引起航天器轨道摄动的作用力包括地球非理想球形的引力、近地轨道的大气阻力、太阳和月球的引力、太阳光压和地球反射太阳光压力、航天器自身执行机构的控制力、地球磁场的作用力以及地球潮汐作用、地球内部运动和大气扰动作用等。

1.1.2.4.2 姿态运动

航天器姿态是描述航天器本体绕其质心转动的量，航天器的姿态用于航天器固连坐标系相对参考坐标系的关系描述。姿态参数有方向余弦阵、欧拉角、四元数等。描述姿态运动的方程有姿态运动学方程和姿态动力学方程。姿态运动学方程描述各姿态参数、姿态角速度之间的关系。姿态动力学方程描述航天器受外力矩作用后姿态角速度的变化规律。动量矩定理是姿态动力学方程建立的依据。对于刚体航天器，姿态运动的形式有绕其最大惯量轴自旋、进动、章动、对地三轴稳定和惯性三轴稳定。航天器结构特性决定了航天器动力学特性差异很大，有简单的刚体航天器，还有大型复杂充液航天器和挠性航天器。航天器动力学特性对航天器姿态运动影响很大。此外，主动控制力矩和空间环境干扰力矩，如重力梯度力矩、气动力矩、太阳辐射力矩、地磁力矩等，都是影响和改变航天姿态运动的重要因素。

1.1.3 航大器控制概述

1.1.3.1 航天器轨道控制内涵与概述

1.1.3.1.1 轨道确定

轨道确定的任务是研究如何确定航天器在某一时刻在空间的位置和速度。航天器的轨道确定是实现卫星应用的前提。对卫星轨道的观测数据，并不是直接测量轨道要素，而是测量在若干时刻或若干时区内与卫星运动相关的参量。根据轨道动力学原理，通过特定算法计算得出轨道要素。卫星轨道确定包含3个基本过程：数据获取、初轨确定和轨道改进。在获得一定量的轨道观测数据后，通过初轨确定可以得到航天器的初始轨道，之后利用更多的观测数据，在初始轨道的基础上，通过轨道改进可以进一步得到航天器更精确的轨道。一般而言，轨道观测数据覆盖的轨道弧段越长，轨道确定的精度越高。

1.1.3.1.2　轨道控制

轨道控制的本质是通过动量交换方式实现轨道机动，目前使用的轨道控制执行机构一般有化学推进系统、电推进系统、太阳风帆推进系统等，推进方式不同，也带来不同的控制问题；轨道控制的基础是轨道动力学，根据推进系统的特点，通过合理的控制建模和选用合适的优化方法，形成控制规律，最终推动航天器在预定的时间内达到目标轨道。

按照轨道要素划分，轨道控制可以分为轨道面内控制和轨道面控制。轨道面内控制主要包括半长轴控制、偏心率控制、近地点幅角控制和回归点控制等；轨道面控制主要用于倾角控制和升交点赤经控制。在大多数情况下，轨道面内要素的控制或轨道面要素控制可以综合进行，如轨道面的半长轴控制和偏心率矢量（含偏心率、近地点幅角）可以联合控制。对近地轨道卫星，不同的轨道要求的控制目标不同，如太阳同步轨道主要进行轨道半长轴和倾角控制，冻结和临界轨道主要进行轨道半长轴、偏心率和近地点幅角控制，回归轨道和返回式航天器主要进行半长轴控制和过赤道面的回归点控制。

按照航天器入轨后的工作阶段，轨道控制一般可以分为轨道机动、轨道建立、轨道保持、轨道交会和返回再入控制等。

（1）轨道机动：指使航天器从一个自由飞行段轨道转移到另一个自由飞行段轨道的控制。例如，地球静止轨道卫星由运载火箭发射入轨后首先进入大椭圆转移轨道，之后为了进入地球静止轨道，在其转移轨道的远地点就需进行轨道机动。

（2）轨道建立：指使航天器从发射入轨轨道转移到任务轨道的控制。轨道建立通常需要经过一系列轨道机动完成。例如，地球静止轨道卫星由运载火箭发射入轨后，需要经过一系列轨道机动才能进入地球静止轨道并实现定点。

（3）轨道保持：指克服轨道摄动影响，使航天器轨道的某些参数保持不变的控制。例如，地球同步轨道卫星为精确保持其定点位置而定期进行的轨道修正；太阳同步轨道和回归轨道卫星为保持其倾角和周期所施加的控制；有的低轨道卫星为克服大气阻力、延长轨道寿命所进行的控制。

（4）轨道交会：指一个航天器能与另一个航天器在同一时间以相同速度到达空间同一位置而实施的控制过程。

（5）返回再入控制：指使航天器脱离原来的轨道，返回进入大气层的控制。

1.1.3.2　航天器姿态控制内涵与概述

1.1.3.2.1　姿态确定

姿态确定是研究如何确定航天器相对于某个参考坐标系的姿态参数。这个参考坐标系可以是惯性坐标系，也可以是轨道坐标系。姿态确定一般根据航天器上安装的姿态敏感器的测量信息，利用合适的数据处理方法，得到航天器本体坐标系相对于参考坐标系的姿态参数。姿态确定的精度取决于数据处理方法和敏感器输出数据的精度。常用于航天器姿态确定的敏感器有太阳敏感器、红外地球敏感器、陀螺、星敏感器和磁强计等。数据处理方法主要有双矢量定姿方法、滤波修正方法。

1.1.3.2.2　姿态控制

姿态控制是航天器达到或保持期望姿态的过程，包括姿态稳定和姿态机动两种形式。姿态稳定是指通过控制使航天器保持在期望的姿态；姿态机动是指通过控制使航天器从一种姿态变换到另一种姿态的过程。姿态控制方式有喷气控制、轮控、控制力矩陀螺控制、磁控和重力梯度稳定等。控制律设计常用的有PID控制和带结构滤波器的PID控制，还有相平面控制、最优控制、自适应控制和H_∞鲁棒控制等。控制律的选择与对象的动力学特性及控制性能指标要求密切相关。

姿态控制是航天器正常工作的前提。例如，卫星对地进行通信或观测，天线或遥感器要指向地面目标；卫星进行轨道控制时，发动机要对准所要求的推力方向；卫星再入大气层时，要求制动防热面对准迎面气流。这些都需要使星体建立和保持一定的姿态。和姿态控制相关的名词术语还有定向、捕获、搜索和跟踪等。

(1) 定向：指航天器的本体或太阳帆板、观测相机、天线等附件单轴或三轴按一定精度保持在指定的参考方向上。该参考方向可以是惯性空间稳定的，如天文观测对太阳指向稳定，称为对日定向；也可以是轨道坐标系稳定的，如对地观测对地球指向稳定，称为对地定向。由于姿态定向需要克服各种空间干扰，以使航天器本体或附件的姿态保持在参考方向上，因此，需要通过控制加以保持。

(2) 捕获：又称为初始对准，是指航天器由未知不确定姿态向已知期望姿态的机动过程。例如航天器入轨，星箭分离后，航天器从某种不确定的旋转姿态进入对日或对地定向姿态。又如，航天器运行过程中因故障姿态失稳后的重新对日或对地定向。为便于控制系统设计，捕获一般分为粗对准和精对准两个阶段。粗对准是指从大范围不确定初始姿态初步机动到期望姿态的过程，通常需用较大的控制力矩以缩短机动的时间，但不要求很高的定向精度。精对准是指粗对准后由于精度不够而进行姿态修正，以保证定向的精度要求。精对准一般需要较小的控制力矩。

(3) 搜索：指航天器本体或附件对活动目标的捕获。如数据中继卫星对目标的搜索。

(4) 跟踪：指航天器本体或附件保持对活动目标的连续定向。如数据中继卫星对目标的跟踪。

姿态稳定是航天器长期稳定工作的主要形式。航天器姿态稳定方式按航天器姿态运动的形式，可大致分为自旋稳定和三轴稳定两类。

(1) 自旋稳定：卫星等航天器绕其自旋轴旋转，依靠旋转动量矩保持自旋轴在惯性空间的指向。自旋稳定常辅以主动姿态控制，来修正自旋轴指向误差。双自旋卫星由自旋体和消旋体两部分组成，相互间由消旋轴承连接。自旋体绕轴承轴（自旋轴）旋转而获得自旋轴定向；消旋体在自旋轴定向的基础上又受轴承轴上消旋电机控制而获得三轴稳定。有效载荷一般放在消旋体中。

(2) 三轴稳定：依靠主动姿态控制或利用环境力矩，保持航天器三轴在某一参考坐标系定向。

1.1.3.3 姿态控制概述

航天器姿态控制发展到今天，已经取得巨大成就。例如，带有挠性附件和充液表面张力贮箱的大型航天器[如中国的“东方红”系列通信卫星）在轨道机动期间的姿态稳定控制；在中低轨道运行的各种对地、对天观察的多体复杂航天器的高稳定度控制（如美国的哈勃太空望远镜（Hubble Space Telescope，HST）、中国的资源系列卫星]；可以往返天地的中国、苏联载人飞船和美国航天飞机的大气进入的攻角、侧倾角、侧滑角快速机动与跟踪控制；月球着陆器的动力下降［如美国的“阿波罗”（Apollo）月球探测器、中国的“嫦娥三号”月球着陆器］；以及火星探测器的进入、下降、着陆的多模式姿态控制等。这些都是杰出实例。

截至目前，成功的航天器姿态控制经历了如下发展历程。姿态描述初始阶段多采用三轴欧拉角（滚动角、俯仰角、偏航角），后来阶段多采用欧拉四元数（这是目前姿态描述的主流）。姿态运动学相应采用欧拉角变化率或四元数变化率与角速度之间关系描述，值得注意的是，初始阶段大多采用线性化运动学，这适用于围绕目标姿态的小运动情况，后来阶段考虑非线性运动学。姿态动力学一般采用欧拉方程描述，对于挠性充液航天器，则还要采用挠性变形和液体晃动模态坐标耦合动力学方程，由此形成混合坐标动力学方程。姿态确定算法一般采用融合陀螺测量信息和星敏感器（和/或红外地球、紫外月球测量信息）的常系数卡尔曼滤波器，后来发展到利用卡尔曼或扩展卡尔曼滤波器（这是目前发展趋势，并且在“嫦娥三号”着陆器获得了在轨实现）。姿态控制规律则一般采用三轴各自独立的相平面控制或PID控制，前者具有姿态控制的快速性，而后者则可以克服各种干扰并获得姿态控制的高精度；对于存在挠性振动和液体晃动情况，则发展出精心设计的结构滤波器配合PID的姿态控制方法。

应当指出的是，尽管航天器姿态控制取得巨大成就，却仍然有一些理论研究和工程实际中的热点问题。第一，关于姿态运动学的非线性问题。一方面，采用三元组状态变量存在运动学奇异问题，而采用四元数状态变量可以消除奇异问题，但却带来了姿态描述的不唯一性问题，进而带来“展开（Unwinding）”问题（就是实际姿态离目标姿态很近了，但却必须多转一圈才能收敛的问题）。这一问题在工程上有一些处理方法，但缺少系统分析和描述。另一方面，考虑运动学非线性时，刚体航天器的PD控制和PID控制已经有一些满意控制结论，而当考虑控制力矩受限和角速度受限情况时，则又产生一些新困难。第二，关于姿态确定的扩展卡尔曼滤波问题。目前在轨航天器姿态的确定一般将陀螺安装误差、刻度因子误差归并到常值漂移中进行估计，这种方法对某些航天器有其适用性，但对于着陆器等姿态变化频繁和不定的航天器不适用，不满足高精度导航需求。第三，关于高精度、高稳定度姿态控制问题。特别是一些挠性航天器，如哈勃太空望远镜，受一些空间环境影响，容易诱发挠性振动，进而影响航天器姿态稳定度。这里强调在同等品质敏感器和执行机构条件下，如何采用系统辨识和自适应控制等非线性方法以及物理运动新机理等方面从动力学上提高控制品质。第四，关于线运动和角运动（位置和姿态）自主联合控制问题。典型代表是月球着陆器动力下降过程的自主软着陆，以及运载火箭第一级定点返回的软着陆。这里强调通过制导在线规划运动轨迹，进而通过姿态控制来实现线运动控制，也可以实现线运动与角运动各自独立控制，由此满足航天器使命要求。

1.1.3.4 轨道控制与姿态控制的关系

航天器是一个比较复杂的控制对象，一般来说，轨道控制与姿态控制密切相关。为实现轨道控制，航天器姿态必须符合要求。也就是说，当需要对航天器进行轨道控制时，同时要求进行姿态控制。在某些具体情况或某些飞行过程中，可以把姿态控制和轨道控制分开来考虑。某些应用任务对航天器的轨道没有严格要求，而对航天器的姿态却有要求。例如，空间环境探测卫星绕地球的运行往往不需要轨道控制，卫星在开普勒轨道上运行就能满足对环境探测的要求。在这种情况下，航天器只有姿态控制。

航天器控制按控制力和力矩的来源，可以分为两大类。

（1）被动控制：其控制力或力矩由空间环境和航天器动力学特性提供，不需要消耗星上能源。例如，利用气动力或力矩、太阳辐射压力、重力梯度力矩、磁力矩等实现轨道或姿态的被动控制，而不消耗工质或电能。

（2）主动控制：包括测量航天器的姿态和轨道，处理测量数据，按照一定的控制规律产生控制指令，并执行指令产生对航天器的控制力或力矩。主动控制需要消耗电能或工质等星上能源，由星载或地面设备组成闭环系统来实现。

综上所述，图1－24所示为航天器控制所包含的基本概念、内容和分类，以及相互之间的关系。

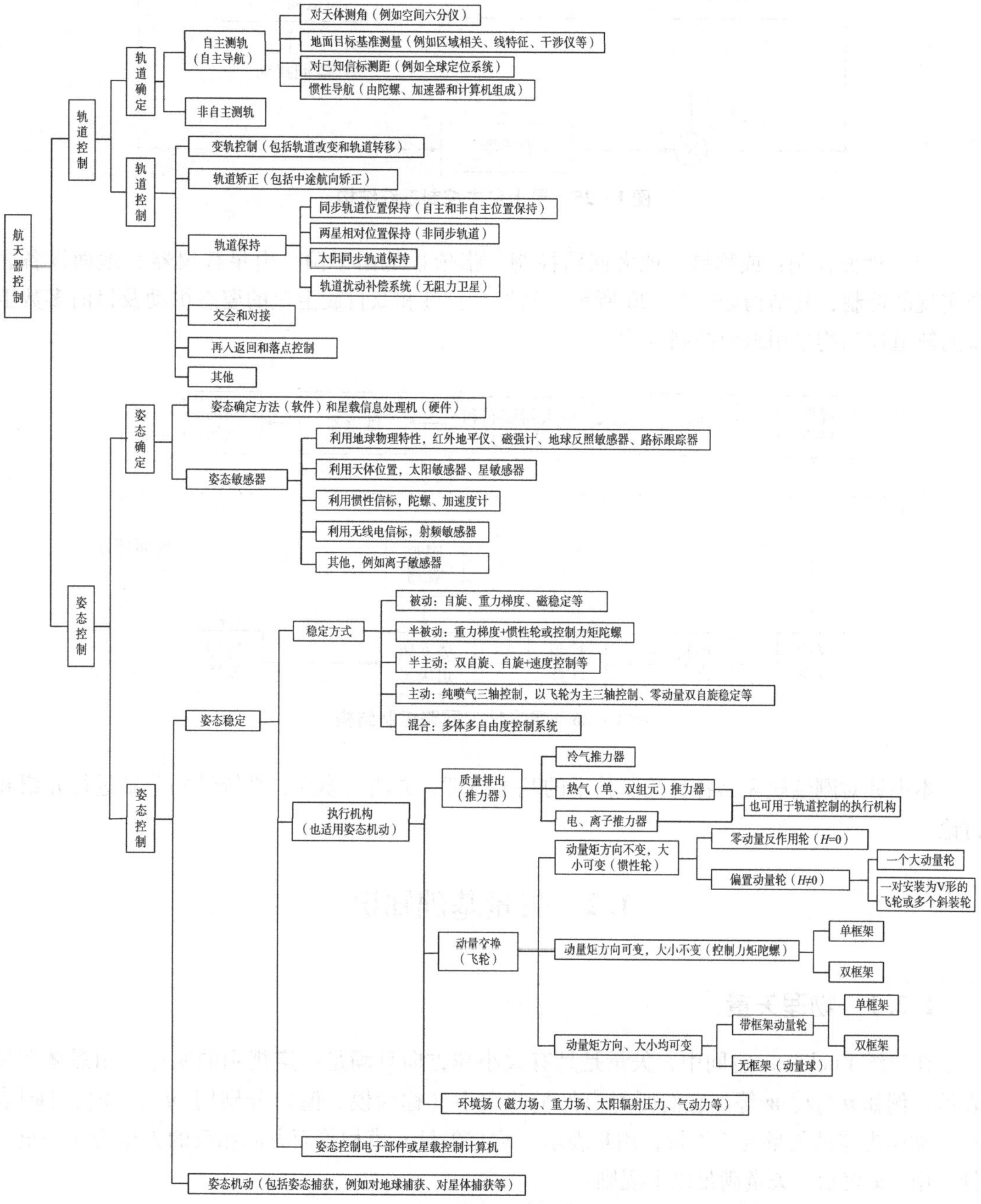

图1－24 航天器控制基本内容及分类

1.1.3.5 主动控制系统的组成

航天器主动控制系统，无论是姿态控制系统还是轨道控制系统，都有两种组成方式。

（1）星上自主控制：指不依赖地面干预，完全由星载仪器实现的控制，其系统结构如图1－25所示。例如，双自旋卫星的消旋控制和三轴稳定卫星姿态控制，一般都采取自主控制方式。有的静止轨道卫星的东西位置保持轨道控制也采取自主控制。

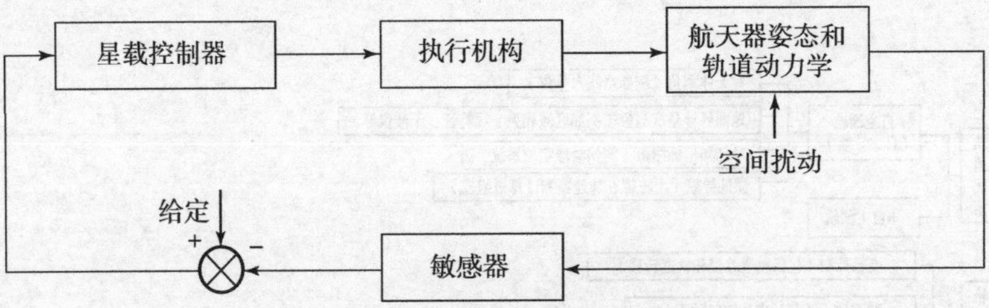

图1－25 星上自主控制系统结构

（2）地面控制：或称星－地大回路控制，指依赖地面干预，由星载仪器和地面设备联合实现的控制，其结构如图1－26所示。例如，自旋和双自旋卫星的姿态机动及目前多数卫星的轨道控制均采用地面控制方式。

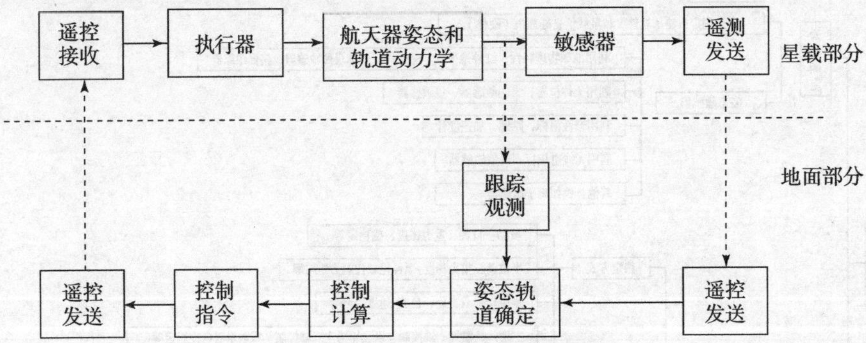

图1－26 星－地大回路控制结构

本书针对刚性航天器各种控制技术的基本原理、方法、模式、系统结构分别进行介绍和讨论。

1.2 矢量基础知识

1.2.1 物理矢量

在三维 Euclidean 空间中，矢量是具有大小与方向且满足一定规则的实体，用黑体字母表示，例如$\boldsymbol{u}$、$\boldsymbol{v}$、$\boldsymbol{w}$等。它们所对应矢量的大小（称为模、值）分别用$|\boldsymbol{u}|$、$|\boldsymbol{v}|$、$|\boldsymbol{w}|$表示。称模为零的矢量为零矢量，用$\boldsymbol{0}$表示。称与矢量$\boldsymbol{u}$模相等而方向相反的矢量为$\boldsymbol{u}$的负矢量，用$-\boldsymbol{u}$表示。矢量满足以下规则：

（1）相等：两个矢量具有相同的模和方向，则称这两个矢量相等。即，一个矢量做平行于其自身的移动，则这个矢量不变。

（2）矢量和：按照平行四边形法则定义矢量和，同一空间中两个矢量之和仍是该空间的矢量，如图 1－27 所示。

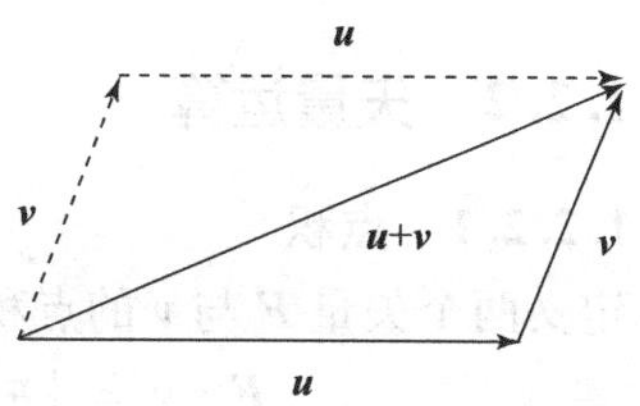

图 1－27 矢量和的平行四边形法则

矢量和满足以下规则：

交换律：

$$\boldsymbol{u}+\boldsymbol{v}=\boldsymbol{v}+\boldsymbol{u} \tag{1-1}$$

结合律：

$$(\boldsymbol{u}+\boldsymbol{v})+\boldsymbol{w}=\boldsymbol{u}+(\boldsymbol{v}+\boldsymbol{w}) \tag{1-2}$$

由矢量和与负矢量还可以定义矢量差：

$$\boldsymbol{u}-\boldsymbol{v}=\boldsymbol{u}+(-\boldsymbol{v}) \tag{1-3}$$

并且有

$$\boldsymbol{u}+(-\boldsymbol{u})=0 \tag{1-4}$$

（3）数乘矢量：设 a、b 为实数，矢量 $\boldsymbol{u}$ 乘实数 a 仍是同一空间的矢量，记作 $\boldsymbol{v}=a\boldsymbol{u}$。其含义是：$\boldsymbol{v}$ 是与 $\boldsymbol{u}$ 共线且模为 $\boldsymbol{u}$ 的 a 倍，当 a 为正值时，$\boldsymbol{v}$ 与 $\boldsymbol{u}$ 同向，当 a 为负值时，$\boldsymbol{v}$ 与 $\boldsymbol{u}$ 反向，当 a 为零时，$\boldsymbol{v}$ 为零矢量。数乘矢量满足以下规则：

分配律：

$$(a+b)\boldsymbol{u}=a\boldsymbol{u}+b\boldsymbol{u} \tag{1-5}$$

$$a(\boldsymbol{u}+\boldsymbol{v})=a\boldsymbol{u}+a\boldsymbol{v} \tag{1-6}$$

结合律：

$$a(b\boldsymbol{u})=ab\boldsymbol{u} \tag{1-7}$$

由矢量关于求和与数乘两种运算的封闭性可知，属于同一空间的矢量组 $\boldsymbol{u}_i(i=1,2,\cdots,I)$ 的线性组合 $\sum_{i=1}^{I}a_i\boldsymbol{u}_i$ 仍为该空间的矢量，此处 a 是实数。矢量组 $\boldsymbol{u}_1$，$\boldsymbol{u}_2$，…，$\boldsymbol{u}_I$ 线性相关是指存在一组不全为零的实数 a_1，a_2，…，a_I，使得

$$\sum_{i=1}^{I}a_i\boldsymbol{u}_i=0$$

线性无关：若有矢量组 $\boldsymbol{u}_1$，$\boldsymbol{u}_2$，…，$\boldsymbol{u}_J$，当且仅当 $a_j=0(j=1,2,\cdots,J)$ 时，才有 $\sum_{j=1}^{J}a_j\boldsymbol{u}_j=0$，则称这组 J 个矢量是线性无关的。

维数：一个矢量空间所包含的最大线性无关矢量的数目称为该矢量空间的维数。显然，三维空间最多有 3 个线性无关的矢量，平面最多有 2 个线性无关的矢量。在 n 维空间中，可以根据解决物理问题的需要选择 n 个线性无关的基矢量，而任一矢量可用 n 个基矢量的线性组合来表示。

三维空间的笛卡儿坐标系 $Oxyz$ 中，选择一组正交标准化基 $\boldsymbol{i}$、$\boldsymbol{j}$、$\boldsymbol{k}$，分别为沿 x、y、z 轴的单位矢量。任一矢量 $\boldsymbol{v}$ 可以表示为这组正交标准化基的线性组合：

$$\boldsymbol{v}=\boldsymbol{v}_i+\boldsymbol{v}_j+\boldsymbol{v}_k \tag{1-8}$$

许多物理量都是矢量，满足前述定义和式（1－1）~式（1－7）的规则。例如，速度、加速度、力、电场等。

1.2.2 矢量运算

1.2.2.1 点积

定义两个矢量 $\boldsymbol{F}$ 与 $\boldsymbol{v}$ 的点积

$$\boldsymbol{F}\cdot\boldsymbol{v} = |\boldsymbol{F}||\boldsymbol{v}|\cos(\boldsymbol{F},\boldsymbol{v}) \tag{1-9}$$

式中，$(\boldsymbol{F},\ \boldsymbol{v})$ 表示 $\boldsymbol{F}$ 与 $\boldsymbol{v}$ 的夹角，如图 1-28 所示。

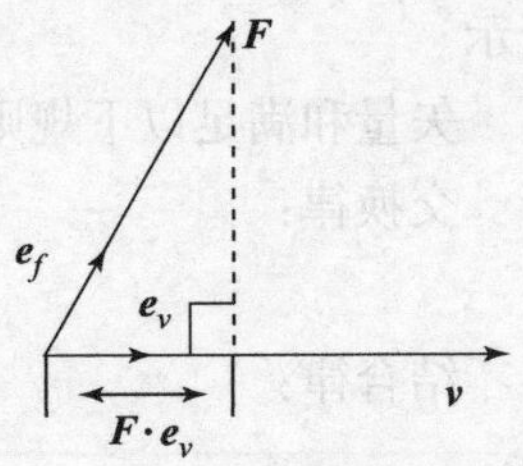

图 1-28　两个矢量的点积

如果 $\boldsymbol{F}$、$\boldsymbol{v}$ 方向的单位矢量分别为 $\boldsymbol{e}_f$ 和 $\boldsymbol{e}_v$，则由式（1-9）知，$\boldsymbol{F}$ 在 $\boldsymbol{v}$ 上的投影是 $\boldsymbol{F}\cdot\boldsymbol{e}_v$，而 $\boldsymbol{v}$ 在 $\boldsymbol{F}$ 上的投影是 $\boldsymbol{F}\cdot\boldsymbol{e}_f$，所以

$$\boldsymbol{F}\cdot\boldsymbol{v} = |\boldsymbol{v}|(\boldsymbol{F}\cdot\boldsymbol{e}_v) = |\boldsymbol{F}|(\boldsymbol{v}\cdot\boldsymbol{e}_v)$$

由式（1-9）与基矢量的正交性可知

$$\boldsymbol{F}\cdot\boldsymbol{v} = \boldsymbol{F}\cdot\boldsymbol{v}_x + \boldsymbol{F}\cdot\boldsymbol{v}_y + \boldsymbol{F}\cdot\boldsymbol{v}_z \tag{1-10}$$

当 $\boldsymbol{F}$ 表示力、$\boldsymbol{v}$ 表示位移（速度）时，$\boldsymbol{F}\cdot\boldsymbol{v}$ 表示功（功率）。

两个矢量的点积服从以下规则：

交换律：

$$\boldsymbol{u}\cdot\boldsymbol{v} = \boldsymbol{v}\cdot\boldsymbol{u} \tag{1-11}$$

分配律：

$$\boldsymbol{F}\cdot(\boldsymbol{v}+\boldsymbol{u}) = \boldsymbol{F}\cdot\boldsymbol{u} + \boldsymbol{F}\cdot\boldsymbol{v} \tag{1-12}$$

正定性：

$$\boldsymbol{u}\cdot\boldsymbol{u} \geqslant 0 \tag{1-13}$$

且

$$\boldsymbol{u}\cdot\boldsymbol{u} = 0 \text{ 当且仅当 } \boldsymbol{u} = 0 \text{ 时}$$

Schwartz 不等式：

$$|\boldsymbol{u}\cdot\boldsymbol{v}| \leqslant |\boldsymbol{u}||\boldsymbol{v}| \tag{1-14}$$

1.2.2.2 叉积

两个矢量 $\boldsymbol{v}$ 与 $\boldsymbol{u}$ 的叉积（也称为矢积）是垂直于 $\boldsymbol{u}$、$\boldsymbol{v}$ 构成的平面的另一个矢量。定义

$$\boldsymbol{w} = \boldsymbol{u}\times\boldsymbol{v} = \begin{vmatrix} \boldsymbol{i} & \boldsymbol{j} & \boldsymbol{k} \\ \boldsymbol{u}_x & \boldsymbol{u}_y & \boldsymbol{u}_z \\ \boldsymbol{v}_x & \boldsymbol{v}_y & \boldsymbol{v}_z \end{vmatrix} \tag{1-15}$$

$\boldsymbol{w}$ 为垂直于 $\boldsymbol{u}$、$\boldsymbol{v}$ 所在平面的矢量，其方向符合右手规则，如图 1-29 所示。

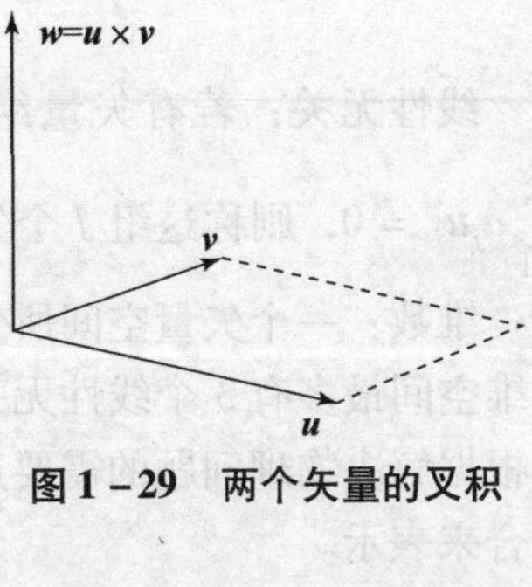

图 1-29　两个矢量的叉积

叉积的模为

$$|\boldsymbol{u}\times\boldsymbol{v}| = |\boldsymbol{u}||\boldsymbol{v}|\sin(\boldsymbol{u},\boldsymbol{v}) \tag{1-16}$$

式中，$\sin(\boldsymbol{u},\boldsymbol{v}) \geqslant 0$。交换叉积的顺序，则叉积反号

$$\boldsymbol{u}\times\boldsymbol{v} = -\boldsymbol{v}\times\boldsymbol{u} \tag{1-17}$$

叉积也满足分配律

$$\boldsymbol{F}\times(\boldsymbol{v}+\boldsymbol{u}) = \boldsymbol{F}\times\boldsymbol{u} + \boldsymbol{F}\times\boldsymbol{v} \tag{1-18}$$

叉积的物理意义是：其模等于以两个矢量为边构成的平行四边形的面积，其方向垂直于

该平行四边形所在平面。

三个矢量的二重叉积满足以下恒等式

$$\boldsymbol{u} \times (\boldsymbol{v} \times \boldsymbol{w}) = (\boldsymbol{u} \cdot \boldsymbol{w})\boldsymbol{v} - (\boldsymbol{u} \cdot \boldsymbol{v})\boldsymbol{w} \tag{1-19}$$

由上式可证叉积不满足结合律

$$\boldsymbol{u} \times (\boldsymbol{v} \times \boldsymbol{w}) \neq (\boldsymbol{u} \times \boldsymbol{v}) \times \boldsymbol{w} \tag{1-20}$$

1.2.2.3 混合积

定义三个矢量 $\boldsymbol{u}$、$\boldsymbol{v}$、$\boldsymbol{w}$ 的混合积是

$$\begin{aligned}[\boldsymbol{uvw}] &= (\boldsymbol{u} \times \boldsymbol{v}) \cdot \boldsymbol{w} = \boldsymbol{u} \cdot (\boldsymbol{v} \times \boldsymbol{w}) \\ &= \begin{vmatrix} u_x & u_y & u_z \\ v_x & v_y & v_z \\ w_x & w_y & w_z \end{vmatrix} = \begin{vmatrix} u_x & v_x & w_x \\ u_y & v_y & w_y \\ u_z & v_z & w_z \end{vmatrix}\end{aligned} \tag{1-21}$$

若更换三个矢量在混合积中的次序，应满足

$$\begin{aligned}[\boldsymbol{uvw}] &= [\boldsymbol{vwu}] = [\boldsymbol{wuv}] \\ &= -[\boldsymbol{vuw}] = -[\boldsymbol{uwv}] = [\boldsymbol{wvu}]\end{aligned} \tag{1-22}$$

可以证明，混合积的物理意义是以 $\boldsymbol{u}$、$\boldsymbol{v}$、$\boldsymbol{w}$ 为三个棱边所围成的平行六面体的体积。式（1-19）与式（1-20）还决定了当 $\boldsymbol{u}$、$\boldsymbol{v}$、$\boldsymbol{w}$ 构成右手系时，该平行六面体的体积为正号。利用式（1-10）与式（1-19）还可以证明，由三个矢量的两两点积所构成的行列式等于三个矢量所构成的体积的平方。即

$$\begin{vmatrix} \boldsymbol{u}\cdot\boldsymbol{u} & \boldsymbol{u}\cdot\boldsymbol{v} & \boldsymbol{u}\cdot\boldsymbol{w} \\ \boldsymbol{v}\cdot\boldsymbol{u} & \boldsymbol{v}\cdot\boldsymbol{v} & \boldsymbol{v}\cdot\boldsymbol{w} \\ \boldsymbol{w}\cdot\boldsymbol{u} & \boldsymbol{w}\cdot\boldsymbol{v} & \boldsymbol{w}\cdot\boldsymbol{w} \end{vmatrix} = [\boldsymbol{u} \quad \boldsymbol{v} \quad \boldsymbol{w}]^2 \tag{1-23}$$

用同样方法可以证明

$$\begin{vmatrix} \boldsymbol{u}\cdot\boldsymbol{u}' & \boldsymbol{u}\cdot\boldsymbol{v}' & \boldsymbol{u}\cdot\boldsymbol{w}' \\ \boldsymbol{v}\cdot\boldsymbol{u}' & \boldsymbol{v}\cdot\boldsymbol{v}' & \boldsymbol{v}\cdot\boldsymbol{w}' \\ \boldsymbol{w}\cdot\boldsymbol{u}' & \boldsymbol{w}\cdot\boldsymbol{v}' & \boldsymbol{w}\cdot\boldsymbol{w}' \end{vmatrix} = [\boldsymbol{u} \quad \boldsymbol{v} \quad \boldsymbol{w}][\boldsymbol{u}' \quad \boldsymbol{v}' \quad \boldsymbol{w}'] \tag{1-24}$$

式中，$[\boldsymbol{u} \quad \boldsymbol{v} \quad \boldsymbol{w}]$ 和 $[\boldsymbol{u}' \quad \boldsymbol{v}' \quad \boldsymbol{w}']$ 都是任意矢量。

1.2.3 矢阵的概念

设：选定一个坐标系 $Ox_ay_az_a(S_a)$，其单位矢量为 $\boldsymbol{i}_a$、$\boldsymbol{j}_a$、$\boldsymbol{k}_a$，矢量 $\boldsymbol{u}$ 在 S_a 中的分量为 u_{xa}、u_{ya}、u_{za}，则矢量 $\boldsymbol{u}$ 可以表示为

$$\boldsymbol{u} = u_{xa}\boldsymbol{i}_a + u_{ya}\boldsymbol{j}_a + u_{za}\boldsymbol{k}_a = (\boldsymbol{i}_a, \boldsymbol{j}_a, \boldsymbol{k}_a)(u_{xa}, u_{ya}, u_{za})^{\mathrm{T}} \tag{1-25}$$

定义坐标系 S_a 的矢阵（vectrix）如下：

$$\boldsymbol{f}_a = (\boldsymbol{i}_a, \boldsymbol{j}_a, \boldsymbol{k}_a)^{\mathrm{T}} \tag{1-26}$$

即，它是一个列阵，其元素是该坐标系的单位矢量。因而矢阵同时具有矢量（vector）和矩阵（matrix）的性质。

定义矢量 $\boldsymbol{u}$ 在坐标系 S_a 中的分量列阵为

$$(\boldsymbol{u})_a = \boldsymbol{f}_a^{\mathrm{T}}(\boldsymbol{u})_a = (\boldsymbol{u})_a^{\mathrm{T}}\boldsymbol{f}_a \tag{1-27}$$

式（1-25）和式（1-27）明显地表示了矢量 $\boldsymbol{u}$ 与矢量分量列阵 $(\boldsymbol{u})_a$ 的区别。在许多

书中，把列阵也称为矢量，或者把分量列阵与矢量混为一谈。但是本书把矢量 $\boldsymbol{u}$ 与矢量在坐标系 S_a 中的分量列阵 $(\boldsymbol{u})_a$ 严格地加以区分。特别是对于航天器动力学来说，这样的区分是绝对必要的，因为这里要使用许多坐标系来描述航天器的运动。

对于两个不同的坐标系 S_a、S_b 及同一个矢量 $\boldsymbol{u}$（图 1－30），有

$$\boldsymbol{u} = \boldsymbol{f}_a^{\mathrm{T}}(\boldsymbol{u})_a = \boldsymbol{f}_b^{\mathrm{T}}(\boldsymbol{u})_b \tag{1-28}$$

明显可见，$(\boldsymbol{u})_a \neq (\boldsymbol{u})_b$。

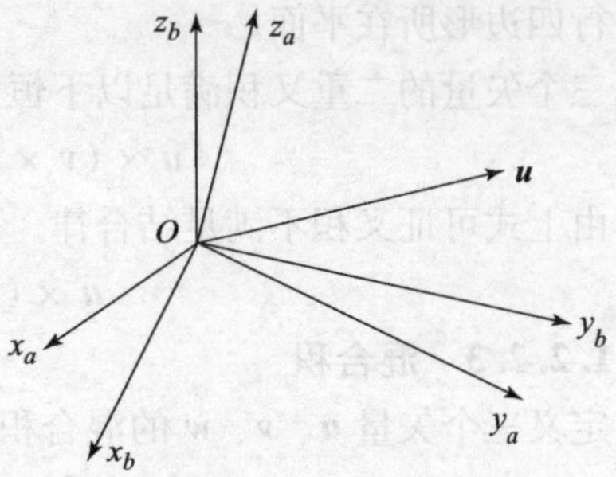

图 1－30　一个矢量 $\boldsymbol{u}$ 和两个坐标系 S_a、S_b

1.2.4　基于矢阵的向量运算

1.2.4.1　加、减和数乘

矢量 $\boldsymbol{u}$ 可以表示为

$$\boldsymbol{u} = [\boldsymbol{i}_a \quad \boldsymbol{j}_a \quad \boldsymbol{k}_a][u_{xa} \quad u_{ya} \quad u_{za}]^{\mathrm{T}} = \boldsymbol{f}_a^{\mathrm{T}}\boldsymbol{u}_a \tag{1-29}$$

矢量 $\boldsymbol{v}$ 可以表示为

$$\boldsymbol{v} = [\boldsymbol{i}_a \quad \boldsymbol{j}_a \quad \boldsymbol{k}_a][v_{xa} \quad v_{ya} \quad v_{za}]^{\mathrm{T}} = \boldsymbol{f}_a^{\mathrm{T}}\boldsymbol{v}_a \tag{1-30}$$

那么，$\boldsymbol{u}+\boldsymbol{v}$ 可以表示为

$$\boldsymbol{u}+\boldsymbol{v} = [\boldsymbol{i}_a \quad \boldsymbol{j}_a \quad \boldsymbol{k}_a][u_{xa}+v_{xa} \quad u_{ya}+v_{ya} \quad u_{za}+v_{za}]^{\mathrm{T}} = \boldsymbol{f}_a^{\mathrm{T}}(\boldsymbol{u}_a+\boldsymbol{v}_a) \tag{1-31}$$

设 k 等为实数，矢量 $\boldsymbol{u}$ 乘实数 k 可以表示为

$$k\boldsymbol{u} = [\boldsymbol{i}_a \quad \boldsymbol{j}_a \quad \boldsymbol{k}_a][ku_{xa} \quad ku_{ya} \quad ku_{za}]^{\mathrm{T}} = \boldsymbol{f}_a^{\mathrm{T}}(k\boldsymbol{u}_a) \tag{1-32}$$

1.2.4.2　点积

矢量 $\boldsymbol{u}$ 和 $\boldsymbol{v}$ 的标量积（点积）是

$$\boldsymbol{u}\cdot\boldsymbol{v} = u_{xa}v_{xa} + u_{ya}v_{ya} + u_{za}v_{za} \tag{1-33}$$

写成矩阵的运算形式可以表示为

$$\begin{aligned}\boldsymbol{u}\cdot\boldsymbol{v} &= (\boldsymbol{u}_a^{\mathrm{T}}\boldsymbol{f}_a)\cdot(\boldsymbol{f}_a^{\mathrm{T}}\boldsymbol{v}_a)\\ &= [u_{xa} \quad u_{ya} \quad u_{za}]\begin{bmatrix}\boldsymbol{i}_a\\ \boldsymbol{j}_a\\ \boldsymbol{k}_a\end{bmatrix}\cdot[\boldsymbol{i}_a \quad \boldsymbol{j}_a \quad \boldsymbol{k}_a]\begin{bmatrix}v_{xa}\\ v_{ya}\\ v_{za}\end{bmatrix} = \boldsymbol{u}_a^{\mathrm{T}}\boldsymbol{v}_a\end{aligned} \tag{1-34}$$

1.2.4.3　叉积

设矢量 $\boldsymbol{w}$ 是矢量 $\boldsymbol{u}$ 和 $\boldsymbol{v}$ 的矢量积（叉积），即

$$\boldsymbol{w} = \boldsymbol{u}\times\boldsymbol{v}$$

选取某个坐标系 S_a 为基底，按矢量叉乘法则，写出

$$\begin{aligned}\boldsymbol{w} &= \boldsymbol{u}\times\boldsymbol{v}\\ &= \begin{vmatrix}\boldsymbol{i}_a & \boldsymbol{j}_a & \boldsymbol{k}_a\\ \boldsymbol{u}_{ax} & \boldsymbol{u}_{ay} & \boldsymbol{u}_{az}\\ \boldsymbol{v}_{ax} & \boldsymbol{v}_{ay} & \boldsymbol{v}_{az}\end{vmatrix}\end{aligned} \tag{1-35}$$

因此，有

$$(\boldsymbol{w})_a = (\boldsymbol{u}\times\boldsymbol{v})_a = (\boldsymbol{u})_a^{\times}(\boldsymbol{v})_a \tag{1-36}$$

其中，$(\boldsymbol{u})_a^{\times}$ 是如下定义的 3×3 斜对称矩阵：

$$(\boldsymbol{u})_a^{\times}=\begin{bmatrix}0 & -u_{xa} & u_{ya}\\ u_{xa} & 0 & -u_{xa}\\ -u_{ya} & u_{xa} & 0\end{bmatrix} \tag{1-37}$$

并且称为矢量 $\boldsymbol{u}$ 在坐标系 S_a 中的叉乘矩阵。

注意：叉乘矩阵具有如下的性质：

$$((\boldsymbol{u})_a^{\times})^{\mathrm{T}}=-(\boldsymbol{u})_a^{\times} \tag{1-38}$$

式（1-36）称为矢量方程（1-35）在坐标系 S_a 中的矩阵形式，或者在 S_a 中的映象或表现。

有时需要把一连串的矢量运算化成在某个坐标系中的矩阵运算。例如，矢量运算

$$\boldsymbol{w}=\boldsymbol{h}+\boldsymbol{u}\times\boldsymbol{v} \tag{1-39}$$

在坐标系 S_a 中，完整的写法是

$$(\boldsymbol{w})_a=(\boldsymbol{h})_a+(\boldsymbol{u})_a^{\times}(\boldsymbol{v})_a \tag{1-40}$$

也可以简单写成

$$\{\boldsymbol{w}=\boldsymbol{h}+\boldsymbol{u}\times\boldsymbol{v}\}_a \tag{1-41}$$

第 2 章

航天器的轨道动力学

2.1 航天器轨道的描述

2.1.1 时间系统与空间坐标系

为了清楚地描述航天器的轨道运动，首先要确定参考系，在一定的参考系中描述航天器的轨道，这其中的“参考”就包括了多种时间系统以及各种各样的空间坐标系。

时间系统提供了一种均匀的时间尺度来描述物体的运动。依赖地球自转的恒星时(Sidereal Time）和太阳时（Solar Time，又称为世界时，Universal Time，UT)，由于地球自转的不均匀性以及测量精度的不断提高而不再均匀，取而代之的是更为均匀的原子时(Atomic Time，AT)，但出于种种原因，需要将时间系统与地球自转挂钩，因此又出现了协调世界时（Coordinated Universal Time，UTC)。现行的时间系统基本上分为四种：恒星时、世界时、历书时和国际原子时，下面将对这些时间系统做简单介绍。用上角标 d、h、m、s 分别表示时间单位天、时、分、秒。

1. 恒星时

春分点连续两次过中天的时间间隔称为一“恒星日”。那么，恒星时就是春分点的时角，它的数值 S 等于上中天恒星的赤经 α，即

$$S = \alpha \tag{2-1}$$

这是经度为 λ 的地方恒星时。与世界时密切相关的格林尼治恒星时 S_G 由下式给出

$$S_G = S - \lambda \tag{2-2}$$

经度 λ 规定向东计量。格林尼治恒星时又有真恒星时（或称视恒星时）GAST 与平恒星时 GMST 之分。既然恒星时是由地球自转时角确定的，那么地球自转的不均匀性就可通过它与均匀时间尺度的差别来测定。

2. 世界时

与恒星时相同，世界时也是根据地球自转测定的时间，它以平太阳日为单位，1/86 400 平太阳日为秒长。事实上，测定太阳的精度远低于测定恒星的精度，因此，世界时是通过对恒星观测测定的恒星时再根据两种时间的定义转换而给出的。

根据天文观测直接测定的世界时，记为 UT0，它对应于瞬时极的子午圈。加上引起测站子午圈位置变化的地极移动（即地球自转轴在地球体内的移动）修正，就得到对应于平均极的子午圈的世界时，记为 UT1，即

$$\mathrm{UT1} = \mathrm{UT0} + \Delta\lambda \tag{2-3}$$

式中，$\Delta\lambda$ 是极移改正量。

由于地球自转的不均匀性，UT1 并不是均匀的时间尺度。而地球自转不均匀性呈现三种特性：长期慢变化（每百年使日长增加 1.6 ms）、周期变化（主要是季节变化，一年里日长约有 $0^s.001$ 的变化；除此之外，还有一些影响较小的周期变化）和不规则变化，这三种变化不易修正。而 UT1 又直接与地球瞬时位置相联系，因此，对于精度要求不高的问题，就可用 UT1 作为统一的时间系统；而对于高精度的要求，必须寻求更均匀的时间尺度。

3. 历书时

由于世界时不能作为均匀的时间尺度，经数次天文会议讨论，决定从 1960 年起引入一种以太阳系内天体公转为基准的均匀时间系统，称为历书时（ET）。1960—1967 年期间，它是世界公认的计时标准。

4. 国际原子时与动力学时

1967 年 10 月，第十三届国际计量大会决定引入新的秒长定义，即铯原子 Cs^{113} 基态的两能级间跃迁辐射的 9 192 631 770 周所经历的时间作为 1 s 的长度，称为国际单位秒（SI）。由这种时间单位确定的时间系统称为国际原子时（TAI）。

因国际原子时（TAI）是在地心参考系中定义的具有国际单位制秒长的坐标时间基准，它就可以作为动力学中所要求的均匀时间尺度。由此引入一种地球动力学时（TDT），它与国际原子时（TAI）的关系为

$$\mathrm{TDT} = \mathrm{TAI} + 32^s.184 \tag{2-4}$$

这一关系是根据 1977 年 1 月 1 日 $00^h00^m00^s$（TAI）对应的 TDT 为 1977 年 1 月 $1^d.000\,372\,5$ 而来的，此起始历元的差别就是该时刻历书时与原子时的差别。这样定义起始历元就便于用 TDT 系统代替 ET 系统。TDT 是地心时空标架的坐标时，用作视地心历表的独立变量。在人造地球卫星动力学中，它就是一种均匀时间尺度，相应的运动方程即用它作为自变量，通常以 t 表示。从 1984 年起，历书时正式被地球力学时所取代。

除此之外，还定义一种质心动力学时 TDB，即太阳系质心时空标架的坐标时。它是一种抽象、均匀的时间尺度，月球、太阳和行星的历表都是以 TDB 为独立变量的，岁差、章动的计算公式也是以该时间尺度为依据。

上述两种动力学时的差别 TDB - TDT 是由相对论效应引起的，根据相对论原理，转换公式为

$$\mathrm{TDB} = \mathrm{TDT} + 0^s.001\,658\sin g + 0^s.000\,014\sin 2g \tag{2-5}$$

该式略去了高阶项，g 为地球绕日轨道的平近点角。有时候不区分 TDB 和 TDT，统称为动力学时（TD）。

5. 协调世界时

用原子钟控制时号发播可得到稳定的时号，但由于原子时秒长比世界时秒长略短，世界时时刻日益落后于国际原子时；而有很多问题涉及计算地球的瞬时位置，这又需要 UT1。因此，为了避免发播的原子时与世界时产生过大的偏离，实际的时号发播是寻求 TAI 与 UT1 之间的一种协调，称为协调世界时（UTC）。

UTC 是一种均匀时号，它依据原子时，却又参考世界时，从 1972 年起，UTC 用原子时秒长发播，但要求它与 UT1 之差不超过 0.9 s。为达到此目的，必须调整 UTC 的整秒数，规定只在 1 月 1 日或 7 月 1 日将原子钟拨慢 1 s，这就是所谓的闰秒。在引用 UTC 时，必须注

意这一点。

除了上述时间系统外，儒略日（Julian Date，JD）是天文学中采用的一种长期纪日法，一个儒略年平均长度为365.25个平太阳日，一个儒略世纪为36 525个平太阳日。由公历计算JD的关系适用于各种时间系统，根据不同时间系统计算（或换算）所得到的公历时间，经过计算可以得到JD_{UT1}、JD_{TAI}、JD_{TT}、JD_{TDB}、…，不特殊申明时，JD默认为JD_{UT1}。除了JD_{UTC}，其他儒略日是连续的。现行的儒略日计算以J2000.0为历元。有时为了方便，常用修改的儒略日（也称简约儒略日，记作MJD），定义为

$$\mathrm{MJD} = \mathrm{JD} - 2\ 400\ 000.5 \tag{2-6}$$

很多时候需要不同时间系统下的儒略世纪来参与计算，而UTC是常用的且容易得到的一种时间，所以从UTC出发，可换算得到其他的时间系统对应的时刻，这些时刻间相差数秒或者数十秒，所以年月日是一样的，当天的时间不同。

从UTC出发，简单的换算为

$$\begin{aligned}\mathrm{UTC} &= \mathrm{UT1} - \Delta\mathrm{UT1}\\ \mathrm{TAI} &= \mathrm{UTC} + \Delta\mathrm{AT}\\ \mathrm{TAI} &= \mathrm{GPS} + 19.0^{s}\\ \mathrm{TT} &= \mathrm{TAI} + 32.184^{s}\end{aligned} \tag{2-7}$$

式中，ΔAT和ΔUT1是累积的偏差，ΔAT就是累积的跳秒数，保持常数直到下次跳秒，可查阅天文年历（Astronomical Almanac）获得；ΔUT1是由于地球自转不均匀的累积偏差，是连续变化的，只能由观测获得；GPS时间是卫星通常使用的时间系统，标准秒长，和TAI相差整数秒。

在定义好时间系统后，就需要对描述航天器轨道运动的空间坐标系进行定义。下面将对一些常用的空间坐标系进行简单介绍。

1. 日心黄道坐标系$O_h x_h y_h z_h$

如图2-1所示，日心黄道坐标系$O_h x_h y_h z_h$的原点O_h位于太阳中心，平面$x_h y_h$与黄道面重合，轴x_h指向春分点，轴z_h沿地球绕太阳运动的角速度方向。若忽略春分点的微小变动，则日心黄道坐标系可以当作惯性坐标系。地心黄道坐标系$Ox_g y_g z_g$的原点O位于地球中心，三轴方向与上述日心黄道坐标系相应轴平行。

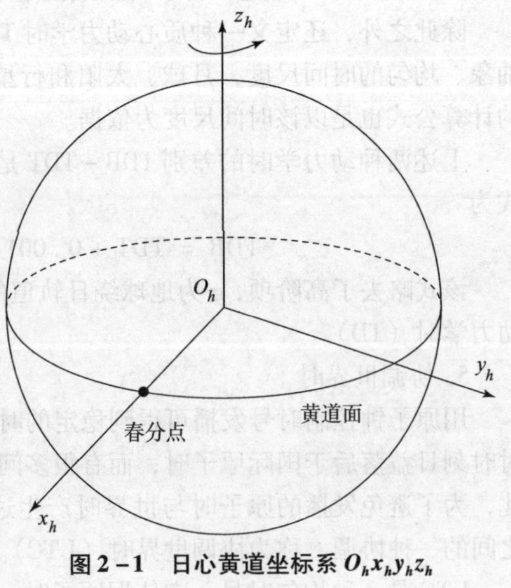

图2-1　日心黄道坐标系$O_h x_h y_h z_h$

2. 地心赤道惯性坐标系$Ox_i y_i z_i$

如图2-2所示，地心赤道惯性坐标系$Ox_i y_i z_i$的原点O位于地球中心，平面$x_i y_i$与地球赤道面重合，轴x_i指向春分点，轴z_i沿地球自转轴，指向北极方向。因为在航天器轨道动力学中通常忽略春分点的微小摆动，并忽略由地球绕太阳运动所引起的惯性力，所以通常将地心赤道惯性坐标系作为惯性系。地心赤道惯性坐标系$Ox_i y_i z_i$与地心黄道坐标系$Ox_g y_g z_g$仅相差一个角度，即黄赤交角，约为23°26′。

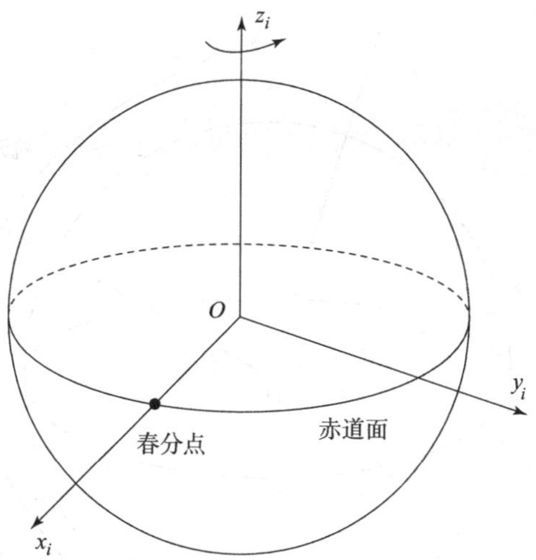

图 2－2　地心赤道惯性坐标系 $Ox_iy_iz_i$

3. 近焦点坐标系 $Ox_py_pz_p$

如图 2－3 所示，近焦点坐标系 $Ox_py_pz_p$ 的原点 O 位于地球中心，平面 x_py_p 与轨道面重合，轴 x_p 指向近地点方向，轴 z_p 沿轨道角速度方向。近焦点坐标系是轨道的一种“自然”坐标系。

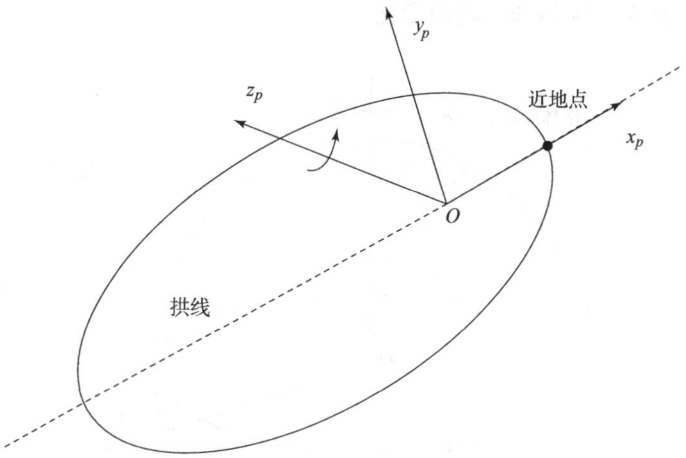

图 2－3　近焦点坐标系 $Ox_py_pz_p$

4. 地心轨道坐标系 $Ox_oy_oz_o$

如图 2－4 所示，地心轨道坐标系 $Ox_oy_oz_o$ 的原点 O 位于地球中心，轴 x_o 沿轨道矢径 $\boldsymbol{r}$ 方向，轴 z_o 沿轨道角速度方向，轴 y_o 在轨道面内指向航天器运动方向。若将该地心坐标系的原点移至航天器本体，则形成轨道坐标系 $O_bx_oy_oz_o$，其原点 O_b 位于航天器质心，该地心轨道坐标系又称为 RTN 坐标系，其中，R 表示径向，T 表示横向，N 表示轨道面法向。地心轨道坐标系是随航天器运动而变化的坐标系。

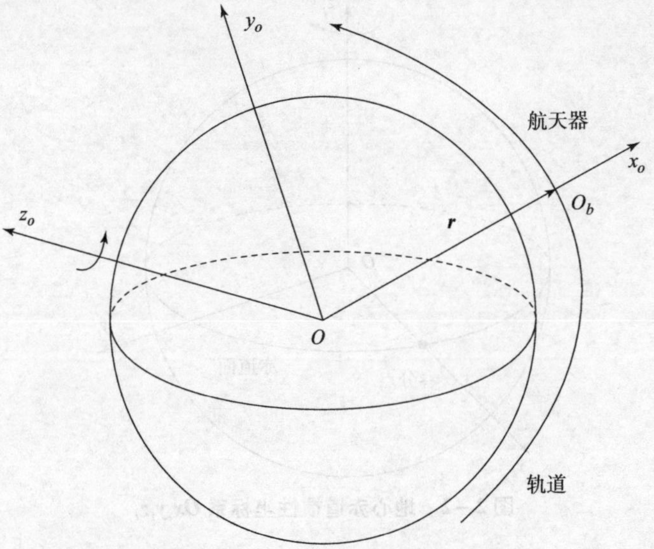

图 2 -4　地心轨道坐标系 $Ox_oy_oz_o$

5. 地心赤道旋转坐标系 $Ox_ey_ez_e$

如图 2 -5 所示，地心赤道旋转坐标系 $Ox_ey_ez_e$ 的原点 O 位于地球中心，轴 x_e 由地心指向赤道平面与格林尼治子午线的交点，轴 z_e 沿地球自转轴指向北极。地心赤道旋转坐标系是一个与地球固连的坐标系，随地球自转而变化。

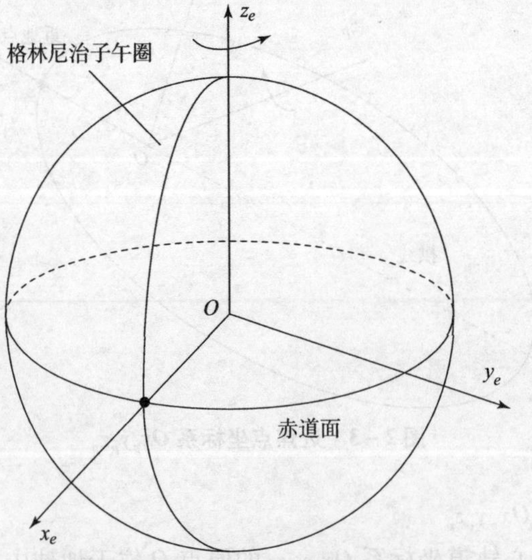

图 2 -5　地心赤道旋转坐标系 $Ox_ey_ez_e$

2.1.2 状态向量与轨道根数

在定义了时间系统和空间坐标系后，航天器在空间中的运动就有了参考，随之而来的问题就是采用哪些变量去描述航天器在空间中的运动。在任一给定时刻，三维空间中的航天器可由其状态向量表示，状态向量包括位置矢量 $\boldsymbol{r}$ 和速度矢量 $\boldsymbol{v}$。此外，航天器在空间中的运动还可以用更符合其几何特征的轨道根数描述，下面将对轨道根数做简单介绍。

经典轨道根数包含 6 个变量，通常用于描述一般的椭圆轨道，如图 2－6 所示。在地心赤道惯性坐标系 $Ox_iy_iz_i$ 中，以地心轨道为例，参考平面为赤道面，对于日心轨道参考平面，一般取黄道面。经典轨道根数的详细描述如下：

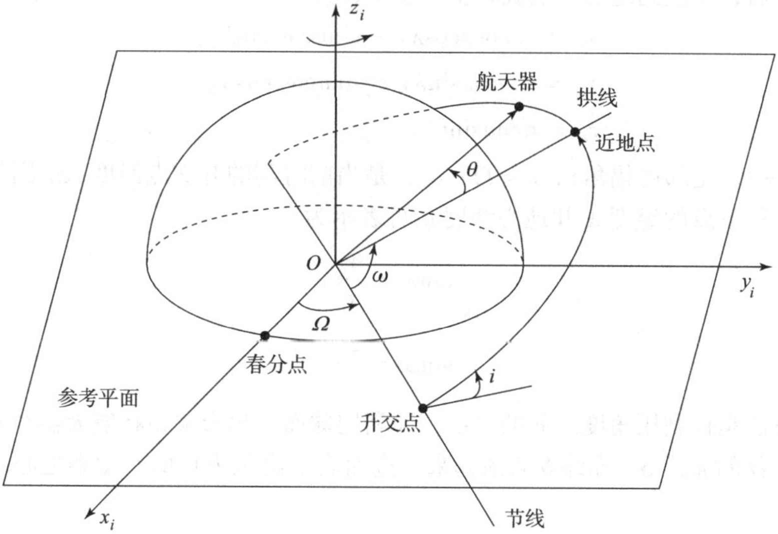

图 2－6　经典轨道根数示意

a：轨道半长轴，也可用比角动量的模 h 替代。

e：轨道偏心率，对于椭圆轨道，$0 \leqslant e < 1$，当 $e = 0$ 时，为圆轨道。

i：轨道倾角，对于绕地球运行的航天器，轨道倾角是轨道面法向与地心赤道惯性坐标系轴 z_i 间的夹角，$0° \leqslant i \leqslant 180°$。当 $i = 0$ 时，为赤道轨道；当 $0° < i < 90°$ 时，为顺行轨道；当 $i = 90°$ 时，为极地轨道；当 $90° < i < 180°$ 时，为逆行轨道；当 $i = 180°$ 时，为与地球自转相反的赤道轨道。

Ω：升交点赤经，轨道面和赤道面的交线与赤道交于两点，其中，航天器自南向北经过的点称为升交点，从春分点方向轴至升交点的夹角即为升交点赤经，$0' \leqslant \Omega \leqslant 360'$。

ω：近地点幅角，从升交点至近地点的夹角即为近地点幅角，$0° \leqslant \omega \leqslant 360°$。

θ：真近点角，从近地点至航天器所在位置的交角即为真近点角，$0° \leqslant \theta \leqslant 360°$，也可用平近点角 M 替代。

上述状态向量和经典轨道根数在描述航天器在三维空间中的运动上是等价的，各有各的优势和不足，状态向量 $\boldsymbol{r}$、$\boldsymbol{v}$ 和经典轨道根数之间也是可以相互转换的。

2.1.3　航天器轨道的星下点轨迹

航天器在高于地面几百千米以上的空间飞行，为了更好地表示它的运动状态，特别是反映它的运动与地球的相对关系，常用星下点的轨迹进行描绘。航天器位置点在地球表面上的垂直投影点称为星下点，其用球坐标表示为 (λ, φ)，其中，λ 为经度，φ 为地理纬度，也可用地心纬度替代。星下点的序列，或星下点的集合，称为星下点轨迹，或航天器的地面踪迹。

在卫星应用任务，如卫星遥感、卫星通信和卫星导航等的系统设计、运行分析中，都与星下点轨迹有关。

在上一小节中给出了描述航天器轨道运动的经典轨道根数，根据给定的轨道根数，可以求出航天器的星下点轨迹，下面将给出两种方法。

第一种方法是利用直角坐标变换，在地心轨道坐标系中，航天器的坐标为$(r,0,0)$，经过坐标系变换后，转换到地心赤道旋转坐标系中，为

$$\begin{aligned} x_e &= r(\cos u\cos\lambda_B - \sin u\cos i\sin\lambda_B) \\ y_e &= r(\cos u\sin\lambda_B + \sin u\cos i\cos\lambda_B) \\ z_e &= r\sin u\sin i \end{aligned} \tag{2-8}$$

式中，$u = \omega + \theta$，是纬度幅角；$\lambda_B = \Omega - \alpha_G$，是当前时刻的升交点经度；$\alpha_G$ 则是该时刻的格林尼治赤经。星下点的经度 λ 和地心纬度 φ 可表示为

$$\begin{aligned} \tan\lambda &= \frac{y_e}{x_e} \\ \sin\varphi &= \frac{z_e}{r} \end{aligned} \tag{2-9}$$

第二种方法是仅利用角度之间的关系，即利用球面三角形关系将航天器经典轨道根数中的角量与航天器的赤经 α、赤纬 δ 联系起来，进而表示出星下点的经度和地心纬度。关系式如下

$$\begin{aligned} \sin\delta &= \sin i\sin(\omega + \theta) \\ \sin(\alpha - \Omega) &= \frac{\cos i\sin(\omega + \theta)}{\cos\delta} \\ \cos(\alpha - \Omega) &= \frac{\cos(\omega + \theta)}{\cos\delta} \end{aligned} \tag{2-10}$$

根据上述关系即可求解出赤经 α 和赤纬 δ，再由如下关系即可求解出星下点的经纬度

$$\begin{aligned} \varphi &= \delta \\ \lambda &= \alpha - \alpha_G \end{aligned} \tag{2-11}$$

上述两种方法均可根据航天器的轨道根数描述来获得其某时刻的星下点经纬度，在此基础上设置合适的步长，根据时间序列即可求出航天器在某一时间段的星下点轨迹，进而获得光滑的星下点轨迹图像。

星下点轨迹曲线有两种常见的形式：一种为线性经纬度形式，即横坐标和纵坐标线性地表示经度和纬度；另一种为圆柱正轴等角投影或称 Mercator 投影形式，其中，横坐标为 λ，纵坐标为 $\ln[\tan(45° + \varphi/2)]$，这种投影图的特点是“等角”，即任何微分线段的交角在投影前后保持不变。

2.2 航天器轨道的二体问题

2.2.1 二体轨道的动力学方程与积分常量

将地球视为均匀球体，其对航天器的引力满足万有引力的平方反比关系，此时称地球的

引力场为中心引力场。在中心引力场中，航天器在地球中心引力作用下的运动问题即为二体问题，此时航天器的轨道为二体问题下的轨道，称为开普勒轨道。

二体问题是天体力学中的一个基本问题，即两个视为质点的天体间因万有引力相互吸引导致的运动规律问题。令地球质量为 M，航天器质量为 m，航天器相对地球的位置矢量为 $\boldsymbol{r}$，距离为 r，万有引力常数为 G，则航天器相对地球的运动微分方程为

$$\frac{\mathrm{d}^2\boldsymbol{r}}{\mathrm{d}t^2} = -\frac{G(M+m)}{r^3}\boldsymbol{r} \tag{2-12}$$

这就是二体问题的基本方程，当 $m \ll M$ 时，称为限制性二体问题，基本方程为

$$\frac{\mathrm{d}^2\boldsymbol{r}}{\mathrm{d}t^2} = -\frac{GM}{r^3}\boldsymbol{r} \tag{2-13}$$

航天器绕地球飞行的二体问题即为一限制性二体问题，定义地球引力常数 $\mu = GM$，则航天器的基本运动方程为

$$\frac{\mathrm{d}^2\boldsymbol{r}}{\mathrm{d}t^2} = -\frac{\mu}{r^3}\boldsymbol{r} \tag{2-14}$$

该方程决定的航天器轨道即为井普勒轨道。

从上述航天器的基本运动方程可以导出三个积分常量，这些积分常量给出了开普勒轨道的特征，同时，根据这些积分常量可以推导出开普勒轨道的轨道运动方程。下面将推导这三个积分常量以及开普勒轨道运动方程。

在航天器的基本运动方程等式两边同时用 $\boldsymbol{r}$ 叉乘得到

$$\boldsymbol{r} \times \frac{\mathrm{d}^2\boldsymbol{r}}{\mathrm{d}t^2} = -\frac{\mu}{r^3}\boldsymbol{r} \times \boldsymbol{r} \tag{2-15}$$

显然等式右端为 0，因此有

$$\boldsymbol{r} \times \frac{\mathrm{d}^2\boldsymbol{r}}{\mathrm{d}t^2} = 0 \tag{2-16}$$

根据等式

$$\frac{\mathrm{d}}{\mathrm{d}t}\left(\boldsymbol{r} \times \frac{\mathrm{d}\boldsymbol{r}}{\mathrm{d}t}\right) = \frac{\mathrm{d}\boldsymbol{r}}{\mathrm{d}t} \times \frac{\mathrm{d}\boldsymbol{r}}{\mathrm{d}t} + \boldsymbol{r} \times \frac{\mathrm{d}^2\boldsymbol{r}}{\mathrm{d}t^2} \tag{2-17}$$

显然等式右端均为 0，因此有

$$\frac{\mathrm{d}}{\mathrm{d}t}\left(\boldsymbol{r} \times \frac{\mathrm{d}\boldsymbol{r}}{\mathrm{d}t}\right) = 0 \tag{2-18}$$

因速度矢量 $\boldsymbol{v} = \frac{\mathrm{d}\boldsymbol{r}}{\mathrm{d}t}$，故

$$\boldsymbol{r} \times \boldsymbol{v} = \boldsymbol{H} \tag{2-19}$$

式中，$\boldsymbol{H}$ 是一个常矢量，称为轨道角动量，即单位质量的航天器在沿开普勒轨道运动时相对地心的角动量。上述式子表明，航天器沿开普勒轨道运动时相对地心的角动量不变，这意味着轨道平面在空间中的方位保持不变。

在航天器的基本运动方程等式两边同时用 $\boldsymbol{v}$ 点乘得到

$$\left(\frac{\mathrm{d}\boldsymbol{r}}{\mathrm{d}t} \cdot \frac{\mathrm{d}^2\boldsymbol{r}}{\mathrm{d}t^2}\right) = -\frac{\mu}{r^3}\left(\frac{\mathrm{d}\boldsymbol{r}}{\mathrm{d}t} \cdot \boldsymbol{r}\right) \tag{2-20}$$

等式左边为

$$\left(\frac{\mathrm{d}\boldsymbol{r}}{\mathrm{d}t}\cdot\frac{\mathrm{d}^2\boldsymbol{r}}{\mathrm{d}t^2}\right)=\frac{1}{2}\frac{\mathrm{d}}{\mathrm{d}t}\left(\frac{\mathrm{d}\boldsymbol{r}}{\mathrm{d}t}\cdot\frac{\mathrm{d}\boldsymbol{r}}{\mathrm{d}t}\right)=\frac{\mathrm{d}}{\mathrm{d}t}\left(\frac{1}{2}v^2\right) \tag{2-21}$$

等式右边为

$$-\frac{\mu}{r^3}\left(\frac{\mathrm{d}\boldsymbol{r}}{\mathrm{d}t}\cdot\boldsymbol{r}\right)=-\frac{\mu}{r^3}r\frac{\mathrm{d}r}{\mathrm{d}t}=\frac{\mathrm{d}}{\mathrm{d}t}\left(\frac{\mu}{r}\right) \tag{2-22}$$

因此有

$$\frac{\mathrm{d}}{\mathrm{d}t}\left(\frac{1}{2}v^2\right)-\frac{\mathrm{d}}{\mathrm{d}t}\left(\frac{\mu}{r}\right)=0 \tag{2-23}$$

由此推出

$$\frac{1}{2}v^2-\frac{\mu}{r}=E \tag{2-24}$$

式中，E 是一个常数，称为能量常数，即航天器沿开普勒轨道运动时是能量守恒的，航天器的动能和引力势能之间互相转化。

在航天器的基本运动方程等式两边同时用 $\boldsymbol{H}$ 叉乘得到

$$\boldsymbol{H}\frac{\mathrm{d}^2\boldsymbol{r}}{\mathrm{d}t^2}=-\frac{\mu}{r^3}\boldsymbol{H}\times\boldsymbol{r} \tag{2-25}$$

根据三重矢积公式 $(\boldsymbol{a}\times\boldsymbol{b})\times\boldsymbol{c}=(\boldsymbol{a}\cdot\boldsymbol{c})\boldsymbol{b}-(\boldsymbol{b}\cdot\boldsymbol{c})\boldsymbol{a}$，上式写为

$$\begin{aligned}\boldsymbol{H}\frac{\mathrm{d}^2\boldsymbol{r}}{\mathrm{d}t^2}&=-\frac{\mu}{r^3}[(\boldsymbol{r}\times\boldsymbol{v})\times\boldsymbol{r}]\\&=-\frac{\mu}{r^3}\left(r^2\frac{\mathrm{d}\boldsymbol{r}}{\mathrm{d}t}-r\frac{\mathrm{d}r}{\mathrm{d}t}\boldsymbol{r}\right)\\&=-\mu\frac{\mathrm{d}}{\mathrm{d}t}\left(\frac{\boldsymbol{r}}{r}\right)\end{aligned} \tag{2-26}$$

即

$$\frac{\mathrm{d}}{\mathrm{d}t}(\boldsymbol{H}\times\boldsymbol{v})+\mu\frac{\mathrm{d}}{\mathrm{d}t}\left(\frac{\boldsymbol{r}}{r}\right)=0 \tag{2-27}$$

由此推出

$$\boldsymbol{H}\times\boldsymbol{v}+\mu\frac{\boldsymbol{r}}{r}=-\boldsymbol{L} \tag{2-28}$$

式中，$\boldsymbol{L}$ 是一个常矢量，称为拉普拉斯常矢量。考察 $\boldsymbol{L}$ 与 $\boldsymbol{H}$ 的点积，有

$$\boldsymbol{L}\cdot\boldsymbol{H}=0 \tag{2-29}$$

由此推出常矢量 $\boldsymbol{L}$ 位于轨道平面内，以后还将指出，常矢量 $\boldsymbol{L}$ 指向开普勒轨道的近地点，表明了轨道形状在轨道面内的不变性。

根据三个积分常量 $\boldsymbol{H}$、E、$\boldsymbol{L}$ 的表达式；不难得到它们之间的数值关系

$$L^2=\mu^2+2EH^2 \tag{2-30}$$

上述三个积分常量完全决定了开普勒轨道的特征，一共 7 个标量，它们之间满足 2 个约束条件，因此决定开普勒轨道特征的独立变量一共为 5 个。

根据拉普拉斯常矢量 $\boldsymbol{L}$ 的表达式可以推导出开普勒轨道的运动方程。在 $\boldsymbol{L}$ 的表达式等式的两端同时点乘 $\boldsymbol{r}$，得

$$(\boldsymbol{H}\times\boldsymbol{v})\cdot\boldsymbol{r}+\mu\frac{\boldsymbol{r}}{r}\cdot\boldsymbol{r}=-\boldsymbol{L}\cdot\boldsymbol{r} \tag{2-31}$$

即

$$H^2 - \mu r = Lr\cos\theta \tag{2-32}$$

式中，θ 是 $\boldsymbol{r}$ 与 $\boldsymbol{L}$ 之间的夹角。

上式可以写为

$$r = \frac{H^2}{\mu + L\cos\theta} \tag{2-33}$$

定义半通径 p 为

$$p = \frac{H^2}{\mu} \tag{2-34}$$

定义偏心率 e 为

$$\boldsymbol{e} = \frac{\boldsymbol{L}}{\mu} \tag{2-35}$$

在此基础上定义偏心率矢量 $\boldsymbol{e} = \boldsymbol{L}/\mu$，方向为从地心指向轨道近地点。

故

$$r = \frac{p}{1 + e\cos\theta} \tag{2-36}$$

该式即为极坐标形式的开普勒轨道运动方程。式中，r 为地心距；θ 为真近点角。注意，上述方程与极坐标系下的圆锥曲线方程形式一致，因此，根据偏心率 e 取值的不同，轨道形状和特性也不同，将在下一小节中详细讨论。

2.2.2　航天器轨道的各种类型与特征

上一小节中给出了航天器在地球中心引力场下沿开普轨道运动的轨道运动方程，其形式与圆锥曲线方程一致，因此，根据偏心率 e 的不同，轨道的类型也不同：当 $e = 0$ 时，为圆轨道；当 $0 < e < 1$ 时，为椭圆轨道；当 $e = 1$ 时，为抛物线轨道；当 $e > 1$ 时，为双曲线轨道。下面将对不同类型的轨道进行详细讨论。

1. 圆轨道

根据航天器开普勒轨道运动方程，令 $e = 0$，得

$$r = p = \frac{H^2}{\mu} \tag{2-37}$$

也就是说，圆轨道的地心距为常数，因此航天器在轨道上的速度方向与 $\boldsymbol{r}$ 垂直，大小为

$$v = \sqrt{\frac{\mu}{r}} \tag{2-38}$$

则航天器轨道的速度大小为常量，轨道周期为

$$T = \frac{2\pi r}{v} = \frac{2\pi}{\sqrt{\mu}} r^{\frac{3}{2}} \tag{2-39}$$

若取 r 为地球半径 R，则相应的速度称为第一宇宙速度

$$v_1 = \sqrt{\frac{\mu}{R}} = 7\ 910\ \text{m/s} \tag{2-40}$$

2. 椭圆轨道

在开普勒轨道运动方程中，当 $\theta = 0°$ 时，有

$$r_p = \frac{p}{1+e} \tag{2-41}$$

为航天器距离地心的最近距离，相应的点被称为近地点。当 $\theta = 180°$ 时，有

$$r_a = \frac{p}{1-e} \tag{2-42}$$

为航天器距离地心的最远距离，相应的点被称为远地点。近地点和远地点的连线被称为轨道的拱线。根据轨道近地点地心距和远地点地心距，可以表示出椭圆轨道的半长轴和偏心率。

$$\begin{gathered} a = \frac{1}{2}(r_p + r_a) \\ e = \frac{r_a - r_p}{r_a + r_p} \end{gathered} \tag{2-43}$$

轨道半通径可以由半长轴和偏心率表示为

$$p = a(1-e^2) \tag{2-44}$$

因此，椭圆轨道的形状仅由两个独立参数决定，可以为 (a,e)、(p,e) 或 (r_p,r_a)。根据轨道半通径的定义可知，轨道角动量的值为 $H = \sqrt{\mu p}$，即轨道半通径完全决定了椭圆轨道的角动量的大小。

根据角动量的定义可以得到航天器在近地点和远地点处的速度

$$\begin{gathered} v_p = \sqrt{\frac{\mu}{p}}(1+e) \\ v_a = \sqrt{\frac{\mu}{p}}(1-e) \end{gathered} \tag{2-45}$$

上述讨论都是关于椭圆轨道的轨道特征，若要知道航天器在某一时刻位于椭圆轨道的哪一位置，则需要得到航天器运动的时间历程。根据真近点角关于时间的导数与角动量之间的关系，结合轨道运动方程，易得如下关系

$$\mathrm{d}t = \sqrt{\frac{p^3}{\mu}}\frac{1}{(1+e\cos\theta)^2}\mathrm{d}\theta \tag{2-46}$$

积分该式即可得到航天运行时间关于真近点角的关系，但反过来，根据航天器的真近点角获得其运行的时间则较为困难，因此，定义偏近点角如下

$$\cos E = \frac{e+\cos\theta}{1+e\cos\theta} \tag{2-47}$$

根据上述两式即可获得偏近点角与时间之间的简单关系

$$t - t_p = \sqrt{\frac{a^3}{\mu}}(E - e\sin E) \tag{2-48}$$

式中，t_p 为航天器过近地点的时刻。通过偏近点角与时间的简单关系，就可以将真近点角与时间间接连接。真近点角和偏近点角间的关系为

$$\tan\frac{\theta}{2} = \sqrt{\frac{1+e}{1-e}}\tan\frac{E}{2} \tag{2-49}$$

式中，$\frac{\theta}{2}$ 与 $\frac{E}{2}$ 在同一象限。此外，可以定义平近点角来描述航天器在轨道上的平均运动

$$M = n(t - t_P) \tag{2-50}$$

式中，$n = \sqrt{\mu/a^3}$，为平均角速度。平近点角和偏近点角间的关系为

$$E - e\sin E = M \tag{2-51}$$

该方程称为开普勒方程，为一超越方程，需要用数值方法根据 M 求解 E，可采用牛顿法迭代求解，通常只需要几步即可满足精度。

3. 抛物线轨道

根据航天器开普勒轨道运动方程，令 $e = 1$，得

$$r = \frac{p}{1 + \cos\theta} \tag{2-52}$$

当 θ 趋于 180°时，分母趋于 0，地心距 r 趋于无穷。根据式 $e = \frac{L}{\mu}$ 和式 $L^2 = \mu^2 + 2EH^2$，可以将偏心率用轨道能量常数表示为

$$e = \sqrt{1 + \frac{2EH^2}{\mu^2}} \tag{2-53}$$

对于椭圆轨道，根据 $0 < e < 1$ 可知，$E < 0$。对于抛物线轨道，根据 $e = 1$ 可知，$E = 0$，得到抛物线轨道的相应速度为

$$v = \sqrt{\frac{2\mu}{r}} \tag{2-54}$$

该速度即为该地心距处的逃逸速度，因此，抛物线轨道又称为逃逸轨道。若取 r 为地球半径 R，则相应的速度称为第二宇宙速度

$$v_2 = \sqrt{\frac{2\mu}{R}} = 11\ 186\ \text{m/s} \tag{2-55}$$

4. 双曲线轨道

对于双曲线轨道，根据 $e > 1$ 可知，$E > 0$，则双曲线轨道的相应速度为 $v > \sqrt{\frac{2\mu}{r}}$。当航天器在双曲线轨道上飞行至无穷远点时，其速度为

$$v_\infty = \sqrt{\frac{\mu}{a}} \tag{2-56}$$

该速度称为双曲线轨道的剩余速度，可以将双曲线轨道的能量方程写为

$$\frac{v^2}{2} - \frac{\mu}{r} = \frac{v_\infty^2}{2} \tag{2-57}$$

将逃逸速度 $v_{逃逸} = \sqrt{\frac{2\mu}{r}}$ 代入，得

$$v^2 = v_{逃逸}^2 + v_\infty^2 \tag{2-58}$$

式中，$C_3 = v_\infty^2$ 称为特征能量，表明了超过中心引力逃逸所需的那部分动能。C_3 是行星际太空任务所需能量的一个度量，也是运载火箭能够给一个已知质量的航天器所提供的最大能量的一个度量。

在抛物线轨道和双曲线轨道的情况下，仍有近地点，但远地点不存在，长半轴也失去了意义，飞行周期也不存在了。抛物线可以看成椭圆轨道和双曲线轨道之间的边界情况。

2.3 航天器轨道的摄动

2.3.1 航天器轨道的摄动方程

在上一节中讨论的是航天器在地球中心引力场下的飞行规律，即开普勒轨道，虽然是理想情况下的轨道，但反映了航天器轨道运动的基本规律。在开普勒轨道中，航天器的轨道根数是不发生变化的，即轨道大小和形状 (a,e)、轨道面在空间中方位 (Ω,i)、近地点在轨道面内的方位 (ω) 都是始终不变的，但在实际运行中，航天器会受到各种力学因素作用，呈现出的形式正如观测表明的那样，轨道大小和形状以及其在空间中的方位等都在时刻变化着。这表明，除了中心引力外，航天器还受到多种非理想因素的作用，使得其轨道根数不再是常数，而是时变的。

虽然航天器受到各种力学因素影响，但地球中心引力是最主要的，因此，除去地球中心引力外的其他力学作用均可视为摄动影响，相应的加速度称为摄动加速度。航天器实际运动相对于理想的开普勒轨道运动的偏差称为轨道摄动。航天器受到的主要摄动影响具体如下：

地球非球形摄动：地球并非均匀的球体，因而其引力场不是理想的中心引力场，这样由于地球与均匀球体间的偏差所带来的引力摄动即为地球非球形摄动；

日、月等第三体引力摄动：航天器在空间中飞行时，除了地球引力的作用，还有其他天体的引力作用，影响最大的就是太阳和月球对航天器的引力作用，航天器越远离地球，其所受到的第三体引力摄动影响越大。

太阳光压摄动：太阳光在空间中辐射，作用于航天器的表面也会对航天器产生力的作用，即为太阳光压摄动，其大小取决于航天器的面质比、反射系数以及距离太阳的距离。

大气阻力摄动：航天器的轨道高度较低时，其所处空间环境仍然存在稀薄的空气，对飞行中的航天器产生空气动力作用，该作用随航天器轨道高度的降低愈发明显。

航天器的微小控制力：本质上，对航天器的微小控制力也可以视为一种摄动影响，即“人工摄动”，例如，电推进推力器产生的微小推力。

按照性质分类，可将航天器受到的摄动力分为保守型和非保守型两类。保守型摄动力取决于航天器的位置，比如引力类型的摄动，可以用摄动势函数来表示，这类摄动力不改变航天器的总能量；非保守型摄动力如大气阻力，这类摄动力将改变航天器的总能量。航天器受到的摄动影响十分复杂，若想获得航天器在摄动影响下的运动规律，就要对每种力学因素建立合理的力学模型以及数学模型，这将在之后的小节中一一介绍。本节首先介绍处理轨道摄动的基本知识与方法。

将上述各种摄动影响产生的摄动加速度用 $\boldsymbol{f}$ 表示，则航天器在摄动影响下的基本动力学微分方程为

$$\frac{\mathrm{d}^2\boldsymbol{r}}{\mathrm{d}t^2}=-\frac{\mu}{r^3}\boldsymbol{r}+\boldsymbol{f} \tag{2-59}$$

一般可将处理轨道摄动的方法分为特殊摄动法和一般摄动法。特殊摄动法是根据给定的

航天器初始条件，用数值方法求解上述动力学微分方程，从而得到特定的轨道。一般摄动法则是将摄动力进行级数展开，并且用逐项积分的解析法求解上述动力学微分方程，根据精度需求选择保留的级数项，这样的解具有一定的普遍性，对一定条件下的航天器和初始条件都适用，例如，构造小参数幂级数解。

最重要的摄动处理方法就是轨道要素变动法或者称为常数变易法，即给出轨道根数在摄动力作用下的变化方程，称为轨道摄动方程。当采用数值方法积分轨道摄动方程来获得特定轨道时，称为特殊摄动法；当利用轨道摄动方程通过级数展开求取解析解时，称为一般摄动法。

在给出各种形式的轨道摄动方程前，有必要先介绍瞬时轨道根数或称为密切轨道根数、平均根数、长期项、周期项、短周期项以及长周期项的相关概念。在摄动力作用下，航天器的轨道不再是开普勒轨道，因而本不应该存在所谓的轨道根数的概念，但在实际研究中，引入了瞬时轨道根数的概念，即在某一时刻航天器的位置速度能唯一确定一组轨道根数，这组轨道根数反映了此刻航天器在理想的中心引力场中的运动规律。可以认为瞬时轨道根数对应一个所谓的密切轨道，在实际运动中，航天器的瞬时轨道根数是时变的，也即密切轨道也是时变的。在摄动作用下，某些轨道根数可能仅是出现周期性的振荡，例如保守力不改变航天器轨道的能量，因而不改变半长轴，但实际在一个轨道周期中，半长轴会出现振荡现象，若以轨道周期为时间单位，则认为半长轴未发生改变。为了更好地反映航天器轨道在摄动力作用下的变化规律，将瞬时轨道根数分解为在平均根数上增加长期项、短周期项和长周期项的形式，其中，平均根数反映轨道的长期情况，长期项反映出摄动力对轨道的长期影响；短周期项反映出摄动力对轨道的短周期影响；长周期项反映出摄动力对轨道的长周期影响。

首先给出关于经典轨道根数的适用于保守型摄动的拉格朗日摄动方程

$$\begin{cases}\dfrac{\mathrm{d}a}{\mathrm{d}t}=\dfrac{2}{na}\dfrac{\partial R}{\partial M}\\[2ex]\dfrac{\mathrm{d}e}{\mathrm{d}t}=\dfrac{1-e^2}{na^2e}\dfrac{\partial R}{\partial M}-\dfrac{\sqrt{1-e^2}}{na^2e}\dfrac{\partial R}{\partial \omega}\\[2ex]\dfrac{\mathrm{d}i}{\mathrm{d}t}=\dfrac{1}{na^2\sqrt{1-e^2}\sin i}\left(\cos i\dfrac{\partial R}{\partial \omega}-\dfrac{\partial R}{\partial \Omega}\right)\\[2ex]\dfrac{\mathrm{d}\Omega}{\mathrm{d}t}=\dfrac{1}{na^2\sqrt{1-e^2}\sin i}\dfrac{\partial R}{\partial i}\\[2ex]\dfrac{\mathrm{d}\omega}{\mathrm{d}t}=\dfrac{\sqrt{1-e^2}}{na^2e}\dfrac{\partial R}{\partial e}-\cos i\dfrac{\mathrm{d}\Omega}{\mathrm{d}t}\\[2ex]\dfrac{\mathrm{d}M}{\mathrm{d}t}=n-\dfrac{1-e^2}{na^2e}\dfrac{\partial R}{\partial e}-\dfrac{2}{na}\dfrac{\partial R}{\partial a}\end{cases}\tag{2-60}$$

式中，$n=\sqrt{\dfrac{\mu}{a^3}}$；$R$ 为保守型摄动对应的摄动势函数。

为了处理非保守型摄动力的影响，接下来给出关于经典轨道根数的高斯摄动方程

$$
\begin{cases}
\dfrac{\mathrm{d}a}{\mathrm{d}t} = \dfrac{2}{n\sqrt{1-e^2}}[f_r e\sin\theta + f_t(1+e\cos\theta)] \\
\dfrac{\mathrm{d}e}{\mathrm{d}t} = \dfrac{\sqrt{1-e^2}}{na}[f_r\sin\theta + f_t(\cos\theta + \cos E)] \\
\dfrac{\mathrm{d}i}{\mathrm{d}t} = \dfrac{r\cos u}{na^2\sqrt{1-e^2}}f_n \\
\dfrac{\mathrm{d}\Omega}{\mathrm{d}t} = \dfrac{r\sin u}{na^2\sqrt{1-e^2}\sin i}f_n \\
\dfrac{\mathrm{d}\omega}{\mathrm{d}t} = \dfrac{\sqrt{1-e^2}}{nae}\left[-f_r\cos\theta + f_t\left(1+\dfrac{r}{p}\right)\sin\theta\right] - \cos i\dfrac{\mathrm{d}\Omega}{\mathrm{d}t} \\
\dfrac{\mathrm{d}M}{\mathrm{d}t} = n - \dfrac{1-e^2}{nae}\left[-f_r\left(\cos\theta - 2e\dfrac{r}{p}\right) + f_t\left(1+\dfrac{r}{p}\right)\sin\theta\right]
\end{cases}
\tag{2-61}
$$

式中，f_r、f_t、f_n 分别为摄动加速度 $\boldsymbol{f}$ 在径向、横向、轨道面法向三个方向上的分量。若将摄动加速度 $\boldsymbol{f}$ 在切向、主法向、次法向（轨道面法向）三个方向上进行分解，即 f_τ、f_h、f_n，则相应的高斯型摄动方程为

$$
\begin{cases}
\dfrac{\mathrm{d}a}{\mathrm{d}t} = \dfrac{2}{n\sqrt{1-e^2}}\sqrt{1+2e\cos\theta+e^2}f_\tau \\
\dfrac{\mathrm{d}e}{\mathrm{d}t} = \dfrac{\sqrt{1-e^2}}{na}\dfrac{1}{\sqrt{1+2e\cos\theta+e^2}}[2(\cos\theta+e)f_\tau - \sqrt{1-e^2}\sin E f_h] \\
\dfrac{\mathrm{d}i}{\mathrm{d}t} = \dfrac{r\cos u}{na^2\sqrt{1-e^2}}f_n \\
\dfrac{\mathrm{d}\Omega}{\mathrm{d}t} = \dfrac{r\sin u}{na^2\sqrt{1-e^2}\sin i}f_n \\
\dfrac{\mathrm{d}\omega}{\mathrm{d}t} = \dfrac{\sqrt{1-e^2}}{nae}\dfrac{1}{\sqrt{1+2e\cos\theta+e^2}}[2\sin\theta f_\tau + (\cos E + e)f_h] - \cos i\dfrac{\mathrm{d}\Omega}{\mathrm{d}t} \\
\dfrac{\mathrm{d}M}{\mathrm{d}t} = n - \dfrac{1-e^2}{nae}\dfrac{1}{\sqrt{1+2e\cos\theta+e^2}}\left[\left(2\sin\theta + \dfrac{2e^2}{\sqrt{1-e^2}}\sin E\right)f_\tau + (\cos E - e)f_h\right]
\end{cases}
\tag{2-62}
$$

由上述摄动方程可以看出摄动加速度分量对轨道根数的影响：

①垂直于轨道平面的摄动力 f_n 对 a、e 没有影响，而 a、e 是表征轨道的大小和形状的。

②法向摄动力 f_h 对半长轴没有影响，因为半长轴代表总能量，而法向力对运动物体不做功。

③径向摄动力 f_r 不影响半通径，因为半通径代表轨道角动量，而径向力对地心不产生力矩，因而不影响轨道角动量。

④升交点赤经和轨道倾角决定了轨道平面在空间中的位置，它们的变化仅取决于垂直于轨道平面的摄动力 f_n，当 f_n 作用在升交点（$\omega+\theta=0°$）和降交点（$\omega+\theta=180°$）时，对轨道倾角影响最大，当 f_n 作用在 $\omega+\theta=\pm 90°$ 的点时，对升交点赤经的影响最大。

⑤从表面上看，f_τ、f_h、f_n 都会影响近地点幅角，但事实上，f_n 并不会直接影响轨道拱线

的方向，仅仅是因为其影响升交点赤经，才似乎影响近地点幅角。实际上，摄动力f_n并不会使拱线绕轨道面法线转动。

这些分析结果不仅有助于了解摄动力对轨道根数的影响，还有助于轨道转移和轨道机动，即在最合适的点进行机动，以最大化对轨道根数的改变。

2.3.2　地球非球形引力摄动

在中心引力场假设下，地球是一个均匀的球体，但事实上地球的质量分布是不均匀的，从某种角度来看，其形状也不是球形，而且还相当不规则。这一形状和密度分布的非球形部分，对人造地球卫星的运动而言，是不可忽视的一种摄动源，此即地球非球形引力摄动。

首先给出地球引力场位函数

$$V(\boldsymbol{r}) = \frac{\mu}{r}\left[1 + \sum_{l=1}^{\infty}\sum_{m=0}^{l}\left(\frac{a_e}{r}\right)^l P_{lm}(\sin\varphi) \times (C_{lm}\cos m\lambda + S_{lm}\sin m\lambda)\right] \tag{2-63}$$

式中，a_e为地球赤道半径；λ、φ分别为卫星的地理经度和地心纬度；$P_{lm}(\sin\varphi)$为关于$\sin\varphi$的缔合勒让德多项式，当$m=0$时，退化为勒让德多项式$P_l(\sin\varphi)$；引力位系数（球谐系数）C_{lm}、S_{lm}体现了地球形状的不规则和内部质量分布的不均匀性。

当$m=0$时，得到一部分与经度无关的项，称为带谐项；另一部分对应$m=1,2,\cdots,l$，依赖经度，称为田谐项。为了区分这两项，地球引力场位函数为

$$V(\boldsymbol{r}) = \frac{\mu}{r}\left[1 + \sum_{l=1}^{\infty}C_{l0}\left(\frac{a_e}{r}\right)^l P_l(\sin\varphi) + \sum_{l=1}^{\infty}\sum_{m=1}^{l}\left(\frac{a_e}{r}\right)^l P_{lm}(\sin\varphi) \times (C_{lm}\cos m\lambda + S_{lm}\sin m\lambda)\right] \tag{2-64}$$

用$J_l = -C_{l0}$, $J_{lm} = \sqrt{C_{lm}^2 + S_{lm}^2}$, $m\lambda_{lm} = \arctan\left(\frac{S_{lm}}{C_{lm}}\right)$，代入得到常用形式

$$V(\boldsymbol{r}) = \frac{\mu}{r}\left[1 - \sum_{l=1}^{\infty}J_l\left(\frac{a_e}{r}\right)^l P_l(\sin\varphi) + \sum_{l=1}^{\infty}\sum_{m=1}^{l}J_{lm}\left(\frac{a_e}{r}\right)^l P_{lm}(\sin\varphi) \times \cos m(\lambda - \lambda_{lm})\right] \tag{2-65}$$

若地球引力场模型及与其关联的地固坐标系的原点与地心吻合，C_{1m}、S_{1m}的值为0，也就是说，$l=2,3,\cdots,\infty$；若地固坐标系的Z轴与地球的惯量主轴重合，C_{21}、S_{21}的值为0。在很多地球引力场模型中，上述C_{10}、C_{11}、S_{11}、C_{21}、S_{21}均未给出。

带谐项部分

$$V(J_l) = \frac{\mu}{r}\sum_{l=2}^{\infty}(-J_l)\left(\frac{a_e}{r}\right)^l P_l(\sin\varphi) \tag{2-66}$$

式中，主要带谐项为J_2、J_3、J_4，J_2项是一阶摄动因素，是最主要的摄动源；J_3、J_4项各为奇次和偶次带谐项的代表，它们对卫星轨道影响的规律就反映了其他带谐项（奇次和偶次）的影响规律。

田谐项部分

$$V(J_{lm}) = \frac{\mu}{r}\sum_{l=2}^{\infty}\sum_{m=1}^{l}J_{lm}\left(\frac{a_e}{r}\right)^l P_{lm}(\sin\varphi) \times \cos m(\lambda - \lambda_{lm}) \tag{2-67}$$

式中，λ、φ分别为地理经度和地心纬度。对于地理经度λ和赤经λ_e（从春分点开始算），有

$$\begin{cases}\lambda = \lambda_e - \theta_G \\ \theta_G = \theta_0 + n_E(t - t_0)\end{cases} \tag{2-68}$$

式中，θ_G 为格林尼治恒星时；n_E 为地球自转角速度。因此，田谐项摄动函数是显含时间 t 的，并且与 Ω 有关，不像带谐项一样具有旋转对称性，主要田谐项为 J_{22}、J_{31}、J_{33}。

2.3.3 第三体引力摄动

对于在空间中飞行的航天器，除了地球引力外，还会受到其他天体的引力作用，这些引力作用统称为第三体引力摄动。对于绕地飞行的航天器，第三体引力摄动主要是指太阳和月球，即通常所说的日月引力摄动。

关于第三体引力摄动，基本上有两大类。一类是外摄情况，即摄动天体到中心天体的距离 r' 大于运动天体（卫星）到中心天体的距离 r，即 $(r/r') < 1$。另一类是内摄情况，即 $(r'/r) < 1$。对于外摄情况，有两种可能：$r/r' \ll 1$ 或 $m' \ll M$（这里 m' 和 M 分别为摄动天体即第三体的质量和中心天体的质量），或两者兼而有之。对于内摄情况，则有些不同，通常要求 $m' \ll M$，而并不需要 $r'/r \ll 1$；如果同时有 $r'/r \ll 1$，即摄动天体非常靠近中心天体，在此情况下，往往改为讨论运动天体相对中心天体和第三体两者质心的运动。

就低轨卫星（不仅是低轨地球卫星）的运动而言，显然属于外摄情况。第三体引力摄动示意如图 2－7 所示。

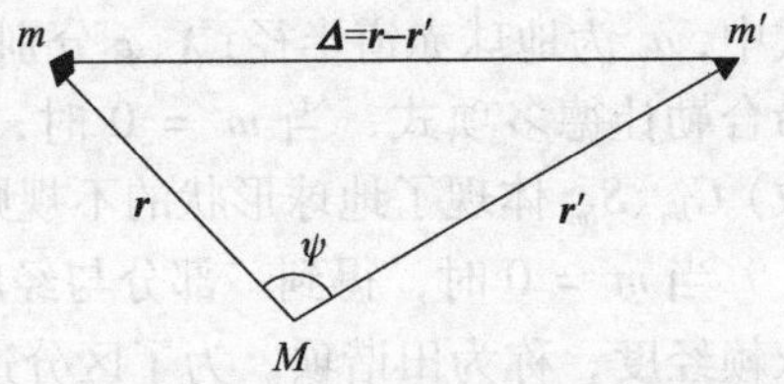

图 2－7　第三体引力摄动示意

根据非惯性系下卫星的受力分析得到

$$\ddot{\boldsymbol{r}} = -\frac{GM}{r^3}\boldsymbol{r} - Gm'\left(\frac{\boldsymbol{\Delta}}{\Delta^3} + \frac{\boldsymbol{r}'}{r'^3}\right) \tag{2-69}$$

那么第三体引力摄动加速度为 $-Gm'\left(\frac{\boldsymbol{\Delta}}{\Delta^3} + \frac{\boldsymbol{r}'}{r'^3}\right)$。对近地轨道上的航天器，$r \ll (\Delta, r')$，近似有 $\Delta^3 = r'^3$，第三体引力摄动加速度与地球中心引力加速度之比即为第三体引力摄动量级 $\varepsilon = \frac{m'}{M}\left(\frac{r}{\Delta}\right)^3$。对近地卫星（$r \leqslant 1.3$）：$\varepsilon = \begin{cases} 0.6 \times 10^{-7}, \text{太阳} \\ 1.2 \times 10^{-7}, \text{月球} \end{cases}$，远地卫星（$r \approx 6.6$）：$\varepsilon = \begin{cases} 1.0 \times 10^{-5}, \text{太阳} \\ 2.0 \times 10^{-5}, \text{月球} \end{cases}$，而木星等其他大行星的摄动可以忽略，故第三体引力摄动主要是指日月引力摄动，且将该摄动量看作二阶小量。

在日月摄动中，主要考虑的问题有两个：

①地球、日、月是否可以视作质点。

②第三体日或月的位置计算。

对于第一个问题，在目前的测量精度下，日、月的非球形部分可以不考虑，即日、月均当作质点处理；考虑地球扁率的间接影响，月球项量级为 10^{-6}，太阳项很小，仅有 10^{-11}，故在高精度要求下，仅地球扁率对月球的间接影响不可忽略。

对于第二个问题，太阳轨道的主要摄动源是木星引力，量级为 10^{-5}，因此，一般情况下，将太阳考虑为不变椭圆或圆，高精度要求下，可采用长期进动椭圆模型，即平均椭圆轨道；月球轨道受到太阳引力摄动很大，量级为 10^{-2}，因此，月球轨道变化较快，只有在精度要求不高时，才能将月球轨道处理为不变椭圆或圆，通常计算时均需要同时考虑月球的轨道变化。

日月摄动函数为

$$R = Gm'\left(\frac{1}{\Delta} - \frac{\boldsymbol{r}'}{r'^3}\cdot\boldsymbol{r}\right) = Gm'\left(\frac{1}{\Delta} - \frac{r}{r'^2}\frac{\boldsymbol{r}'}{r'}\cdot\frac{\boldsymbol{r}}{r}\right) = Gm'\left(\frac{1}{\Delta} - \frac{r}{r'^2}\cos\psi\right)$$

$$\cos\psi = \left(\frac{\boldsymbol{r}'}{r'}\right)\cdot\left(\frac{\boldsymbol{r}}{r}\right) \tag{2-70}$$

根据余弦定理：$\Delta^2 = r^2 + r'^2 - 2rr'\cos\psi$，由于 $r < r'$，利用勒让德多项式，有

$$\begin{aligned}\frac{1}{\Delta} &= \frac{1}{r'}\left[1 - 2\left(\frac{r}{r'}\right)\cos\psi + \left(\frac{r}{r'}\right)^2\right]^{-\frac{1}{2}} \\ &= \frac{1}{r'}\sum_{l=0}^{\infty} P_l(\cos\psi)\left(\frac{r}{r'}\right)^l \end{aligned} \tag{2-71}$$

故日月摄动函数为

$$\begin{aligned} R &= Gm'\left[\frac{1}{r'}\sum_{l=0}^{\infty}\left(\frac{r}{r'}\right)^l P_l(\cos\psi) - \frac{r}{r'^2}\cos\psi\right] \\ &= \frac{Gm'}{r'}\left[\sum_{l=2}^{\infty}\left(\frac{r}{r'}\right)^l P_l(\cos\psi) + 1 + \frac{r}{r'}\cos\psi - \frac{r}{r'}\cos\psi\right] \\ &= \frac{Gm'}{r'}\sum_{l=2}^{\infty}\left(\frac{r}{r'}\right)^l P_l(\cos\psi) + \frac{Gm'}{r'} \\ &= \frac{Gm'}{r'}\sum_{l=2}^{\infty}\left(\frac{r}{r'}\right)^l P_l(\cos\psi) \end{aligned} \tag{2-72}$$

式中，$\frac{Gm'}{r'}$ 与航天器的位置无关，可以去掉。要将日月摄动函数表示为卫星轨道根数的形式，关键在于如何表达 $\cos\psi$，一种是用经纬度，给出类似于非球形引力摄动函数的表达式；另一种是根据无摄动惯性系下，位置矢量可表示为经典轨道根数的函数，可以将 $\cos\psi$ 表示为轨道根数的函数。

2.3.4　太阳光压摄动

太阳辐射压（简称光压）是一个表面力，与承受辐射压的卫星表面形状和大小有关，因此，太阳光压摄动应与卫星姿态有关。除球形卫星外，承受光压力的卫星截面积 $S = S(t)$ 是变化的，要严格计算光压力的大小有一定程度的困难，通常采用一确定值，即所谓的有效截面积 S。如果对卫星姿态完全了解，可给出 $S(t)$ 随时间的变化规律，不管这一规律多么复杂，对数值求解光压摄动方程而言，不会遇到任何问题，但往往会给光压摄动分析解的建立带来困难。故通常采用固定值的有效截面积，即认为 S 为一常数。太阳光压摄动的另一个特点是：尽管光压力可以近似地处理成有心斥力（力心即作为质点的太阳），但常会遇到地影问题，在一定意义下，光压力实为一个“间断力”，摄动效应不同于一般保守力。但在一般处理的时候，可以不考虑地影对太阳光压摄动的影响。如图 2-8 所示，给出太阳光压摄动的摄动势函数。

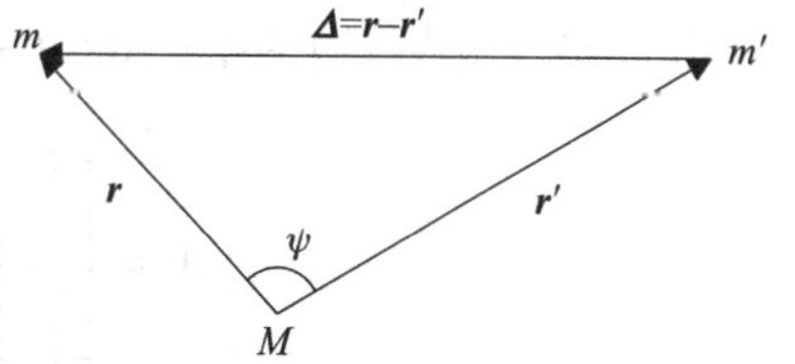

图 2-8　太阳光压摄动的摄动势函数

太阳光压摄动力为

$$\boldsymbol{F}_{\odot} = \kappa S(t)\rho_{\odot}(\Delta_0^2/\Delta^2)\left(\frac{\boldsymbol{\Delta}}{\Delta}\right)$$
$$\kappa = (1+\eta) \tag{2-73}$$

式中，η 为反射系数，完全反射为 1，完全吸收为 0，通常取中间某个值，κ 也记为 C_R；$S(t)$ 为卫星承受光压作用的有效截面积，一切外形的不规则和空间姿态的变化，全都归结为一个有效面积 S 随时间 t 的变化，但要注意，这只在卫星本体特征尺度不很大的情况下才可以这样简化，通常取为常数，也记为 A；$\rho_{\odot}$ 为在地球表面处的太阳光压强度，为 $4.5605\times10^{-6}\ \mathrm{N/m^2}$，称为太阳常数（Solar - Radiation Pressure，SRP），也记 P_{SRP}；Δ_0 为相应的日地距离。

依照万有引力公式，记 $\mu_{\mathrm{SRP}} = C_R \dfrac{S}{m} P_{\mathrm{SRP}}\Delta_0^2$，类似于第三体摄动加速度的推导，太阳光压摄动加速度在地心坐标系中的形式为

$$\boldsymbol{a}_{\mathrm{SRP}} = \mu_{\mathrm{SRP}}\frac{\boldsymbol{\Delta}}{\Delta^3} - \left(-\mu'_{\mathrm{SRP}}\frac{\boldsymbol{r}'}{r'^3}\right) \tag{2-74}$$

式中，μ'_{SRP} 中的反射系数和面质比都是地球的。因为地球的面质比相对卫星的面质比小得多：$\mu'_{\mathrm{SRP}}/\mu_{\mathrm{SRP}} = O(10^{-9})$，故舍弃惯性力部分，得

$$\boldsymbol{a}_{\mathrm{SRP}} = \mu_{\mathrm{SRP}}\frac{\boldsymbol{\Delta}}{\Delta^3} \tag{2-75}$$

则相应的摄动函数为

$$R_{\mathrm{SRP}} = -\frac{\mu_{\mathrm{SRP}}}{\Delta} \tag{2-76}$$

类似于第三体摄动势函数的推导

$$\frac{1}{\Delta} = \frac{1}{r'}\sum_{k=0}^{\infty}\left(\frac{r}{r'}\right)^k P_k(\cos\psi) \tag{2-77}$$

那么太阳光压摄动势函数表示为

$$R_{\mathrm{SRP}} = -\frac{\mu_{\mathrm{SRP}}}{r'}\left[\left(\frac{r}{r'}\right)\cos\psi + \left(\frac{r}{r'}\right)^2\left(\frac{3}{2}\cos^2\psi - \frac{1}{2}\right) + O\left(\left(\frac{r}{r'}\right)^3\right)\right] \tag{2-78}$$

右端第一项对应的摄动加速度为

$$\boldsymbol{a}_{\mathrm{SRP}} = \frac{\partial}{\partial \boldsymbol{r}}\left(-\frac{\mu_{\mathrm{SRP}}}{r'}\left(\frac{r}{r'}\right)\left(\frac{\boldsymbol{r}}{r}\right)\cdot\left(\frac{\boldsymbol{r}'}{r'}\right)\right) = -\mu_{\mathrm{SRP}}\frac{\boldsymbol{r}'}{r'^3} \tag{2-79}$$

即用 $-\boldsymbol{r}'$ 替代了 $\boldsymbol{\Delta}$，也即忽略了视差。右端第二项正是视差项的反映，在人造卫星精密定轨中要考虑。

由 $\cos\psi = \left(\dfrac{\boldsymbol{r}'}{r'}\right)\cdot\left(\dfrac{\boldsymbol{r}}{r}\right) = A\cos f + B\sin f$，其中，$A$、$B$ 为

$$A = \begin{bmatrix}\hat{x}_b\\ \hat{y}_b\\ \hat{z}_b\end{bmatrix}^{\mathrm{T}}\begin{bmatrix}\cos\Omega\cos\omega - \sin\Omega\sin\omega\cos i\\ \sin\Omega\cos\omega + \cos\Omega\sin\omega\cos i\\ \sin\omega\sin i\end{bmatrix}$$
$$B = \begin{bmatrix}\hat{x}_b\\ \hat{y}_b\\ \hat{z}_b\end{bmatrix}^{\mathrm{T}}\begin{bmatrix}-\cos\Omega\sin\omega - \sin\Omega\cos\omega\cos i\\ -\sin\Omega\sin\omega + \cos\Omega\cos\omega\cos i\\ \cos\omega\sin i\end{bmatrix} \tag{2-80}$$

式中，$\frac{\boldsymbol{r}'}{r'} = [\hat{x}_b \quad \hat{y}_b \quad \hat{z}_b]$，为第三体位置的单位矢量。

将上述式子代入太阳光压摄动势函数中，得

$$\begin{aligned} R_{\mathrm{SRP}} &= -\frac{\mu_{\mathrm{SRP}}}{r'^2}a\left(\frac{r}{a}\right)(A\cos f + B\sin f) - \\ &\frac{\mu_{\mathrm{SRP}}}{r'^3}a^2\left(\frac{r}{a}\right)^2\left\{\frac{3}{2}\left[\frac{1}{2}(A^2+B^2)+\frac{1}{2}(A^2-B^2)\cos 2f + AB\sin 2f\right]-\frac{1}{2}\right\} \end{aligned} \tag{2-81}$$

式中，等式右端第一大项是主要项。

进一步简化，对于第一大项，考虑 $\frac{\mu_{\mathrm{SRP}}}{r'^2} = C_R\frac{S}{m}P_{\mathrm{SRP}}\frac{\Delta_0^2}{r'^2} = C_R\frac{S}{m}P_{\mathrm{SRP}}$，即 r' 取了日地平均距离，此时，A 和 B 中的 u' 就可视作太阳的平黄经。最终得到太阳光压摄动的主项表达式为

$$R_{\mathrm{SRP}} = -C_R\frac{S}{m}P_{\mathrm{SRP}}a\left(\frac{r}{a}\right)(A\cos f + B\sin f) \tag{2-82}$$

2.3.5　大气阻力摄动

对于 200 km 以上的高层大气而言，属于稀薄大气，对于尺度不是特别大的航天器而言，其运动是处于自由分子流中。高马赫数的航天器在这种状态的稀薄气体中飞行，所受的气动力主要表现为一种阻力，并有很好的近似表达式

$$\begin{aligned} \boldsymbol{D} &= -\frac{1}{2}(C_D S)\rho \boldsymbol{V}^2\left(\frac{\boldsymbol{V}}{V}\right) \\ \boldsymbol{V} &= \boldsymbol{v} - \boldsymbol{v}_a \end{aligned} \tag{2-83}$$

式中，$\boldsymbol{v}$ 和 $\boldsymbol{v}_a$ 分别为航天器和大气相对地心坐标系的速度矢量。下面对公式中各个量分别加以说明。

（1）阻力系数 C_D，通常取 $C_D = 2.2$。当高度降低后，特别是 150 km 以下，大气将处于自由分子流和连续介质流之间的过渡状态，阻力系数要随高度变化，而且还没有严格的计算公式，这里暂不考虑它。

（2）大气阻力，是表面力，卫星承受阻力的截面积 S 很重要，对阻力加速度而言，即面质比 S/m。与光压摄动类似，要严格给出相应的 S/m，必须了解卫星的形状和姿态。如果缺乏这种信息，只能采用一个等效的面质比，亦称有效面质比，即 S/m 为某一常数。

（3）大气运动速度 $\boldsymbol{v}_a$，通常大气运动表现为一个旋转运动，其旋转角速度 $\boldsymbol{\omega}_a$ 比较复杂，其值有一个范围，即

$$\omega_a = (0.8 \sim 1.4)n_e \tag{2-84}$$

式中，n_e 是地球自转角速度。不过，对于大气阻力摄动特别重要的低轨卫星，飞行高度 $h = 200 \sim 400$ km，可取

$$\omega_a = n_e \tag{2-85}$$

随着飞行高度的增加，大气阻力的影响减小，因此，对中低轨卫星的运动而言，就采用上式。

（4）大气密度模式 $\rho = \rho(\boldsymbol{r}, t)$，这是一个极其复杂的问题，在目前大气模型的精度还不

够高的情况下，一般取如下指数模型

$$\rho = \rho_o \exp\left(-\frac{r-\sigma(r_o)}{H(r)}\right) \tag{2-86}$$

式中，ρ_o 对应 r_o；$\sigma(r_o)$ 是过 r_o 的等密度椭球面（或称扁球面），有

$$\sigma = r_0 \frac{1-\varepsilon\sin^2\varphi}{1-\varepsilon\sin^2\varphi_0} \tag{2-87}$$

ε 是地球几何扁率。在 $h = 200 \sim 600$ km 范围内，密度标高 $H(r)$ 随 r 线性变化，且有

$$H(r) = H_0 + \frac{\mu}{2}(r-r_0), \mu = 0.1 \tag{2-88}$$

考虑到密度随时间的变化（太阳辐射效应），取

$$\begin{aligned} \rho_0 &= \bar{\rho}_0(1+F^*\cos\psi^*) \\ F^* &= \frac{f^*-1}{f^*+1}, f^* = \frac{\rho_{\max}}{\rho_{\min}} \\ \cos\psi^* &= \hat{\boldsymbol{r}}\cdot\hat{\boldsymbol{r}}_m \end{aligned} \tag{2-89}$$

式中，$\hat{\boldsymbol{r}}_m$ 是密度周日峰方向的单位矢量，其地心赤道球坐标表达式为

$$\boldsymbol{r}_m = \begin{pmatrix} \cos\delta_S\cos(\alpha_S+\lambda_m) \\ \cos\delta_S\sin(\alpha_S+\lambda_m) \\ \sin\delta_S \end{pmatrix}, \lambda_m \geqslant 30° \tag{2-90}$$

这里 α_S 和 δ_S 是太阳的赤经赤纬，λ_m 是否取 30°（即太阳偏西 2 h）可视具体情况而定。

在具体引用上述大气密度分布公式时，参考点总是取初始近地点 p_0 对应的 r_{p_0}，于是密度公式即写成下列形式

$$\begin{aligned} \rho &= \rho_{p_0}\exp\left(-\frac{r-\sigma(p_0)}{H(r)}\right) \\ &= \bar{\rho}_{p_0}(1+F^*\cos\psi^*)\exp\left(-\frac{r-\sigma(p_0)}{H(r)}\right) \end{aligned} \tag{2-91}$$

式中

$$\begin{cases} F^* = \dfrac{f^*-1}{f^*+1}, f^* = \left(\dfrac{\rho_{\max}}{\rho_{\min}}\right)_{p_0} \\ \sigma(p_0) = r_{p_0}\dfrac{1-\varepsilon\sin^2\varphi}{1-\varepsilon\sin^2\varphi_{p_0}} \\ \sin\varphi = \sin i\sin(f+\omega)\sin\varphi_{p_0} = \sin i\sin\omega_0 \\ H(r) = H_{p_0} + \dfrac{\mu}{2}(r-r_{p_0}) \end{cases} \tag{2-92}$$

计算中需注意，首先要提供参考点处的平均大气密度 $\bar{\rho}_{p_0}$，它对应高度 h_{p_0}，有

$$h_{p_0} = a_0(1-e_0) - (1-\varepsilon\sin^2 i_0\sin^2\omega_0) \tag{2-93}$$

式中，根数 a_0、e_0、i_0 和 ω_0 是取初始平均根数还是初始瞬时根数均无妨，这里指的是参考点，只要上述式子中计算参考点及其相应的各种参量采用统一的根数值即可。

2.3.6　其他摄动

除了上述摄动外，航天器轨道还受到地球形变摄动、后牛顿效应以及坐标系附加摄动的影响。以下对这几种摄动做简要介绍。

地球形变摄动：在地球非球形引力摄动中，地球被视为一个不变形的刚性地球，即一个平均地球。实际上，地球即使是陆地部分也并非刚体，并且还有占地球大部分表面积的海洋。在外部引力作用下（主要是日、月引力），地球表层和内部的形变将导致地球质量分布的不断变化，可以分为固体潮、海潮和大气潮三种。此外，地球自转的不均匀性也将引起形变，称为自转形变。从动力学角度出发，地球形变将导致地球引力位发生变化，即形变附加位，进而影响航天器轨道。

后牛顿效应：天体力学自诞生以来，一直以牛顿引力理论为基础，但随着测量技术的发展，需要对牛顿引力理论框架进行修正，以修正航天器轨道运动，通常称为后牛顿效应。这些修正主要涉及观测、参考性和运动方程的修正。对于航天器的运动，是以增加摄动源的形式进行的。

坐标系附加摄动：对于航天器的轨道运动，采用的空间坐标系是地心赤道坐标系，由于岁差章动和极移现象的存在，地心赤道坐标系有多种选择。涉及这一坐标系选择的量有两类：一类是运动天体（航天器）和摄动天体（日、月等）的位置矢量；另一类是地球引力位的表达式。通常总是选择历元地心系，如J2000.0系统。在此坐标系中，卫星和日、月位置矢量的表达都较方便，而且对应一个“统一”的系统，但地球引力位的表达式是在地固坐标系中建立的，因此，计算地球非球形引力摄动时，就要涉及坐标转换问题。上述由岁差章动和极移的摄动通常称为坐标系附加摄动。

2.4　特殊轨道

2.4.1　太阳同步轨道

实际地球的质量分布在赤道附近膨胀凸起，这些隆起的部分可视为附加质量，对处于南、北半球的卫星产生附加的不过地心的引力，形成对轨道运动的附加力矩，使得航天器的轨道角动量在空间中进动。由上一节可知，地球扁率由带谐项中的 J_2 项描述，在 J_2 项作用下，代表节线进动的升交点赤经变化率在轨道一周内的平均值为

$$\dot{\Omega} = -\frac{3nJ_2R_e^2}{2a^2(1-e^2)^2}\cos i \tag{2-94}$$

式中，n 为轨道平均角速度。显然，如果轨道倾角 $i<90°$，则 $\dot{\Omega}<0$，为西进轨道；如果轨道倾角 $i>90°$，则 $\dot{\Omega}>0$，为东进轨道。

地球绕太阳一周为一恒星年，平均每天约转过0.985 6°。另外，地球扁率摄动引起轨道面的进动。对于逆行轨道，轨道面转动的方向与地球公转的方向相同，如果选择合适的半长轴和倾角的组合，使得一天内的进动为 $\Delta\Omega=0.985\ 6°$，则轨道进动方向和速率与地球绕太阳周年转动的方向和速率相同，此特定设计的轨道称为太阳同步轨道。

太阳同步轨道的主要特点是太阳照射轨道面的方向在一年内基本不变，精确而言，轨道

平面法线和太阳方向在赤道平面上的投影之间的夹角保持不变，即卫星经过赤道节点的地方时不变，地球绕太阳周年运动如图 2－9 所示。此类轨道特别适合近地轨道的对地遥感卫星，主要优点包括卫星太阳照射角、太阳能源接受量、同纬度星下点的地方平太阳时的周年变化最小。

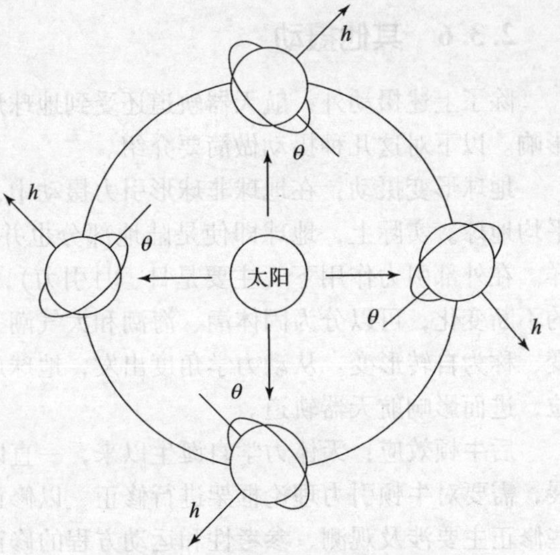

图 2－9　地球绕太阳周年运动

选择适当的发射时间，可以使卫星飞经一些地区上空时，这些地区始终处在比较好的光照条件之下。因此，太阳同步轨道的重要参数就是升/降交点的地方时，有时甚至称几点的太阳同步轨道。例如，由于航天器轨道进动与太阳与地球连线运动同步，所以太阳同步轨道地影时间的变化也为最小。当轨道升交点地方时为 6:00 AM/PM 时，地影时间为最短。太阳同步轨道具有两个一般特性：轨道倾角必须大于 90°，即均为逆行轨道；当轨道偏心率为 0 时，轨道长半轴不超过 6 000 km。在实际应用中，对地遥感观测卫星常选用太阳同步轨道，轨道高度一般不超过 1 000 km，不同轨道高度相应轨道倾角见表 2－1。

表 2－1　不同轨道高度相应轨道倾角

轨道高度/km	轨道倾角/(°)
700	98.19
800	98.60
900	99.03

显然，这类中低太阳同步轨道的倾角都在 90°附近，卫星通过地球极地上空，均为极轨道。事实上，它们也是最常用的太阳同步轨道。

2.4.2　临界和冻结轨道

地球非球形摄动的带谐项部分还会引起航天器的近地点幅角以及偏心率的变化。仅考虑 J_2 项的影响时，近地点幅角 ω 和偏心率 e 的变化率为

$$\dot{\omega} = -\frac{3nJ_2R_e^2}{2a^2(1-e^2)^2}\left(\frac{5}{2}\sin^2 i - 2\right) \tag{2-95}$$

$$\dot{e} = 0$$

航天器轨道的拱线转动导致其经过同纬度的高度不断变化，严重影响卫星应用任务。因此，若要求拱线不得转动，轨道倾角应满足

$$\frac{5}{2}\sin^2 i - 2 = 0 \tag{2-96}$$

即 $i = 63.42°$（或 $i = 116.57°$），称为临界倾角，此类轨道称为临界轨道。

对于近地轨道的遥感卫星，倾角 $i = 63.42°$ 不符合卫星应用要求，卫星遥感还要求偏心率很小且为常值。在 J_2 项的基础上加入 J_3 项的影响，此时近地点幅角 ω 和偏心率 e 的变化率为

$$\begin{aligned}\dot{\omega} &= -\frac{3nJ_2R_e^2}{2a^2(1-e^2)^2}\left(\frac{5}{2}\sin^2 i-2\right)\left[1+\frac{J_3R_e}{2J_2a(1-e^2)}\left(\frac{\sin^2 i-e\cos^2 i}{\sin i}\right)\frac{\sin\omega}{e}\right]\\ \dot{e} &= \frac{3nJ_3R_e^3\sin i}{4a^3(1-e^2)^2}\left(\frac{5}{2}\sin^2 i-2\right)\cos\omega\end{aligned} \tag{2-97}$$

为使拱线不转动，可选择合适的偏心率，使中括号项为零，同时设置合适的近地幅角，使 $\dot{e} = 0$。根据上式，合适的轨道设计为

$$\begin{aligned}\omega &= 90°\\ e &= \frac{\sin i}{\dfrac{\cos^2 i}{\sin i}-\dfrac{2J_2a}{J_3R_e}}\end{aligned} \tag{2-98}$$

有 $\dot{\omega} = 0$ 和 $\dot{e} = 0$，近地点幅角 ω 被冻结在 90°，偏心率也被冻结在某一个常数，而轨道的倾角和高度可以独立选择，此类轨道被称为冻结轨道。

2.4.3　回归轨道

从应用的角度出发，航天器上遥感仪器对地扫过区域的合成应覆盖全球，并周期性重复。此类卫星的轨道特征是：星下点轨迹周期性重叠，即经过一定时间后，星下点轨迹又重新回到原先通过的路线，此类轨道称为回归轨道，或重返轨道、循环轨道。此外，在该周期内，在同纬度圈上相邻轨迹的距离相同。

星下点轨迹在地球面上横移是地球自转、轨道节线进动和卫星轨道运动的合成，在轨道一周内星下点轨迹越过赤道的横移角，即连续相邻轨迹在赤道上的间隔 $\Delta\lambda$ 为

$$\Delta\lambda = T_N(\omega_e - \dot{\Omega}) \tag{2-99}$$

式中，ω_e 为地球自转角速度；$\dot{\Omega}$ 为轨道节线进动的平均速率；T_N 为轨道运动的节点周期，包含轨道的平均转速 n 和地球扁平摄动 J_2 的作用项，其式为

$$T_N = 2\pi\left(\frac{a^3}{\mu}\right)^{\frac{1}{2}}\left[1-\frac{3J_2R_e^2}{2a_2}\left(3-\frac{5}{2}\sin^2 i\right)\right] \tag{2-100}$$

如选择轨道的半长轴和倾角，使轨道周期满足

$$RT_N(\omega_e - \dot{\Omega}) = R\cdot\Delta\lambda = 2\pi \tag{2-101}$$

式中，R 为正整数，则此轨道的回归周期为一天，在一天内轨道圈数为 R。

一天内回归的轨道整圈数可以是 13、14 或 15 圈，相邻轨道的角距间隔为 27.7°、25.7° 或 24°，地面距离间隔约为 2 850 km。但受限于遥感仪器的性能，上述一天回归的轨道的相邻轨迹的角距间隔太大，远远超出星上遥感仪器对地观测的幅宽覆盖范围，因此，需要设计多天回归轨道，即满足如下式子

$$RT_N(\omega_e - \dot{\Omega}) = R\cdot\Delta\lambda = N\cdot 2\pi \tag{2-102}$$

或写为

$$RT_N = ND_N \tag{2-103}$$

式中，N 为正整数；$D_N = 2\pi/(\omega_e - \dot{\Omega})$，称为节点日。

上式表明，轨道经过 N 天回归一次，在回归周期内共转 R 圈，每天的轨道圈数为非整数，定义回归系数 Q 为

$$Q = \frac{R}{N} = I \pm \frac{C}{N} \tag{2-104}$$

由整数和分数组成，其中，正整数 I 为接近一天的轨道圈数，C 为一正整数。I、N、C 构成表征回归轨道的三大要素。

第 I 圈的轨迹相对起始轨迹的相移角 α 为

$$\alpha = \pm (I \cdot \Delta\lambda - 2\pi) \tag{2-105}$$

式中，"+"表示经过一天轨迹向东移动；"−"表示经过一天轨迹向西移动，具体取号需保证 α 为正。在连续相邻轨迹的间隔 $\Delta\lambda$ 内，插入每一天的相移轨迹，N 天覆盖又表明每个连续相邻轨迹的间隔 $\Delta\lambda$ 被 N 天内通过的轨迹等分割为 N 区，每一区间的幅宽约为

$$\gamma = \frac{\Delta\lambda}{N} \tag{2-106}$$

即为任意相邻轨迹之间的间隔。根据星上遥感仪器的性能，选择周期性覆盖的天数 N，使相邻轨迹的幅宽 γ 小于仪器的观测幅宽。

设计轨道周期 T_N，可使一天的轨迹相移角 α 等于幅宽角 γ，或等于后者的整数倍，即

$$\alpha = C\gamma \tag{2-107}$$

则

$$\frac{C}{N} = \pm\left(I - \frac{2\pi}{\Delta\lambda}\right) = \pm\left(I - \frac{D_N}{T_N}\right) \tag{2-108}$$

因此，轨道周期的设计公式为

$$T_N = \frac{D_N}{I \pm \frac{C}{N}} \tag{2-109}$$

上式表明，设计回归轨道的周期，不仅取决于要求全球覆盖的周期天数、每天轨道的圈数，还与正整数 C 的选取有关。C 的正数值及其前置的符号"+"或"−"决定了在每个连续相邻轨道间隔 $\Delta\lambda$ 内的覆盖方式，取"+"则轨迹东移，取"−"则轨迹西移。若 $C = 1$，则一天轨迹相移角等于幅宽角，为连续覆盖，即在 N 天内，通过 $\Delta\lambda$ 间隔的轨迹，按日期数连续排列，形成按日期的连续覆盖；若 $C > 1$，则一天轨迹相移角为幅宽角的倍数，在 N 天内，通过 $\Delta\lambda$ 间隔的轨迹不再按日期数连续排列，而是形成断续式覆盖。

2.4.4 地球同步轨道

地球同步轨道是指航天器绕地球运行的周期与地球自转周期相同的轨道，即航天器的轨道周期等于一个恒星日（23 h 56 min 4.1 s）。采用地球同步轨道的航天器，称为地球同步航天器，也称 24 h 同步卫星。根据椭圆轨道的周期公式可以计算出地球同步轨道的半长轴大约为 6.63R，其中，R 为地球半径，若轨道为圆轨道，则轨道半径为 6.63R，轨道高度为 5.63R，即 35 810 km。由于地球同步轨道的轨道周期和地球自转周期相同，使得地球同步轨道的星下点轨迹呈现出闭合的特点。图 2－10 显示了不同轨道倾角的圆轨道地球同步航天器的星下点轨迹，显然这些星下点轨迹是闭合的以赤道为中心的"8"字形，而且轨道倾角越大，"8"字形越向南北两极拉长。

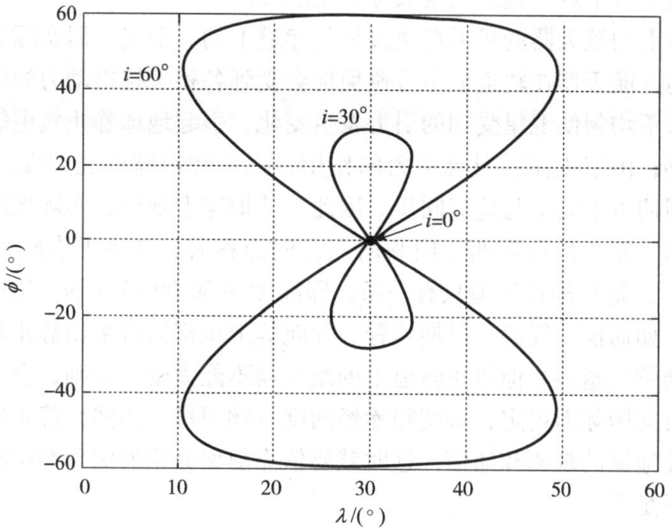

图 2-10　不同轨道倾角下圆轨道地球同步航天器的星下点轨迹

对于具有一定倾角的椭圆地球同步轨道，航天器的星下点轨迹是多样的，需要根据不同任务需求进行设计。图 2-11 显示了一个偏心率为 0.3、倾角为 45°、近地点幅角为 3.5°的地球同步轨道的星下点轨迹，轨迹上的数字表示航天器相对近地点的时间（h）。可以看出，航天器在过近地点后的 5～9 h，在北纬 45°附近大致有 4 h 的相对地球静止的状态。由此启发，若配置数个仅在升交点赤经和真近点角不同而其他根数都相同的地球同步轨道航天器，这些航天器将以同样的时间间隔（地球自转周期的整数分之一）通过赤道上的同一地点的上空，那么利用该特征实现对高纬度地球的连续对地观测和通信就得以实现。

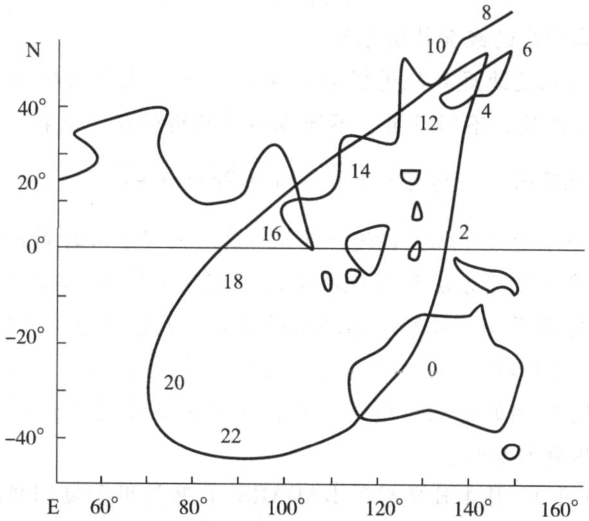

图 2-11　倾斜椭圆地球同步轨道的星下点轨迹

不同于其他地球同步轨道，地球同步静止轨道，简称地球静止轨道，是指轨道偏心率为 0、轨道倾角为 0°的地球同步轨道，其相对于地面是静止的，即星下点轨迹为一定点。地球静止轨道上航天器的星下点的地理经度被称为定点经度。

理想静止轨道上的航天器的星下点轨迹只是赤道上的一个点。但实际上理想的静止轨道航天器是不存在的，航天器在轨道上不可避免地会受到各种干扰摄动力的作用。如地球形状不规则、密度分布不均匀使卫星受到的引力发生变化，引起地球静止轨道航天器在地球东西经度方向产生漂移；由于太阳、月球引力的作用，卫星在地球南北纬度方向产生漂移；此外，卫星的轨道周期也不完全与地球同步。因此，从地球上观察，实际地球静止轨道航天器并不是固定不动的，而总是在东西方向和南北方向漂移着，其星下点轨迹近似是一个小的“8”字形。很明显，地球静止轨道只有一条，即高度约 36 000 km 的赤道圆轨道。

许多航天器，如通信、气象、早期预警、导航等卫星都适合采用静止轨道。因此，射入静止轨道的航天器越来越多。但静止轨道上的航天器不能太密，否则，会造成相邻两颗星之间的电波干扰。目前国际上规定，每间隔赤经两度一颗卫星。当然，静止轨道位于赤道平面内，不适合高纬度地区的观测和通信，这时就要依靠前面介绍的圆形和椭圆形地球同步轨道卫星来弥补这一不足了。

思 考 题

1. 某地球卫星在地心赤道坐标系中的状态向量为

$$\begin{pmatrix} \boldsymbol{r} \\ \boldsymbol{v} \end{pmatrix} = \begin{pmatrix} 2\,615\ \text{km} \\ 15\,881\ \text{km} \\ 3\,980\ \text{km} \\ -2.767\ \text{km/s} \\ -0.790\,5\ \text{km/s} \\ 4.980\ \text{km/s} \end{pmatrix}$$

试编写程序求解其对应的经典轨道根数。

2. 试编写由航天器位置速度或轨道根数转换至星下点轨迹的程序并将星下点轨迹可视化，尝试考察不同轨道高度、不同倾角、不同偏心率轨道的星下点轨迹特征与区别。

3. 证明对于任何轨道而言，总有 $v = \dfrac{\mu}{h}\sqrt{1 + 2e\cos\theta + e^2}$。

4. 尝试推导并给出平近点角 M、偏近点角 E、真近点角 f 与时间 t 之间的微分关系。

5. 试编写程序，采用数值方法积分轨道摄动方程，首先验证开普勒轨道的轨道根数的不变性，然后仅考虑 J_2 项摄动，考察地球扁率摄动对航天器各个轨道根数的影响。

6. 对于高轨轨道（例如地球同步轨道或更高轨道高度的轨道），日月引力摄动对轨道的影响量级接近甚至超过 J_2 项的影响量级，试利用思考题 5 中建立的摄动轨道递推程序考察日月引力摄动对轨道根数的影响。

7. 加拿大于 1995 年 11 月 4 日发射了 RADARSAT 卫星用于监测极地冰盖运动。若选用太阳同步轨道，给定偏心率 $e = 0$，当轨道高度为 800 km 时，轨道倾角应如何选取？若给定偏心率 $e = 0.2$，保持轨道倾角不变，则轨道高度如何选取？

8. 首先尝试根据地球非球形摄动 J_2 项和 J_3 项设计一个低轨冻结轨道，将所设计的轨道参数导入 STK/HPOP 高精度模型中进行验证，试对 $(e\quad\omega)$ 做微小改变，考察不同情况下的

“冻结效果”。

9. 试设计几条回归的太阳同步轨道，使覆盖周期均为 $N = 10$ 天，考察它们之间不同的覆盖方式。

10. 试利用思考题 2 中编写的星下点轨迹可视化程序，考察不同轨道偏心率、不同轨道倾角下的地球同步轨道的星下点轨迹，并尝试使用 STK/LOP 长期演化模型对具有一定倾角和偏心率的地球同步轨道进行轨道长期演化递推，试发掘日月引力第三体摄动影响导致的 Lidov – Kozai 现象。

程序及示例

背景：随着以 Starlink 星链为代表的低轨巨型星座的迅速发展，“通 + 导 + 遥”一体化星座建设愈加成为现实。低轨环境摄动中地球非球形 J_2 摄动对卫星轨道面的影响较大，在对星座构型、性能的保持中不可忽视。在遥感领域具有重要应用的太阳同步轨道也正是借助 J_2 摄动引起的轨道面改变实现的。此外，我国空间站运行在低轨空间中，在其碰撞规避预警、机动等轨控中也不可忽视 J_2 摄动的影响。因此，需要对卫星在地球非球形 J_2 摄动影响下的轨道演化情况有直观的了解。

```
%%%%%%%%%%%%%%%%%%%%%%%%%%%%%%%%%%%%%%%%%%%%
%本示例程序演示在地球非球形 J2 摄动影响下的轨道递推情况
%采用航天器瞬时的位置速度作为变量
%演示轨道在三维空间中的变化情况
%质量单位千克 kg;距离单位米 m;时间单位秒 s
%%%%%%%%%%%%%%%%%%%%%%%%%%%%%%%%%%%%%%%%%%%%

% ---------------------------------------------------------
%本文件:main_orbit_disp.m
%调用的子程序:J2 摄动动力学模型:orbit_model_J2.m;MATLAB 自带积分器:ode113.m
% ---------------------------------------------------------

%清除图像、命令以及工作空间历史
clear all;
close all;
clc;

% ---------------------------------------------------------
%%初值设置
```

```
% ---------------------------------------------------------------
%初始时刻
t0 =0;
%末端时刻,可自行设置
tf =1* 365* 86400;%一年
%航天器初始时刻的位置速度,可自行设置
rv0 =[2615000
      15881000
      3980000
      -2767
      -790.5
      4980];

% ---------------------------------------------------------------
%%轨道递推
% ---------------------------------------------------------------
%考虑地球非球形 J2 项摄动的轨道积分递推
OPTIONS =odeset('RelTol',1e -13,'AbsTol',1e -13);
[tt,xx] =ode113(@ orbit_model_J2,[t0,tf],rv0,OPTIONS);%kg m s
rvf =xx(end,:)';%航天器末段时刻的位置速度

% ---------------------------------------------------------------
%%作图
% ---------------------------------------------------------------
%画出三维空间中的轨道,参看轨道演化情况
figure(1)
set(figure(1),'Color','white');
plot3(xx(:,1)./1000,xx(:,2)./1000,xx(:,3)./1000,'b','LineWidth',
1)%航天器的轨道演化
hold on
scatter3(rv0(1)./1000,rv0(2)./1000,rv0(3)./1000,40,'filled','g')%
航天器初始时刻所在位置
hold on
scatter3(rvf(1)./1000,rvf(2)./1000,rvf(3)./1000,40,'filled','r')%
航天器末端时刻所在位置
hold on
scatter3(0,0,0,360,'filled','k')%地球
grid on
```

```
    title('航天器轨道演化示意图','FontSize',14);
    xlabel('$x(km)$','Interpreter','latex','FontSize',14);
    ylabel('$y(km)$','Interpreter','latex','FontSize',14);
    zlabel('$z(km)$','Interpreter','latex','FontSize',14);
    legend('航天器轨迹','航天器初始位置','航天器终端位置','地球','Location',
'best','FontSize',14);

    function dx = orbit_model_J2(t,x0)
    % ==================================================
    %考虑地球非球形J2项摄动的轨道递推模型
    % --------------------------------------------------
    %输入:t - 当前时刻;x0 - 当前航天器的位置速度矢量
    %输出:dx - 当前时刻航天器位置速度矢量的变化率
    % --------------------------------------------------
    %质量单位千克kg;距离单位米m;时间单位秒s
    % ==================================================

    mu = 3.986004418e14;%地球引力常数(m^3/s^2)
    RE = 6378137;%地球赤道半径(m)
    J2 = 1082.629989052* 10^(-6);%J2摄动常数
    x = x0(1);
    y = x0(2);
    z = x0(3);
    vx = x0(4);
    vy = x0(5);
    vz = x0(6);
    r = sqrt(x^2 + y^2 + z^2);

    dx = [vx
        vy
        vz
        -(mu* x/r^3)* (1 +3/2* J2* (RE/r)^2* (1 -5* (z/r)^2))
        -(mu* y/r^3)* (1 +3/2* J2* (RE/r)^2* (1 -5* (z/r)^2))
        -(mu* z/r^3)* (1 +3/2* J2* (RE/r)^2* (3 -5* (z/r)^2))];

    end
```

示例：

一个低轨航天器在 J_2 摄动影响下1年的轨道演化如图2-12所示，可见因 J_2 摄动的影响，轨道面发生了较大偏移。

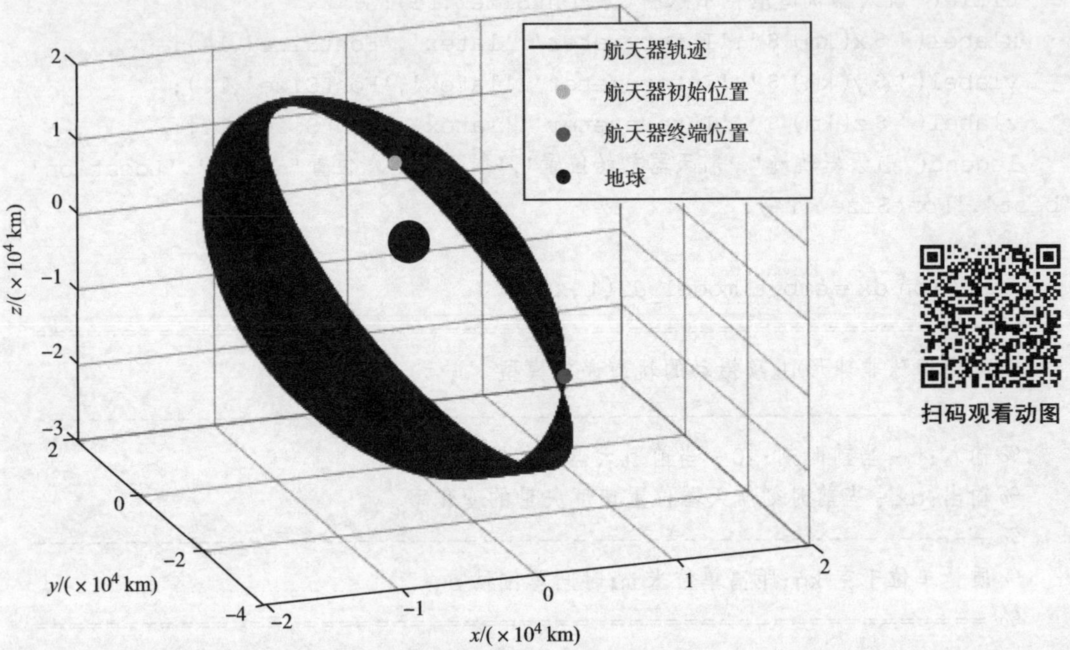

图 2-12 航天器轨道演化

航天趣闻——抓住春分

几千年前，凝视星空的人们最先确定了春分点方向。后来他们又发现这个点指向白羊座的第一颗星，并把它叫作“白羊座第一点”，用白羊座占星术的符号（羊头）来表示它。

因为地球的自转轴有一点儿摆动，赤道平面也是如此。赤道平面和黄道平面的交线（春分点方向）也向西缓慢移动，大约每天 9 ms。经历了几千年后，春分点方向已经通过双鱼星座很快将进入宝瓶星座。在运动过程中，尽管它已经离开了白羊星座，天文学家和航天工程师仍然继续沿用“白羊座第一点”这个名字称呼春分点方向。在 1998 年 1 月 1 日，为了避免参考坐标系漂移问题，国际天文协会的天文学家们开始采用国际天体坐标系，其主轴指向极其遥远的 608 号银河系外的射电星（主要是脉冲星），由于很远，不会察觉到它们的任何运动。主轴的指向尽可能与春分点方向在 2000 年 1 月 1 日正午（格林尼治时间）的指向一致。所以，国际天体坐标系与传统的 J2000.0 参考系是一致的。遗憾的是，春分点方向将继续漂移，但天文学家和工程师们已经有了一个固定的（几乎是惯性的）参考系。

第3章

航天器姿态动力学

航天器的姿态运动是指航天器绕自身质心的转动运动，反映的是航天器相对于参考坐标系的几何角度关系。航天器的姿态动力学则是论述和分析航天器姿态运动的固有动力学特性，是设计航天器姿态控制系统的前提。本章仅限于论述刚体航天器的动力学问题，有关挠性航天器、充液航天器、其他特殊构型航天器的动力学与控制问题详见第7章。

3.1 常用空间参考坐标系

在描述航天器的姿态时，首先需要选定合适的空间参考坐标系，否则，就无从描述航天器的姿态。一般在研究航天器姿态运动时，至少需要建立两个坐标系才能严格确定航天器的姿态：一个是空间参考坐标系，另一个是固连于航天器的本体坐标系，后者的三个坐标轴和参考坐标系坐标轴之间的角度关系描述了航天器本体相对于空间坐标系的姿态。但在实际情况中只有两个坐标系往往不够，因为姿态敏感器的测量轴并不总是与选定的航天器本体坐标轴一致，要通过测量坐标的转换才能使本体坐标系和空间参考坐标系联系起来。另外，为了获得参考天体在某个空间参考坐标系中的方向，还要应用一些辅助坐标系。下面给出讨论航天器姿态运动时常用的坐标系。

空间惯性坐标系 $OXYZ$：从一般意义来讲，它是相对于恒星固定的坐标系。为了描述航天器在空间的位置，对于不同的航天器，往往可能选取不同的惯性系，例如，航天器绕地球运动的惯性系一般为赤道惯性坐标系，也称地心惯性坐标系，该坐标系原点取在地球中心，X 轴沿地球赤道面和黄道面的交线，指向春分点 T，Z 轴指向北极，Y 轴在赤道平面上垂直于 X 轴，如图3－1所示；又如，在研究星际航行（如宇宙探测器）时，往往把惯性系原点放在太阳中心。

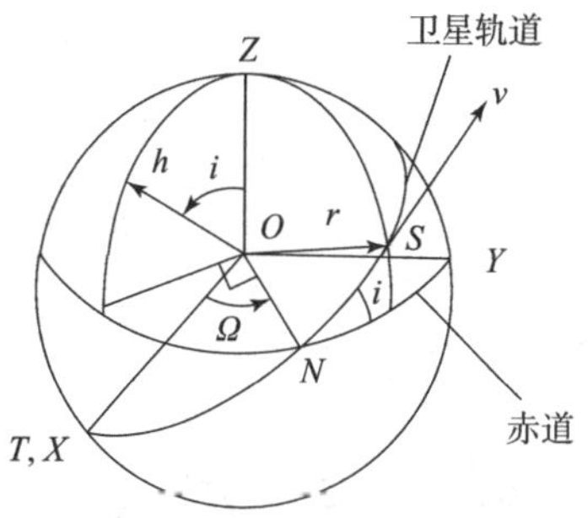

图3－1　赤道惯性坐标系

轨道坐标系 $Ox_oy_oz_o$：绕地运动的航天器轨道坐标系原点 o 位于航天器质心处，z_o 轴由质心指向地心（又称当地垂线），x_o 轴在轨道平面内与 z_o 轴垂直并指向卫星速度方向，y_o 轴与 x_o、z_o 轴右手正交且与轨道平面的法线平行，如图3－2所示。此坐标系在空间中是旋转的。对地定向的三轴稳定卫星（如遥感卫星、通信卫星）的姿态定义在此坐标系，通常称 x_o、y_o、z_o 为滚动、俯仰和偏航轴。利用卫星轨道运动参数 $\boldsymbol{r}$、$\boldsymbol{v}$，可以将轨道坐标系的各坐标轴的单位矢量表示为

$$x_o = y_o \times z_o,\ y_o = \frac{\boldsymbol{v} \times \boldsymbol{r}}{|\boldsymbol{v} \times \boldsymbol{r}|},\ z_o = -\frac{\boldsymbol{r}}{|\boldsymbol{r}|} \tag{3-1}$$

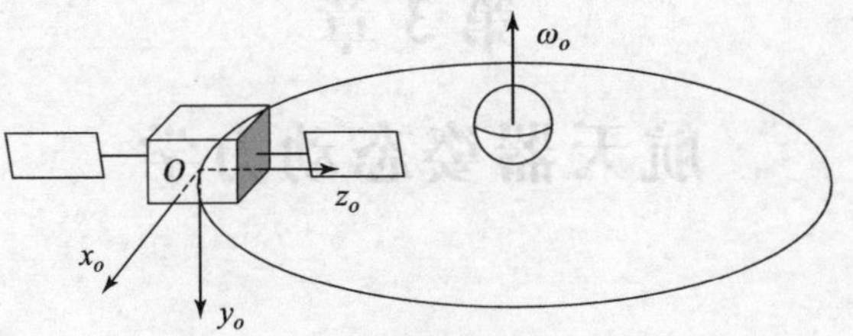

图 3-2　轨道坐标系 $Ox_oy_oz_o$

地心-太阳坐标系 $Ox_py_pz_p$：航天器-地球-太阳平面为坐标平面，z_p轴在此平面内并指向地心，x_p轴在此平面内与z_p轴垂直并朝向太阳，y_p轴与x_p、z_p右手正交且与太阳方向垂直。通常地球导航微信的姿态定义在此坐标系，如图 3-3 所示。令太阳方向为 $\boldsymbol{S}$，到地心方向为 $\boldsymbol{E}$，坐标轴的单位矢量描述为

$$x_p = y_p \times z_p,\ y_p = \frac{\boldsymbol{S} \times \boldsymbol{r}}{|\boldsymbol{S} \times \boldsymbol{r}|},\ z_p = -\frac{\boldsymbol{r}}{|\boldsymbol{r}|} \tag{3-2}$$

太阳-黄道坐标系 $Ox_sy_sz_s$：太阳黄道面为坐标平面，x_s轴指向太阳圆盘中心，z_s轴指向黄极 $\boldsymbol{C}$，y_s轴与x_s、z_s右手正交。通常三轴稳定的科学卫星的姿态定义在此坐标系，如图 3-4 所示。

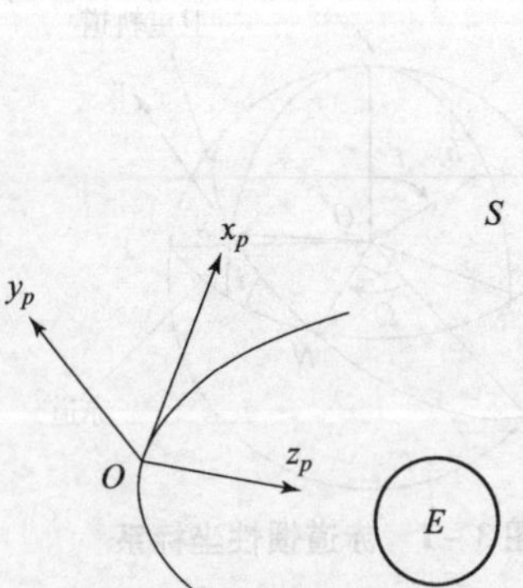

图 3-3　地心-太阳坐标系 $Ox_py_pz_p$

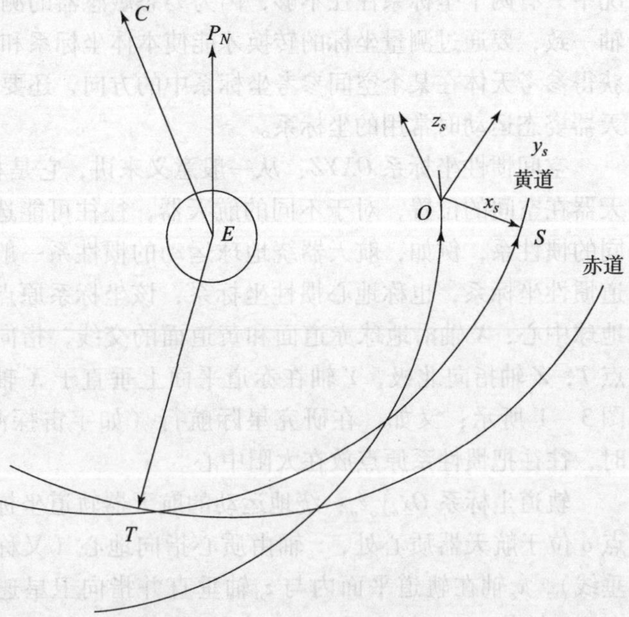

图 3-4　太阳-黄道坐标系 $Ox_sy_sz_s$

航天器本体坐标系 $Ox_by_bz_b$：原点 O 在航天器质心，x_b、y_b、z_b三轴固定在航天器本体上，若 x_b、y_b、z_b三轴为航天器的惯性主轴，则该坐标系称为主轴坐标系。

3.2 坐标系转换

航天器本体坐标轴 x_b、y_b、z_b 相对参考坐标系 $Ox_ry_rz_r$ 的方向确定航天器姿态的状况，如图3-5所示。下标 r 表示某种选用的参考坐标。姿态参数是描述本体坐标系相对参考坐标系的物理量，该参数有多种描述形式。最一般性的姿态参数是本体坐标轴与参考坐标轴之间的方向余弦，但这种方法不直观，缺乏明显的几何图像概念，所以常用刚体转动的欧拉角表示卫星姿态，但欧拉角转动包含奇点状况，因此，在特定任务中采用姿态四元数式。由于航天器姿态可唯一确定，各种姿态参数之间可以相互转换，同时，相对各种参考坐标的姿态也可相互转换。

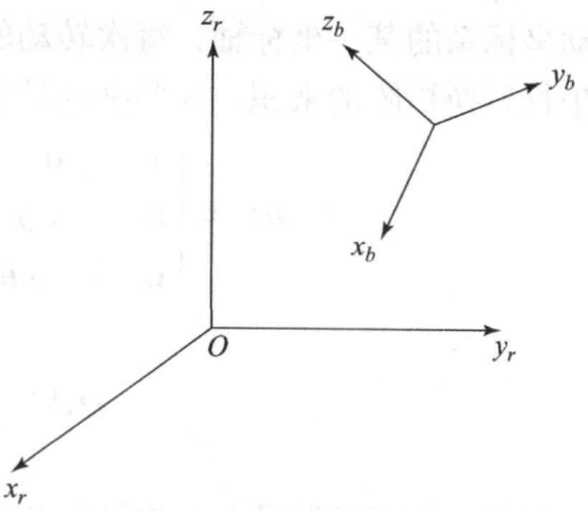

图3-5 航天器本体坐标系与参考坐标系的关系

对于自旋卫星，自旋姿态主要体现在自旋轴的方向上。通常卫星自旋轴为星体的某一主惯量轴，以矢量 $\boldsymbol{P}$ 表示，在赤道惯性坐标的方向定义赤经 α、赤纬 δ，因此，自旋矢量 $\boldsymbol{P}$ 的描述为

$$\boldsymbol{P} = \begin{bmatrix} \boldsymbol{P} \cdot X \\ \boldsymbol{P} \cdot Y \\ \boldsymbol{P} \cdot Z \end{bmatrix} = \begin{bmatrix} \cos\delta\cos\alpha \\ \cos\delta\sin\alpha \\ \sin\delta \end{bmatrix}$$

由于自旋方向的定轴性，这些姿态参数为常值，但在轨道坐标系中则不同。在轨道坐标系中，自选方向定义为滚动角（φ）和偏航角（ϕ），其中，φ 角为自旋轴与其在轨道地平平面（x_oy_o 平面）上的投影之间的夹角，ϕ 角为该投影与轨道面法线（y_o 轴）之间的夹角。随着航天器沿轨道的运动，此两角是周期性交变的，如在 $t=0$ 时刻，两角的初值为 φ_0、ϕ_0，则自旋轴在轨道坐标系的方向可写为

$$\boldsymbol{P} = \begin{bmatrix} \cos\beta(t) & 0 & \sin\beta(t) \\ 0 & 1 & 0 \\ -\sin\beta(t) & 0 & \cos\beta(t) \end{bmatrix} \begin{bmatrix} \cos\varphi_0\sin\phi_0 \\ \cos\varphi_0\cos\phi_0 \\ -\sin\varphi_0 \end{bmatrix}$$

式中，$\beta(t) = \int_0^t \omega_0(t)\,\mathrm{d}t$ 为卫星从 $t=0$ 起沿轨道转过的角度。

根据滚动角、偏航角的定义，从初始时刻 t_0，当卫星沿轨道转过的角度 β 为

$$\beta = \arctan\left(-\frac{\tan\varphi_0}{\sin\phi_0}\right)$$

时，滚动角 $\varphi = 0°$，即自旋轴垂直于地心方向，在此点，偏航角 ϕ 达最大值，有

$$\varphi_{\max} = \phi_{\max}$$

因此，在轨道坐标中，描述自旋轴方向的滚动角、偏航角呈相互交替的形态。自旋姿态的描述是三轴姿态描述的简化形式，下面列举姿态描述的一般形式。

3.2.1 欧拉角式

在工程上，希望三个姿态参数具有简便、明显的几何意义，并能用姿态敏感器直接测量

出这些参数，能较方便地求解用这些参数描述的姿态动力学方程。欧拉角是这种最合适的姿态参数。根据欧拉定理，刚体绕固定点的位移也可以是绕该点的若干次有限转动的合成。在欧拉转动中，将参考系转动三次得到航天器本体坐标系，在三次转动中，每次的旋转轴是被转动坐标系的某一坐标轴，每次转动的角即为欧拉角。因此，用欧拉角确定的姿态矩阵是三次坐标转换矩阵的乘积。这些坐标转换矩阵都有如下标准形式：

$$\boldsymbol{A}_x(\theta)=\begin{bmatrix}1 & 0 & 0\\0 & \cos\theta & \sin\theta\\0 & -\sin\theta & \cos\theta\end{bmatrix},\boldsymbol{A}_y(\theta)=\begin{bmatrix}\cos\theta & 0 & -\sin\theta\\0 & 1 & 0\\\sin\theta & 0 & \cos\theta\end{bmatrix}$$

$$\boldsymbol{A}_z(\theta)=\begin{bmatrix}\cos\theta & \sin\theta & 0\\-\sin\theta & \cos\theta & 0\\0 & 0 & 1\end{bmatrix}$$

显然，姿态矩阵还与三次转动顺序有关。虽然旋转顺序具有多种形式，但不能绕一个轴连续旋转两次，因为连续两次旋转等同于绕这个轴的一次旋转。根据该特点，可以得出两类 12 种可能的旋转顺序如下：

第一类：1-2-3，1-3-2，2-3-1，2-1-3，3-1-2，3-2-1；

第二类：3-1-3，2-1-2，1-2-1，3-2-3，2-3-2，1-3-1。

第一类是每轴仅旋转一次，第二类是某一轴不连续地旋转两次。下面通过惯性系 $OXYZ$ 到航天器本体坐标系 $Ox_by_bz_b$ 的转动来详细介绍被称为经典欧拉转动顺序的“3-1-3”旋转和“3-1-2”旋转。

在“3-1-3”旋转中，$OXYZ$ 首先绕 Z 轴（“3”轴）转动 ϕ 角得到 $O\xi'\eta'\zeta'$，如图 3-6 所示。这两个坐标系之间的变换矩阵为

$$\begin{bmatrix}\xi'\\\eta'\\\zeta'\end{bmatrix}=\begin{bmatrix}\cos\phi & \sin\phi & 0\\-\sin\phi & \cos\phi & 0\\0 & 0 & 1\end{bmatrix}\begin{bmatrix}X\\Y\\Z\end{bmatrix}=\boldsymbol{A}_3(\phi)\begin{bmatrix}X\\Y\\Z\end{bmatrix}\tag{3-3}$$

接着 $O\xi'\eta'\zeta'$ 绕 ξ' 轴（“1”轴）转 θ 角得到 $O\xi\eta\zeta$，如图 3-7 所示。这两坐标系之间的变换矩阵为

$$\begin{bmatrix}\xi\\\eta\\\zeta\end{bmatrix}=\begin{bmatrix}1 & 0 & 0\\0 & \cos\theta & \sin\theta\\0 & -\sin\theta & \cos\theta\end{bmatrix}\begin{bmatrix}\xi'\\\eta'\\\zeta'\end{bmatrix}=\boldsymbol{A}_1(\theta)\begin{bmatrix}\xi'\\\eta'\\\zeta'\end{bmatrix}\tag{3-4}$$

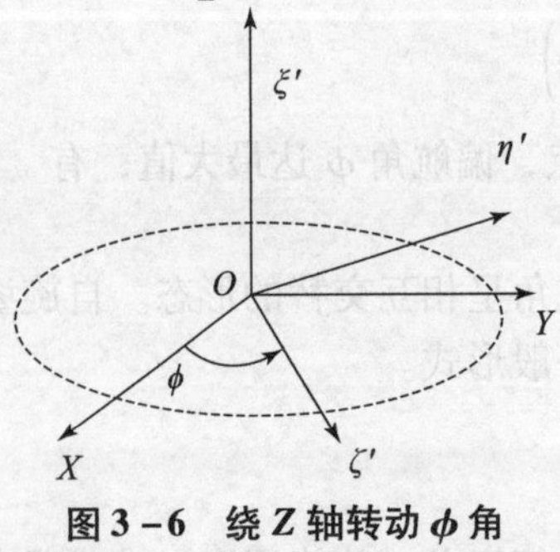

图 3-6 绕 Z 轴转动 ϕ 角

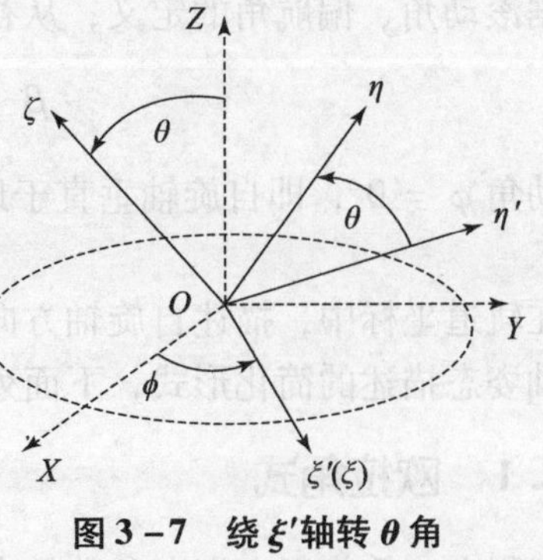

图 3-7 绕 ξ' 轴转 θ 角

最后$O\xi\eta\zeta$绕ζ轴（“3”轴）转φ角得到$Ox_by_bz_b$，如图3-8所示，这是最后一次旋转，两者的变换矩阵为

$$\begin{bmatrix} x_b \\ y_b \\ z_b \end{bmatrix} = \begin{bmatrix} \cos\varphi & \sin\varphi & 0 \\ -\sin\varphi & \cos\varphi & 0 \\ 0 & 0 & 1 \end{bmatrix} \begin{bmatrix} \xi \\ \eta \\ \zeta \end{bmatrix} = \boldsymbol{A}_3(\varphi) \begin{bmatrix} \xi \\ \eta \\ \zeta \end{bmatrix} \tag{3-5}$$

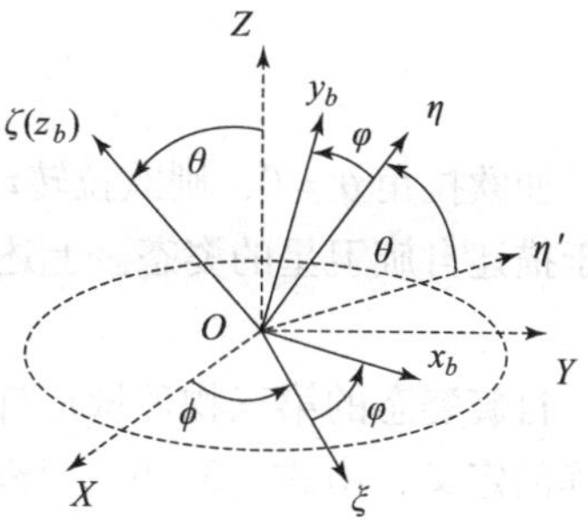

图3-8 绕ζ轴转φ角

综合以上变换，坐标系$OXYZ$与$Ox_by_bz_b$之间的直接转换关系即为

$$\begin{bmatrix} x_b \\ y_b \\ z_b \end{bmatrix} = \boldsymbol{A}_3(\varphi) \begin{bmatrix} \xi \\ \eta \\ \zeta \end{bmatrix} = \boldsymbol{A}_3(\varphi)\boldsymbol{A}_1(\theta) \begin{bmatrix} \xi' \\ \eta' \\ \zeta' \end{bmatrix} = \boldsymbol{A}_3(\varphi)\boldsymbol{A}_1(\theta)\boldsymbol{A}_3(\phi) \begin{bmatrix} X \\ Y \\ Z \end{bmatrix}$$

若令$\boldsymbol{A} = \boldsymbol{A}_3(\varphi)\boldsymbol{A}_1(\theta)\boldsymbol{A}_3(\phi)$，则通过$\boldsymbol{A}$可以把惯性系$OXYZ$中表示的矢量分量变换为本体坐标系$Ox_by_bz_b$中表示的分量，即

$$\begin{bmatrix} x_b \\ y_b \\ z_b \end{bmatrix} = \boldsymbol{A} \begin{bmatrix} X \\ Y \\ Z \end{bmatrix} \tag{3-6}$$

若坐标系$Ox_by_bz_b$中的分量已知，需要确定惯性系$OXYZ$中的分量，则利用两个坐标系之间正交变换的逆矩阵等于它的转置矩阵这一性质，即

$$\boldsymbol{A}^{-1} = \boldsymbol{A}^{\mathrm{T}} \tag{3-7}$$

得到

$$\begin{bmatrix} X \\ Y \\ Z \end{bmatrix} = \boldsymbol{A}^{\mathrm{T}} \begin{bmatrix} x_b \\ y_b \\ z_b \end{bmatrix} \tag{3-8}$$

其中

$$\boldsymbol{A} = \begin{bmatrix} \cos\varphi\cos\phi - \sin\varphi\cos\theta\sin\phi & \cos\varphi\sin\phi + \sin\varphi\cos\theta\cos\phi & \sin\varphi\sin\theta \\ -\sin\varphi\cos\phi - \cos\varphi\cos\theta\sin\phi & -\sin\varphi\sin\phi + \cos\varphi\cos\theta\cos\phi & \cos\varphi\sin\theta \\ \sin\theta\sin\phi & -\sin\theta\cos\phi & \cos\theta \end{bmatrix} \tag{3-9}$$

$$\boldsymbol{A}^{\mathrm{T}} = \begin{bmatrix} \cos\varphi\cos\phi - \sin\varphi\cos\theta\sin\phi & -\sin\varphi\cos\phi - \cos\varphi\cos\theta\sin\phi & \sin\theta\sin\phi \\ \cos\varphi\sin\phi + \sin\varphi\cos\theta\cos\phi & -\sin\varphi\sin\phi + \cos\varphi\cos\theta\cos\phi & -\sin\theta\cos\phi \\ \sin\varphi\sin\theta & \cos\varphi\sin\theta & \cos\theta \end{bmatrix} \tag{3-10}$$

这样，利用经典欧拉转动，通过ϕ、θ、φ三个欧拉角就将航天器的本体坐标系$Ox_by_bz_b$和惯性系$OXYZ$相互联系起来了。对照方向余弦式（3-5），“3-1-3”转动的欧拉角与方向余弦元素的关系式是

$$\phi = \arctan\left(-\frac{A_{zx}}{A_{zy}}\right)$$

$$\theta = \arccos(A_{zz})$$

$$\varphi = \arctan\left(\frac{A_{xz}}{A_{yz}}\right)$$

如欧拉角 $\theta = 0$，则欧拉转动处于奇异状况，ϕ 和 φ 不能唯一确定。“3－1－3”欧拉角常用于描述自旋卫星的姿态。上述自旋矢量的赤经、赤纬可表示为

$$\alpha = \phi - 90°,\ \delta = 90° - \theta$$

自旋姿态的第三物理量是自旋方位角，即自旋卫星横轴相对某参考轴的转角 μ。按姿态矩阵的定义，由式（3－9），该转角可描述为

$$\mu = \arctan\left(-\frac{A_{yx}}{A_{yx}}\right) = \phi + \arctan(\cos\theta\tan\varphi)$$

类似地，也可以通过欧拉“3－1－2”旋转将惯性系 $OXYZ$ 和航天器本体坐标系 $Ox_by_bz_b$ 相互联系起来，从 $OXYZ$ 到 $Ox_by_bz_b$ 的三个旋转矩阵依次为

$$\boldsymbol{A}_3(\phi) = \begin{bmatrix} \cos\phi & \sin\phi & 0 \\ -\sin\phi & \cos\phi & 0 \\ 0 & 0 & 1 \end{bmatrix},\ \boldsymbol{A}_1(\varphi) = \begin{bmatrix} 1 & 0 & 0 \\ 0 & \cos\varphi & \sin\varphi \\ 0 & -\sin\varphi & \cos\varphi \end{bmatrix}$$

$$\boldsymbol{A}_2(\theta) = \begin{bmatrix} \cos\theta & 0 & -\sin\theta \\ 0 & 1 & 0 \\ \sin\theta & 0 & \cos\theta \end{bmatrix}$$

由此可得“3－1－2”旋转的姿态矩阵

$$\begin{aligned} \boldsymbol{A} &= \boldsymbol{A}_2(\theta)\boldsymbol{A}_1(\varphi)\boldsymbol{A}_3(\phi) \\ &= \begin{bmatrix} \cos\theta\cos\phi - \sin\varphi\sin\theta\sin\phi & \cos\theta\sin\phi + \sin\varphi\sin\theta\cos\phi & -\cos\varphi\sin\theta \\ -\cos\varphi\sin\phi & \cos\varphi\cos\phi & \sin\varphi \\ \sin\theta\cos\phi + \sin\varphi\cos\theta\sin\phi & \sin\theta\sin\phi - \sin\varphi\cos\theta\cos\phi & \cos\varphi\cos\theta \end{bmatrix} \end{aligned} \tag{3-11}$$

以及“3－1－2”欧拉角与方向余弦矩阵元素的关系

$$\phi = \arctan\left(-\frac{A_{yx}}{A_{yy}}\right)$$

$$\varphi = \arcsin(A_{yz})$$

$$\theta = \arctan\left(-\frac{A_{xz}}{A_{zz}}\right)$$

此类欧拉转动的奇异发生在 $\varphi = 90°$ 时，ϕ 和 θ 角在同一平面转动，不能唯一确定。

如欧拉角 θ、ϕ、φ 都为小量，则姿态矩阵式（3－10）的小参量式为

$$\boldsymbol{A}_2(\theta)\boldsymbol{A}_1(\varphi)\boldsymbol{A}_3(\phi) = \begin{bmatrix} 1 & \phi & -\theta \\ -\phi & 1 & \varphi \\ \theta & -\varphi & 1 \end{bmatrix} \tag{3-12}$$

如果将图 3－9 中的参考系由惯性系 $OXYZ$ 变为轨道坐标系 $Ox_by_bz_b$，由式（3－12）和图 3－9 可见欧拉角 ϕ、φ、θ 的几何意义为

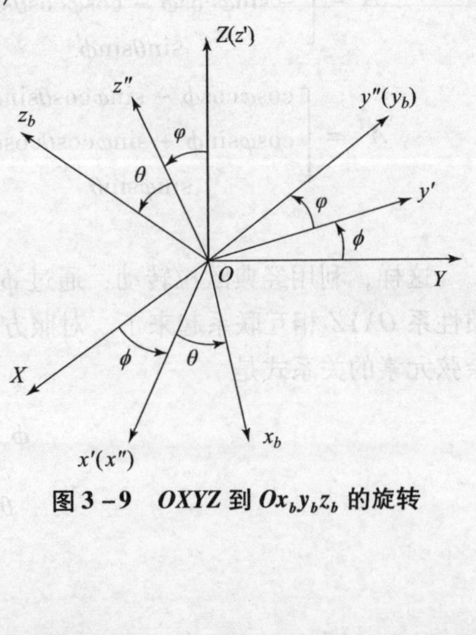

图 3－9　$OXYZ$ 到 $Ox_by_bz_b$ 的旋转

ϕ 为偏航角，即航天器滚动轴 x_b（指向航天器速度方向）在当地水平面上的投影与轨道 x_o 轴的夹角；

θ 为俯仰角，即航天器滚动轴 x_b 与其在当地水平面投影的夹角；

φ 为滚动角，即航天器俯仰轴 y_b 与其在当地水平面投影的夹角；

因此，这种转动顺序又称为偏航、俯仰、滚动顺序。

3.2.2　方向余弦式

为方便起见，直接以 $\boldsymbol{x}$、$\boldsymbol{y}$、$\boldsymbol{z}$ 表示坐标轴的单位矢量，下标表示坐标系的种类，例如 b、r 分别代表航天器本体坐标系和参考坐标系。这两套坐标轴之间的方向余弦共有 9 个，以 A_{xx}、A_{xy}、…表示，有

$$\begin{cases}\boldsymbol{x}_b\cdot\boldsymbol{x}_r=A_{xx}, & \boldsymbol{y}_b\cdot\boldsymbol{x}_r=A_{yx}, & \boldsymbol{z}_b\cdot\boldsymbol{x}_r=A_{zx}\\ \boldsymbol{x}_b\cdot\boldsymbol{y}_r=A_{xy}, & \cdots & \cdots\\ \boldsymbol{x}_b\cdot\boldsymbol{z}_r=A_{xz}, & \cdots & \cdots\end{cases}\tag{3-13}$$

利用这些方向余弦，任一根星体坐标轴的单位矢量在参考坐标系中的方向有下列形式

$$\boldsymbol{x}_b=A_{xx}\boldsymbol{x}_r+A_{xy}\boldsymbol{y}_r+A_{xz}\boldsymbol{z}_r\tag{3-14}$$

将方向余弦组成一个矩阵

$$\boldsymbol{A}=\begin{bmatrix}A_{xx} & A_{xy} & A_{xz}\\ A_{yx} & A_{yy} & A_{yz}\\ A_{zx} & A_{zy} & A_{zz}\end{bmatrix}$$

根据式（3-14），航天器本体坐标系在参考坐标系中的几何方向可被确定为

$$\begin{bmatrix}\boldsymbol{x}_b\\ \boldsymbol{y}_b\\ \boldsymbol{z}_b\end{bmatrix}=\boldsymbol{A}\begin{bmatrix}\boldsymbol{x}_r\\ \boldsymbol{y}_r\\ \boldsymbol{z}_r\end{bmatrix}\tag{3-15}$$

在航天器三轴姿态确定问题中，因为矩阵 $\boldsymbol{A}$ 完全确定了航天器姿态在参考坐标系中的状态，故称此方向余弦阵 $\boldsymbol{A}$ 为姿态矩阵。矩阵中的每个元素为姿态参数，由于参考坐标系和航天器本体坐标系都是正交坐标系，这九个元素还满足六个约束方程。由各单位矢量的模值可导出三个约束方程：

$$\left.\begin{aligned}A_{xx}^2+A_{xy}^2+A_{xz}^2&=1\\ A_{yx}^2+A_{yy}^2+A_{yz}^2&=1\\ A_{zx}^2+A_{zy}^2+A_{zz}^2&=1\end{aligned}\right\}\tag{3-16}$$

由航天器本体坐标轴的正交性可导出另外三个约束方程：

$$\left.\begin{aligned}A_{xx}A_{yx}+A_{xy}A_{yy}+A_{xz}A_{yz}&=0\\ A_{xx}A_{zx}+A_{xy}A_{zy}+A_{xz}A_{zz}&=0\\ A_{yx}A_{zx}+A_{yy}A_{zy}+A_{yz}A_{zz}&=0\end{aligned}\right\}\tag{3-17}$$

因此，只有三个姿态参数是独立的。换言之，只要用三个独立参数就可描述卫星的三轴姿态在参考坐标系中的状态。

根据约束方程（3-16）和方程（3-17）可以得知姿态矩阵 $\boldsymbol{A}$ 具有下列特性

$$AA^{\mathrm{T}} = I$$

I 为单位矩阵。此式表明矩阵 A 是正交矩阵。实际上，姿态矩阵也就是参考坐标系与航天器本体坐标系之间的转换矩阵，如已有单位参考矢量 V，它在航天器本体坐标系和参考坐标系中表示成

$$V = (V_x)_b x_b + (V_y)_b y_b + (V_z)_b z_b$$

或

$$V = (V_x)_r x_r + (V_y)_r y_r + (V_z)_r z_r$$

将上两式两端分别与矢量 x_b、y_b、z_b 标积，并令 $(V)_b$、$(V)_r$ 分别表示在航天器本体坐标系和参考坐标系中的方向余弦，则

$$(V)_b = A(V)_r \tag{3-18}$$

用方向余弦表示的姿态矩阵是姿态描述的一般形式。姿态确定的问题就是如何把这些方向余弦与航天器姿态敏感器的测量几何量联系起来，如何根据航天器姿态敏感器测量参考矢量 V 的值得出 $(V)_b$ 以及利用在参考坐标系中已知的 $(V)_r$，求解式（3-18）得出姿态矩阵 A。

3.2.3 欧拉轴/角参数式

应用姿态矩阵表示航天器姿态要用九个方向余弦，在求解方向余弦时，还要引入六个约束方程，使用很不方便，特别是这种描述方法没有直接显示出卫星姿态的几何图像。欧拉角参数式需多次三角运算，并有奇点问题。而欧拉轴/角参数式具有独特的优点。在理论力学中有一个著名的欧拉定理：刚体绕固定点的任一位移，可由绕通过此点的某一轴转过一个角度而得到。此定理来源于正交矩阵 A 的一个性质：一个常实正交矩阵至少有一个特征值为 1 的特征矢量，也即存在一个满足下面等式的单位矢量 e：

$$e = Ae$$

此式表明代表刚体转轴方向的矢量 e 在航天器本体坐标系中的分量与在参考坐标系中的分量相同，而任何姿态转动都对应一个转换矩阵 A。描述姿态的参数有四个——转轴的单位矢量 e 在参考坐标系中的三个方向余弦 e_x、e_y、e_z 以及绕此转轴的转角 Φ。下面叙述这四个姿态参数和九个方向余弦之间的转换关系。

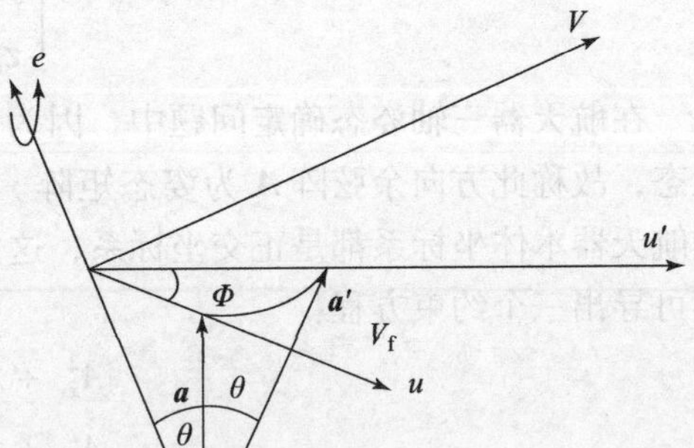

图 3-10　矢量绕定轴的转动

如图 3-10 所示，矢量 a 与欧拉轴 e 夹 θ 角，绕 e 轴旋转时，矢量 a 在轴线为 e 的圆锥面上移动，与 e 轴的夹角不变，转过 Φ 角，矢量 a 移动至 a'。在垂直于 e 的圆锥地面上作矢量 v、u

$$v = \frac{e \times a}{|e \times a|} = \frac{1}{a\sin\theta}(e \times a)$$

$$u = v \times e = \frac{1}{a\sin\theta}(e \times a) \times e = \frac{1}{a\sin\theta}[a - (e \cdot a)e]$$

过 a' 的端点，作矢量 u'

$$u' = \cos\Phi u + \sin\Phi v$$

利用这些坐标矢量，可将矢量 $\boldsymbol{a}$ 和 $\boldsymbol{a}'$ 表示为

$$\boldsymbol{a} = a \cdot \cos\theta \boldsymbol{e} + a \cdot \sin\theta \boldsymbol{u}$$

$$\boldsymbol{a}' = a \cdot \cos\theta \boldsymbol{e} + a \cdot \sin\theta \boldsymbol{u}'$$

将前述矢量 $\boldsymbol{u}'$ 和 $\boldsymbol{u}$、$\boldsymbol{v}$ 的表达式代入上式，有

$$\boldsymbol{x}_b = (1 - \cos\Phi)(\boldsymbol{e} \cdot \boldsymbol{x}_r)\boldsymbol{e} + \cos\Phi \boldsymbol{x}_r + \sin\Phi(\boldsymbol{e} \times \boldsymbol{x}_r) \tag{3-19}$$

以式（3-15）为例，参考坐标轴 x_r 经过欧拉转动得到对应的航天器本体坐标轴 x_b，可表示为

$$\boldsymbol{x}_b = (1 - \cos\Phi)(\boldsymbol{e} \cdot \boldsymbol{x}_r)\boldsymbol{e} + \cos\Phi \boldsymbol{x}_r + \sin\Phi(\boldsymbol{e} \times \boldsymbol{x}_r) \tag{3-20}$$

对于 y_b、z_b，可得出类似的表达式。

令欧拉轴 $\boldsymbol{e}$ 在参考坐标系的矢量式为

$$\boldsymbol{e} = e_x \boldsymbol{x}_r + e_y \boldsymbol{y}_r + e_z \boldsymbol{z}_r$$

将此欧拉轴矢量 $\boldsymbol{e}$ 代入式（3-20）以及另外两个类似的 $\boldsymbol{y}_b$、$\boldsymbol{z}_b$ 表达式，可得出用 e_x、e_y、e_z、Φ 四个姿态参数描述的姿态矩阵

$$\begin{aligned}
&\boldsymbol{A}(\boldsymbol{e},\Phi) \\
&= \begin{bmatrix} \cos\Phi + e_x^2(1-\cos\Phi) & e_x e_y(1-\cos\Phi) + e_z\sin\Phi & e_x e_z(1-\cos\Phi) - e_y\sin\Phi \\ e_x e_y(1-\cos\Phi) - e_z\sin\Phi & \cos\Phi + e_y^2(1-\cos\Phi) & e_y e_z(1-\cos\Phi) + e_x\sin\Phi \\ e_x e_z(1-\cos\Phi) + e_y\sin\Phi & e_y e_z(1-\cos\Phi) - e_x\sin\Phi & \cos\Phi + e_z^2(1-\cos\Phi) \end{bmatrix} \\
&= \cos\Phi \boldsymbol{I} + (1-\cos\Phi)\boldsymbol{e}\boldsymbol{e}^{\mathrm{T}} - \sin\Phi \tilde{\boldsymbol{E}}
\end{aligned} \tag{3-21}$$

式中，$\boldsymbol{I}$ 为单位矩阵；$\boldsymbol{e}\boldsymbol{e}^{\mathrm{T}}$ 为矢量的外积；$\tilde{\boldsymbol{E}}$ 为斜对称矩阵，有

$$\tilde{\boldsymbol{E}} = \begin{bmatrix} 0 & -\boldsymbol{e}_z & \boldsymbol{e}_y \\ \boldsymbol{e}_z & 0 & -\boldsymbol{e}_x \\ -\boldsymbol{e}_y & \boldsymbol{e}_x & 0 \end{bmatrix} \tag{3-22}$$

转轴 $\boldsymbol{e}$ 称为欧拉轴；转角 Φ 称为欧拉转角。因此，这种定义航天器姿态的方法称为欧拉轴/角参数式。表面上共有四个参数，但仍然只有三个参数是独立的，因此，$e_x^2 + e_y^2 + e_z^2 = 1$。对照这两种姿态矩阵式（3-6）与式（3-21），可以根据欧拉轴/角参数式表示两个坐标系之间的方向余弦。如已知方向余弦，按下式计算欧拉参数：

$$\boldsymbol{e} = \frac{1}{2\sin\Phi}\begin{bmatrix} A_{yz} - A_{xy} \\ A_{zx} - A_{xz} \\ A_{xy} - A_{yx} \end{bmatrix}$$

$$\cos\Phi = \frac{1}{2}(\mathrm{tr}\boldsymbol{A} - 1) \tag{3-23}$$

$\mathrm{tr}\boldsymbol{A} = A_{xx} + A_{yy} + A_{zz}$，是姿态矩阵 $\boldsymbol{A}$ 的迹。绕任意转轴转动相同的 Φ 角，姿态矩阵的迹不变。

当姿态矩阵相对参考坐标系的转动很小时，欧拉轴/角参数式的姿态矩阵可写为

$$\boldsymbol{A}(\boldsymbol{e},\Delta\Phi) = \boldsymbol{I} - \Delta\Phi \tilde{\boldsymbol{E}} \tag{3-24}$$

相当于绕欧拉轴转动微角 $\Delta\Phi$。

欧拉转角 Φ 反映两套坐标轴之间的几何关系。如图 3-11 所示，令 φ_x、φ_y、φ_z 是参考坐标系和航天器本体坐标系中对应坐标轴之间的夹角，显然，姿态矩阵中对角线上的元素可以表示成

$$A_{mm} = \cos\varphi_m = \cos\Phi + e_m^2(1 - \cos\Phi),\ m = x,y,z$$

经过三角恒等变换，上式转化成

$$2\sin^2\frac{\varphi_m}{2} = (1 - e_m^2)2\sin^2\frac{\Phi}{2},\ m = x,y,z$$

将 $m=x$、y、z 分别代入上式，并将三式相加，得

$$\sin^2\frac{\Phi}{2} = \frac{1}{2}\left(\sin^2\frac{\varphi_x}{2} + \sin^2\frac{\varphi_y}{2} + \sin^2\frac{\varphi_z}{2}\right)$$

此式给出了对应坐标轴的偏离角与绕欧拉轴的转角之间的关系。当偏离角较小时，有

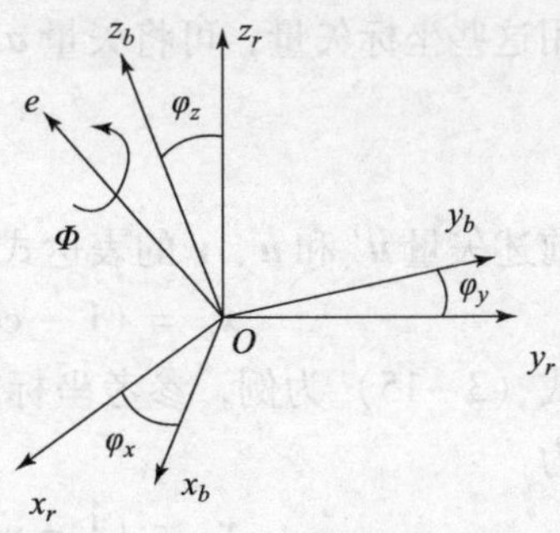

图 3－11　两个坐标系之间的欧拉转角

$$\Phi = \frac{1}{\sqrt{2}}\sqrt{\varphi_x^2 + \varphi_y^2 + \varphi_z^2}$$

这个公式对于评价姿态确定误差是很有用的。

3.2.4　欧拉四元数式

为了便于对姿态矩阵进行运算，由欧拉轴/角参数式组成的另外四个姿态参数中，前三个代表欧拉轴的方向，第四个代表欧拉转角，定义 $\boldsymbol{q}$ 由三维矢量 $\hat{\boldsymbol{q}}$ 和标量 q_4 组成，有

$$\boldsymbol{q} = \begin{bmatrix}\hat{\boldsymbol{q}}\\ q_4\end{bmatrix} = \begin{bmatrix}q_1\\ q_2\\ q_3\\ q_4\end{bmatrix} = \begin{bmatrix}e_x\sin\dfrac{\Phi}{2}\\ e_y\sin\dfrac{\Phi}{2}\\ e_z\sin\dfrac{\Phi}{2}\\ q_4\end{bmatrix} \tag{3-25}$$

这四个参数并不是独立参数，它们满足约束条件

$$q_1^2 + q_2^2 + q_3^2 + q_4^2 = 1 \tag{3-26}$$

利用三角公式：$\cos\Phi = 2\cos^2\dfrac{\Phi}{2} - 1$，$\sin\Phi = 2\sin\dfrac{\Phi}{2}\cos\dfrac{\Phi}{2}$，可将欧拉轴/角姿态矩阵 $\boldsymbol{A}(\boldsymbol{e},\Delta\Phi)$ 化成四元数姿态矩阵 $\boldsymbol{A}(\boldsymbol{q})$

$$\begin{aligned}\boldsymbol{A}(\boldsymbol{e},\Delta\Phi) &= \boldsymbol{A}(\boldsymbol{q})\\ &= \begin{bmatrix} q^{1}2 - q_2^2 - q_3^2 + q_4^2 & 2(q_1q_2 + q_3q_4) & 2(q_1q_3 - q_2q_4)\\ 2(q_1q_2 - q_3q_4) & -q_1^2 + q_2^2 - q_3^2 + q_4^2 & 2(q_2q_3 + q_1q_4)\\ 2(q_1q_3 + q_2q_4) & 2(q_2q_3 - q_1q_4) & -q_1^2 - q_2^2 + q_3^2 + q_4^2\end{bmatrix}\\ &= (q_4^2 - \hat{\boldsymbol{q}}^{\mathrm{T}}\hat{\boldsymbol{q}})\boldsymbol{I} + 2\hat{\boldsymbol{q}}\hat{\boldsymbol{q}}^{\mathrm{T}} - 2q_4\tilde{\boldsymbol{Q}}\end{aligned} \tag{3-27}$$

式中，$\tilde{\boldsymbol{Q}}$ 为 $\hat{\boldsymbol{q}}$ 的斜对称矩阵

$$\tilde{\boldsymbol{Q}} = \begin{bmatrix}0 & -q_3 & q_2\\ q_3 & 0 & -q_1\\ -q_2 & q_1 & 0\end{bmatrix}$$

以及四元数与方向余弦的关系

$$\hat{\boldsymbol{q}} = \frac{1}{4q_4}\begin{bmatrix} A_{yz} & - A_{zy} \\ A_{zx} & - A_{xz} \\ A_{zy} & - A_{yz} \end{bmatrix}$$

$$q_4 = \pm \frac{1}{2}(\mathrm{tr}\boldsymbol{A} + 1)^{\frac{1}{2}} \tag{3-28}$$

与方向余弦矩阵相比，欧拉参数仅含四个变量和一个约束方程；与欧拉轴/角参数式相比，姿态矩阵的元素不含三角函数。姿态矩阵本质上是坐标转换矩阵，欧拉参数不仅反映相对参考坐标系的姿态，也可看作为姿态机动参数，如令姿态机动前的姿态参数为 $\boldsymbol{q}$，机动后的姿态参数为 $\boldsymbol{q}''$，姿态机动参数为 $\boldsymbol{q}'$，则姿态矩阵的乘积表达式：

$$\boldsymbol{A}(\boldsymbol{q}'') = \boldsymbol{A}(\boldsymbol{q}')\boldsymbol{A}(\boldsymbol{q}) \tag{3-29}$$

将矩阵按式（3-27）展开，可归纳得出姿态欧拉参数的矢量关系式

$$\begin{bmatrix} q_1'' \\ q_2'' \\ q_3'' \\ q_4'' \end{bmatrix} = \begin{bmatrix} q_4' & q_3' & -q_2' & q_1' \\ -q_3' & q_4' & q_1' & q_2' \\ q_2' & -q_1' & q_4' & q_3' \\ -q_1' & -q_2' & -q_3' & q_4' \end{bmatrix}\begin{bmatrix} q_1 \\ q_2 \\ q_3 \\ q_4 \end{bmatrix} \tag{3-30}$$

或

$$\begin{bmatrix} q_1'' \\ q_2'' \\ q_3'' \\ q_4'' \end{bmatrix} = \begin{bmatrix} q_4 & -q_3 & q_2 & q_1 \\ q_3 & q_4 & -q_1 & q_2 \\ -q_2 & q_1 & q_4 & q_3 \\ -q_1 & -q_2 & -q_3 & q_4 \end{bmatrix}\begin{bmatrix} q_1' \\ q_2' \\ q_3' \\ q_4' \end{bmatrix} \tag{3-31}$$

不难看出，上面两式中 $\boldsymbol{q}'$ 矩阵和 $\boldsymbol{q}$ 矩阵都为正交矩阵，可以求逆。如已知初始姿态 $\boldsymbol{q}$，并给定目标姿态 $\boldsymbol{q}''$，则利用上面两式即可求得实现姿态向目标姿态机动的姿态机动参数 $\boldsymbol{q}'$，从而按式（3-25）得出欧拉轴的方向和转角，这是欧拉四元数的一大优点。

运用上述规则可列出欧拉参数与欧拉角的关系式，以欧拉“3-1-3”转动为例：

第一次转动的参数为

$$q_1 = q_2 = 0,\ q_3 = \sin\frac{\phi}{2},\ q_4 = \cos\frac{\phi}{2}$$

第二次转动的参数为

$$q_1 = \sin\frac{\theta}{2},\ q_2 = q_3 = 0,\ q_4 = \cos\frac{\theta}{2}$$

第三次转动的参数为

$$q_1 = q_2 = 0,\ q_3 = \sin\frac{\varphi}{2},\ q_4 = \cos\frac{\varphi}{2}$$

最终，欧拉“3-1-3”转动得出的欧拉参数可按式（3-30）列出

$$\begin{bmatrix} q_1 \\ q_2 \\ q_3 \\ q_4 \end{bmatrix} = \begin{bmatrix} \cos\frac{\varphi}{2} & \sin\frac{\varphi}{2} & 0 & 0 \\ -\sin\frac{\varphi}{2} & \cos\frac{\varphi}{2} & 0 & 0 \\ 0 & 0 & \cos\frac{\varphi}{2} & \sin\frac{\varphi}{2} \\ 0 & 0 & -\sin\frac{\varphi}{2} & \cos\frac{\varphi}{2} \end{bmatrix} \begin{bmatrix} \cos\frac{\varphi}{2} & 0 & 0 & \sin\frac{\theta}{2} \\ 0 & \cos\frac{\theta}{2} & \sin\frac{\theta}{2} & 0 \\ 0 & -\sin\frac{\theta}{2} & \cos\frac{\varphi}{2} & \sin\frac{\varphi}{2} \\ -\sin\frac{\varphi}{2} & 0 & 0 & \cos\frac{\theta}{2} \end{bmatrix} \begin{bmatrix} 0 \\ 0 \\ \sin\frac{\phi}{2} \\ \cos\frac{\phi}{2} \end{bmatrix}$$

为了进一步简化四元数的运算，定义 $\boldsymbol{q}$ 是由三维矢量 $\hat{\boldsymbol{q}}$ 和标量 q_4 组成如下超复数

$$\boldsymbol{q} = \hat{\boldsymbol{q}} + q_4 \tag{3-32}$$

矢量 $\hat{\boldsymbol{q}} = q_1\boldsymbol{i} + q_2\boldsymbol{j} + q_3\boldsymbol{k}$ 代表欧拉轴的方向，由 q_1、q_2、q_3 共同决定，标量 q_4 代表欧拉转角，而 $\boldsymbol{i}$、$\boldsymbol{j}$、$\boldsymbol{k}$ 则是虚数单位，它们的乘法法则如下

$$\begin{gathered} \boldsymbol{i}\circ\boldsymbol{i} = -1,\ \boldsymbol{j}\circ\boldsymbol{j} = -1,\ \boldsymbol{k}\circ\boldsymbol{k} = -1 \\ \boldsymbol{i}\circ\boldsymbol{j} = -\boldsymbol{j}\circ\boldsymbol{i} = \boldsymbol{k} \\ \boldsymbol{j}\circ\boldsymbol{k} = -\boldsymbol{k}\circ\boldsymbol{j} = \boldsymbol{i} \\ \boldsymbol{k}\circ\boldsymbol{i} = -\boldsymbol{i}\circ\boldsymbol{k} = \boldsymbol{j} \end{gathered} \tag{3-33}$$

式中，“∘”表示乘法，基于以上规则四元数有如下乘法性质：

1. 矢量与矢量的乘积

假设 $\boldsymbol{p}$、$\boldsymbol{q}$ 为矢量，利用式（3-26）有如下运算法则

$$\boldsymbol{p}\circ\boldsymbol{q} = -\boldsymbol{q}\circ\boldsymbol{p} = \boldsymbol{p}\cdot\boldsymbol{q} + \boldsymbol{p}\times\boldsymbol{q} \tag{3-34}$$

式中，矢量的点乘和叉乘仍是常规的，即

$$\boldsymbol{p}\cdot\boldsymbol{q} = p_1q_1 + p_2q_2 + p_3q_3$$

$$\boldsymbol{p}\times\boldsymbol{q} = (p_2q_3 - p_3q_2)\boldsymbol{i} + (p_3q_1 - p_1q_3)\boldsymbol{j} + (p_1q_2 - p_2q_1)\boldsymbol{k}$$

2. 四元数与四元数的乘积

设

$$\boldsymbol{P} = p_4 + p_1\boldsymbol{i} + p_2\boldsymbol{j} + p_3\boldsymbol{k}$$
$$\boldsymbol{Q} = q_4 + q_1\boldsymbol{i} + q_2\boldsymbol{j} + q_3\boldsymbol{k}$$

则它们的乘积为

$$\begin{aligned} \boldsymbol{P}\circ\boldsymbol{Q} &= \boldsymbol{R} = r_4 + \boldsymbol{r} \\ &= p_4q_4 - \boldsymbol{p}\cdot\boldsymbol{q} + p_4\boldsymbol{q} + q_4\boldsymbol{p} + \boldsymbol{p}\times\boldsymbol{q} \end{aligned} \tag{3-35}$$

乘积的矩阵形式为

$$\boldsymbol{R} = \mathrm{mat}(\boldsymbol{P})\boldsymbol{Q} \tag{3-36}$$

式中

$$\boldsymbol{R} = [r_4 \quad r_1 \quad r_2 \quad r_3]^{\mathrm{T}}$$
$$\boldsymbol{Q} = [q_4 \quad q_1 \quad q_2 \quad q_3]^{\mathrm{T}}$$

$$\mathrm{mat}(\boldsymbol{P}) = \begin{bmatrix} p_4 & -p_1 & -p_2 & -p_3 \\ p_1 & p_4 & -p_3 & p_2 \\ p_2 & p_3 & p_4 & -p_1 \\ p_3 & -p_2 & p_1 & p_4 \end{bmatrix}$$

另一种矩阵形式为

$$\boldsymbol{R} = \mathrm{mati}(\boldsymbol{Q})\boldsymbol{P} \tag{3-37}$$

式中（$\boldsymbol{i}$ 表示逆序）

$$\mathrm{mati}(\boldsymbol{Q}) = \begin{bmatrix} q_4 & -q_1 & -q_2 & -q_3 \\ q_1 & q_4 & q_3 & -q_2 \\ q_2 & -q_3 & q_4 & q_1 \\ q_3 & q_2 & -q_1 & q_4 \end{bmatrix}$$

注意，mat 和 mati 的区别在于右下角三阶矩阵的构成。

由式（3－34），得

$$\boldsymbol{Q}\circ\boldsymbol{Q}^* = \boldsymbol{Q}^*\circ\boldsymbol{Q} = q_4^2 + q_1^2 + q_2^2 + q_3^2 = 1$$

式中，$\boldsymbol{Q}^*$ 称为 $\boldsymbol{Q}$ 的共轭四元数

$$\boldsymbol{Q}^* = q_4 - q_1\boldsymbol{i} - q_2\boldsymbol{j} - q_3\boldsymbol{k}$$

3. 四元数与矢量的乘积

设 $\boldsymbol{Q}$ 为四元数，$\boldsymbol{v}$ 为矢量，则有

$$\boldsymbol{Q}\circ\boldsymbol{v} = (q_4 + \boldsymbol{q})\circ\boldsymbol{v} = -\boldsymbol{q}\cdot\boldsymbol{v} + (q_4\boldsymbol{v} + \boldsymbol{q}\times\boldsymbol{v}) \tag{3-38}$$

上式仍是四元数。

4. 混合乘积

在式（3－38）的基础上，有矢量

$$\boldsymbol{Q}\circ\boldsymbol{v}\circ\boldsymbol{Q}^* = (1 - 2\boldsymbol{q}^2)\boldsymbol{v} + 2q_4(\boldsymbol{q}\times\boldsymbol{v}) + 2(\boldsymbol{q}\cdot\boldsymbol{v})\boldsymbol{q} \tag{3-39}$$

3.3 姿态运动学

姿态运动学方程是姿态参数在姿态机动过程中变化的方程。令姿态相对参考坐标系的转速为 ω，从欧拉角转动顺序可得姿态欧拉角的运动方程，姿态相对参考坐标系的转速 ω 在航天器本体坐标系中可表示为

$$\boldsymbol{\omega} = \omega_x\boldsymbol{x}_b + \omega_y\boldsymbol{y}_b + \omega_z\boldsymbol{z}_b$$

此转速可视为三次欧拉转动的合成。基于欧拉角转动顺序“3－1－3”，可以进一步将角速度 ω 在本体坐标系中的分量 ω_x、ω_y、ω_z 用欧拉角表示，从而推导出航天器的姿态运动学方程。

利用式（3－11）~式（3－14）将三次欧拉角转动的角速度 $\dot{\phi}$、$\dot{\theta}$ 和 $\dot{\varphi}$ 都表示在航天器本体坐标系中，有

$$\begin{bmatrix} \omega_x \\ \omega_x \\ \omega_z \end{bmatrix} = \boldsymbol{A}_3(\varphi)\boldsymbol{A}_1(\theta)\boldsymbol{A}_3(\phi)\begin{bmatrix} 0 \\ 0 \\ \dot{\phi} \end{bmatrix} + \boldsymbol{A}_3(\varphi)\boldsymbol{A}_1(\theta)\begin{bmatrix} \dot{\theta} \\ 0 \\ 0 \end{bmatrix} + \boldsymbol{A}_3(\varphi)\begin{bmatrix} 0 \\ 0 \\ \dot{\phi} \end{bmatrix}$$

即

$$\begin{bmatrix} \omega_x \\ \omega_y \\ \omega_z \end{bmatrix} = \begin{bmatrix} \dot{\phi}\sin\theta\sin\varphi + \dot{\theta}\cos\varphi \\ \dot{\phi}\sin\theta\cos\varphi - \dot{\theta}\sin\varphi \\ \dot{\phi}\cos\theta + \dot{\varphi} \end{bmatrix} \tag{3-40}$$

通过对上式进行变换，可以得到欧拉角速度的表达式

$$\begin{bmatrix} \dot{\phi} \\ \dot{\theta} \\ \dot{\varphi} \end{bmatrix} = \frac{1}{\sin\theta}\begin{bmatrix} \omega_x \sin\varphi + \omega_y \cos\varphi \\ \omega_x \cos\varphi \sin\theta - \omega_y \sin\varphi \sin\theta \\ -\omega_x \sin\varphi \cos\theta - \omega_y \cos\varphi \cos\theta + \omega_z \sin\theta \end{bmatrix} \tag{3-41}$$

类似地，利用“3-1-2”的姿态角也可以将航天器的转动角速度 ω 表示出来，得到另一组航天器的姿态运动学方程，即

$$\begin{bmatrix} \omega_x \\ \omega_y \\ \omega_z \end{bmatrix} = \begin{bmatrix} -\dot{\phi}\sin\theta\cos\varphi + \dot{\varphi}\cos\theta \\ \dot{\phi}\sin\varphi + \dot{\theta} \\ \dot{\phi}\cos\theta\cos\varphi + \dot{\varphi}\sin\theta \end{bmatrix} \tag{3-42}$$

同样，对上式进行变化，得到欧拉角速度的表达式

$$\begin{bmatrix} \dot{\phi} \\ \dot{\varphi} \\ \dot{\theta} \end{bmatrix} = \frac{1}{\cos\varphi}\begin{bmatrix} -\omega_x \sin\theta + \omega_z \cos\theta \\ \omega_x \cos\theta \cos\varphi + \omega_y \sin\theta \cos\varphi \\ \omega_x \sin\theta \sin\varphi + \omega_y \cos\varphi - \omega_z \cos\theta \sin\varphi \end{bmatrix} \tag{3-43}$$

3.4 姿态动力学

航天器的姿态运动是航天器绕自身质心的转动运动，作为刚体的航天器的姿态动力学是以刚体的动量矩定理为基础，在确定了描述航天器姿态运动的各种坐标系和运动学之后，便可以通过刚体的动量矩定理研究航天器的姿态动力学。

3.4.1 刚体的动量矩

刚体动力学基本方程是研究航天器姿态动力学的理论基础，如图 3-12 所示，刚体的角速度为 ω，质心为 O，其质心速度为 v_o，将刚体的本体坐标系 $ox_by_bz_b$ 原点取为 o，微元 dm 相对点 o 的矢量为 $\boldsymbol{r}$，则 dm 具有的速度为

$$\boldsymbol{v} = \boldsymbol{v}_o + \boldsymbol{\omega} \times \boldsymbol{r} \tag{3-44}$$

微元对刚体质心 o 产生的动量矩为

$$\boldsymbol{H} = \int_B \boldsymbol{r}\mathrm{d}m \times \boldsymbol{v}_o + \int_B \boldsymbol{r} \times (\boldsymbol{\omega} \times \boldsymbol{r})\mathrm{d}m \tag{3-45}$$

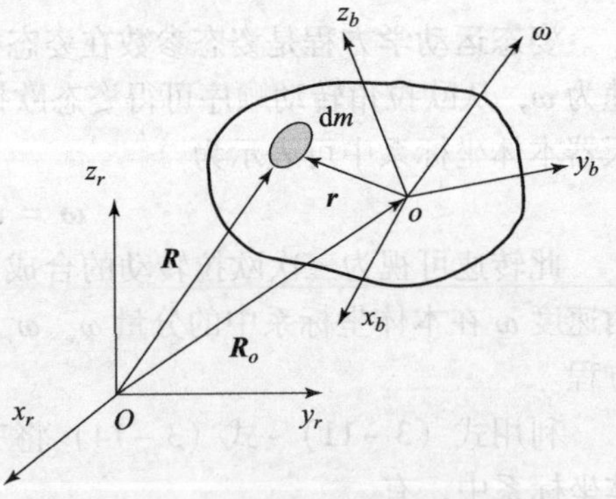

图 3-12 刚体在空间中的位置描述

由质心的定义，有

$$\int_B \boldsymbol{r}\mathrm{d}m = 0$$

所以，可简化式（3-45）为

$$\boldsymbol{H} = \int_B \boldsymbol{r} \times (\boldsymbol{\omega} \times \boldsymbol{r})\mathrm{d}m$$

利用矢量的双重叉积公式 $\boldsymbol{a} \times (\boldsymbol{b} \times \boldsymbol{c}) = \boldsymbol{b}(\boldsymbol{a} \cdot \boldsymbol{c}) - \boldsymbol{c}(\boldsymbol{a} \cdot \boldsymbol{b})$，上式变为

$$H = \int_B r^2\omega - r(r\cdot\omega)\mathrm{d}m = \int_B (r^{\mathrm{T}}rE - rr^{\mathrm{T}})\mathrm{d}m\cdot\omega \tag{3-46}$$

式中，$\boldsymbol{E}$ 为单位矩阵；$\boldsymbol{rr}$ 为两个矢量并列而成的张量。令

$$I = \int_B (r^{\mathrm{T}}rE - rr^{\mathrm{T}})\mathrm{d}m = \int_B (-\tilde{r}\tilde{r}^{\mathrm{T}})\mathrm{d}m \tag{3-47}$$

$\tilde{\boldsymbol{r}}$ 为矢量 $\boldsymbol{r}$ 的斜对称矩阵

$$\tilde{r} = \begin{bmatrix} 0 & -z & y \\ z & 0 & -x \\ -y & x & 0 \end{bmatrix} \tag{3-48}$$

称式（3-47）中 $\boldsymbol{I}$ 为刚体的惯量矩阵，其形式为

$$I = \begin{bmatrix} I_x & -I_{zy} & -I_{xz} \\ -I_{zy} & I_y & -I_{yz} \\ -I_{xz} & -I_{yz} & I_z \end{bmatrix} \tag{3-49}$$

矩阵中对角线元素为刚体绕坐标轴 x_b、y_b、z_b 的转动惯量，其他元素为惯性积，有

$$I_x = \int(y^2+z^2)\mathrm{d}m,\ I_{xy} = \int(xy)\mathrm{d}m$$

$$I_y = \int(x^2+z^2)\mathrm{d}m,\ I_{yz} = \int(yz)\mathrm{d}m$$

$$I_z = \int(x^2+y^2)\mathrm{d}m,\ I_{xz} = \int(xz)\mathrm{d}m \tag{3-50}$$

于是式（3-46）所表示的动量矩矢量为

$$H = I\omega \tag{3-51}$$

将式（3-49）代入上式并展开

$$\begin{cases} H_x = I_x\omega_x - I_{xy}\omega_y - I_{xz}\omega_z \\ H_y = -I_{xy}\omega_x + I_y\omega_y - I_{zy}\omega_z \\ H_z = -I_{xz}\omega_x - I_{yz}\omega_y + I_z\omega_z \end{cases} \tag{3-52}$$

3.4.2 刚体的动量矩定理

航天器的姿态动力学方程可以从刚体的动量矩公式和动量矩定理导出：刚体对惯性空间某固定点的角动量变化率等于作用于刚体的所有外力对此点力矩的总和。如图 3-12 所示，刚体微元 dm 对惯性坐标系原点 O 的动量矩为

$$\mathrm{d}H_O = R\times\dot{R}\mathrm{d}m$$

将几何关系 $\boldsymbol{R} = \boldsymbol{R}_o + \boldsymbol{r}$ 和 $\dot{\boldsymbol{R}} = \boldsymbol{v} = \boldsymbol{v}_o + \boldsymbol{\omega}\times\boldsymbol{r}$ 代入上式，并对刚体 B 积分，有

$$\begin{aligned} H_O &= \int_B (R_o + r)\times(v_o + \omega\times r)\mathrm{d}m \\ &= \int_B R_o\times v_o\mathrm{d}m + \int_B r\times v_o\mathrm{d}m + \\ &\quad \int_B R_o\times(\omega\times r)\mathrm{d}m + \int_B r\times(\omega\times r)\mathrm{d}m \end{aligned}$$

由于点 o 为刚体质心，因此，$\int_B r\mathrm{d}m = 0$，简化上式，有

$$\boldsymbol{H}_O = \boldsymbol{R}_o \times m\boldsymbol{v}_o + \boldsymbol{H}$$

式中，$\boldsymbol{H} = \int_B \boldsymbol{r} \times (\boldsymbol{\omega} \times \boldsymbol{r}) \mathrm{d}m$，将上式对时间求导

$$\frac{\mathrm{d}\boldsymbol{H}_O}{\mathrm{d}t} = \frac{\mathrm{d}(\boldsymbol{R}_o \times m\boldsymbol{v}_o)}{\mathrm{d}t} + \frac{\mathrm{d}\boldsymbol{H}}{\mathrm{d}t} \tag{3-53}$$

由对固定点的动量矩定理，有

$$\frac{\mathrm{d}\boldsymbol{H}_O}{\mathrm{d}t} = \boldsymbol{M}_O \tag{3-54}$$

$$\frac{\mathrm{d}(\boldsymbol{R}_o \times m\boldsymbol{v}_o)}{\mathrm{d}t} = \boldsymbol{R}_o \times \boldsymbol{F} \tag{3-55}$$

式中，$\boldsymbol{M}_O$ 是对原点 O 点的外力矩；$\boldsymbol{F}$ 是作用在刚体上的外力。根据几何关系 $\boldsymbol{R} = \boldsymbol{R}_o + \boldsymbol{r}$，有

$$\boldsymbol{M}_O = \boldsymbol{R}_o \times \boldsymbol{F} + \boldsymbol{M} \tag{3-56}$$

式中，$\boldsymbol{M}$ 是对质心 o 的外力矩。

将式（3-55）、式（3-56）代入式（3-54），有

$$\boldsymbol{R}_o \times \boldsymbol{F} + \boldsymbol{M} = \boldsymbol{R}_o \times \boldsymbol{F} + \frac{\mathrm{d}\boldsymbol{H}}{\mathrm{d}t}$$

化简上式，得

$$\frac{\mathrm{d}\boldsymbol{H}}{\mathrm{d}t} = \boldsymbol{M} \tag{3-57}$$

称式（3-57）为刚体绕其质心转动的欧拉方程，它表明动量矩对时间的一阶导数等于绕质心的外力矩，将其展开可得

$$\begin{cases} \dot{H}_x + \omega_y H_z - \omega_z H_y = M_x \\ \dot{H}_y + \omega_z H_x - \omega_x H_z = M_y \\ \dot{H}_z + \omega_z H_y - \omega_y H_x = M_z \end{cases} \tag{3-58}$$

结合式（3-52），将上式展开得

$$\begin{cases} I_x\dot{\omega}_x - (I_y - I_z)\omega_y\omega_z - I_{yz}(\omega_y^2 - \omega_z^2) - I_{xz}(\dot{\omega}_z + \omega_x\omega_y) - I_{xy}(\dot{\omega}_y - \omega_z\omega_x) = M_x \\ I_y\dot{\omega}_y - (I_z - I_x)\omega_z\omega_x - I_{zx}(\omega_z^2 - \omega_x^2) - I_{xy}(\dot{\omega}_x + \omega_y\omega_z) - I_{yz}(\dot{\omega}_z - \omega_x\omega_y) = M_y \\ I_z\dot{\omega}_z - (I_x - I_y)\omega_x\omega_y - I_{xy}(\omega_x^2 - \omega_y^2) - I_{yz}(\dot{\omega}_y - \omega_z\omega_y) - I_{zx}(\dot{\omega}_x - \omega_y\omega_z) = M_z \end{cases} \tag{3-59}$$

由此可见，航天器绕某轴的角动量不仅取决于绕此轴的转速，还与绕其他两轴的转速有关。这是由惯量积 I_{xy}、I_{xz}、I_{yz} 引起的动力学耦合，使航天器姿态控制过程复杂化。因此，惯量矩阵的选取和调整是航天器总体设计的重要内容。如果在某一坐标系中，$I_{xy} = I_{xz} = I_{yz} = 0$，则称该坐标系为航天器的主轴坐标系，$x_b$、$y_b$、$z_b$ 轴就是航天器的主惯量轴。

因此，如果取航天器的本体坐标系为主轴坐标系，则式（3-59）可化简为

$$\begin{cases} I_x\dot{\omega}_x - (I_y - I_z)\omega_y\omega_z = M_x \\ I_y\dot{\omega}_y - (I_z - I_x)\omega_z\omega_x = M_y \\ I_z\dot{\omega}_z - (I_x - I_y)\omega_x\omega_y = M_z \end{cases} \tag{3-60}$$

这就是基于本体坐标系的航天器的姿态动力学方程组，也称为欧拉动力学方程。这是一

组非线性微分方程式，一般解析解难以得到，只有根据具体情况加以处理或者求数字解，由计算机来实现。

3.5　空间环境力矩

航天器在轨道上运动会受到各种空间环境作用力，这些力不仅会影响航天器的轨道运动，同时，会对航天器产生力矩，进而影响航天器的姿态，因此，对这些环境作用力矩进行分析是航天器姿态控制设计的前提。对于绕地飞行的航天器，主要受四种空间环境力矩：太阳光压力矩、重力梯度力矩、地磁力矩和大气阻力力矩。这些空间环境力矩对航天器的影响与轨道高度密切关系，例如，一般轨道高度在500 km以下时，大气阻力力矩才会表现出明显影响，而太阳光压力矩一般高于1 000 km。空间环境力矩既可成为影响航天器姿态稳定的干扰力矩，也可作为航天器姿态稳定的辅助力矩，例如，重力梯度力矩可为某些航天器提供姿态稳定恢复力矩，利用地磁力矩可卸载姿控角动量等。下面简要介绍这几种空间环境力矩。

3.5.1　重力梯度力矩

在大多数力学问题中，都会认为在物体尺度范围内重力场是均匀的，所以物体的重心和质心重合，重力对质心不产生力矩的作用。但当航天器考虑重力梯度时，航天器中每个微元所受重力的方向和大小与航天器所在轨道坐标的姿态有关，使得重力的合力并不是总通过质心，由此产生的力矩称为重力梯度力矩。

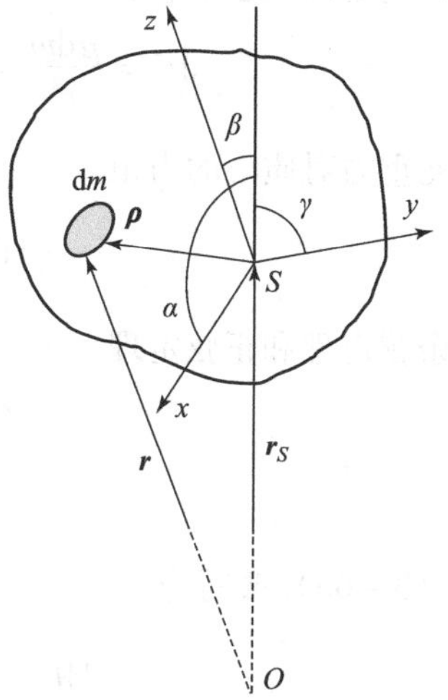

图3－13　航天器中的重力梯度力矩

下面对重力梯度力矩的公式进行推导，如图3－13所示，将航天器的本体坐标系取在其惯性主轴上，三个轴分别为x、y、z，惯性$OXYZ$系原点取为地球质心O，航天器质心为S，三个主轴与OS夹角分别为α、β、γ，现对航天器上的一质量微元dm进行分析，它在$Sxyz$坐标系中的位矢为$\boldsymbol{\rho}(x,y,z)$，在惯性系中为$\boldsymbol{r}$，不考虑地球重力的摄动，该微元所受重力为

$$\mathrm{d}\boldsymbol{F} = \frac{\mu \mathrm{d}m}{r^3}\boldsymbol{r}$$

该重力对质心产生的力矩为

$$\mathrm{d}\boldsymbol{M}_g = \boldsymbol{\rho} \times \mathrm{d}\boldsymbol{F} = -\frac{\mu \mathrm{d}m}{r^3}(\boldsymbol{\rho} \times \boldsymbol{r}) = -\frac{\mu \mathrm{d}m}{r^3}(\boldsymbol{\rho} \times \boldsymbol{r}_S) \tag{3-61}$$

利用余弦定理

$$r^2 = r_S^2 + \rho^2 + 2\boldsymbol{r}_S \cdot \boldsymbol{\rho}$$

并注意到$\boldsymbol{\rho}/\boldsymbol{r}_S \ll 1$，对式（3－61）积分，得到

$$\boldsymbol{M}_g = -\frac{3\mu}{r_S^4}\boldsymbol{r}_S \times \int \rho \frac{\boldsymbol{r}_S \cdot \boldsymbol{\rho}}{r_S}\mathrm{d}m \tag{3-62}$$

设 $\boldsymbol{k}_o$ 为 $\boldsymbol{r}_S$ 的单位矢量，并利用式（3－47）的惯性张量表达式将式（3－62）化简为

$$\boldsymbol{M}_g = \frac{3\mu}{r_S^4}\boldsymbol{k}_o \times (\boldsymbol{I} \cdot \boldsymbol{k}_o) \tag{3-63}$$

从式（3－63）中能看出 $\boldsymbol{M}_g$ 的方向始终垂直于 $\boldsymbol{k}_o$。

结合本体坐标系与 $\boldsymbol{k}_o$ 的夹角关系，$\boldsymbol{k}_o$ 在航天器本体坐标系中表示为

$$(\boldsymbol{k}_o)_b = [-\cos\alpha \quad -\cos\beta \quad -\cos\gamma]^{\mathrm{T}}$$

所以，$\boldsymbol{M}_g$ 在航天器本体坐标系中的表达式为

$$(\boldsymbol{M}_g)_b = \begin{bmatrix} \boldsymbol{M}_{g,x} \\ \boldsymbol{M}_{g,y} \\ \boldsymbol{M}_{g,z} \end{bmatrix} = \frac{3\mu}{r_S^3}\begin{bmatrix} (I_z - I_y)\cos\beta\cos\gamma \\ (I_x - I_z)\cos\gamma\cos\alpha \\ (I_y - I_x)\cos\alpha\cos\beta \end{bmatrix} \tag{3-64}$$

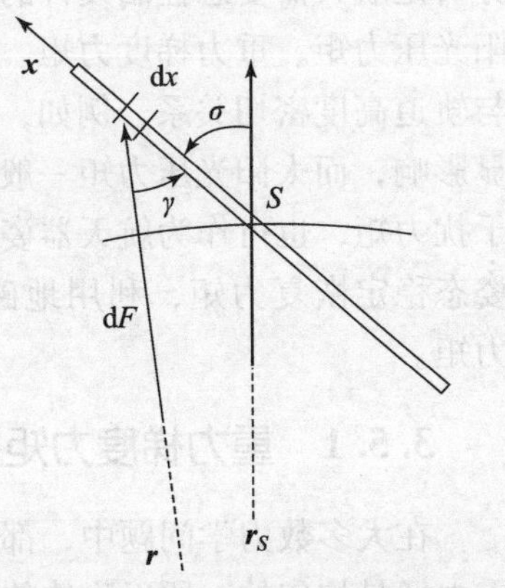

图 3－14　匀质杆的重力梯度力矩

下面以一个简单的案例来研究重力梯度力矩的影响。图 3－14 所示是一根匀质杆，假设杆质量为 m，长度为 l，质心为 S，地心到质心的矢量为 $\boldsymbol{r}_S$，并且杆与 $\boldsymbol{r}_S$ 之间的夹角为 σ。

现以 S 为原点建立坐标轴 x，假设地心到杆上微元的矢量为 $\boldsymbol{r}$，微元所受重力为

$$\mathrm{d}F = \frac{\mu \mathrm{d}m}{r^2} = \frac{\mu m}{l}\frac{\mathrm{d}x}{r^2} \tag{3-65}$$

该微元重力对质心的力矩

$$\mathrm{d}M_g = \mathrm{d}Fx\sin\gamma = \frac{\mu m}{l}\frac{x\sin\gamma}{r^2}\mathrm{d}x \tag{3-66}$$

根据余弦定理和正弦定理

$$r^2 = r_S^2 + x^2 - 2r_S x\cos(\pi - \sigma)$$

$$\frac{\sin(\pi - \sigma)}{r} = \frac{\sin\gamma}{r_S}$$

将式（3－66）改写为

$$\begin{aligned} \mathrm{d}M_g &= \frac{\mu m r_S\sin\sigma}{l}\frac{x}{(r_S^2 + x^2 + 2r_S x\cos\sigma)^{\frac{3}{2}}}\mathrm{d}x \\ &\approx \frac{\mu m r_S \sin\sigma}{l r_S{}^2}x\left(1 - \frac{3\cos\sigma}{r_S}x\right)\mathrm{d}x \end{aligned} \tag{3-67}$$

对式（3－67）在 $x \in [-l/2, l/2]$ 区间内积分，得

$$M_g = -\frac{3\mu I}{2r_S^3}\sin(2\sigma) \tag{3-68}$$

式中，$I = ml^2/12$ 为匀质杆绕质心的转动惯量。

由式（3－68）易知，当 $\sigma = 0$、$\pi/2$、π 时，$M_g = 0$，杆处于平衡状态；当 $0 < \sigma < \pi/2$ 时，M_g 使杆顺时针旋转至垂直方向；当 $\pi/2 < \sigma < \pi$ 时，M_g 使杆逆时针旋转至垂直方向，由此说明杆在垂直方向上是稳定的平衡状态，而当 $\sigma = \pi/2$ 时，杆只要收到其他外力矩作用，就会偏离该水平平衡位置，因此该平衡状态是不稳定的，如图 3－15 所示。

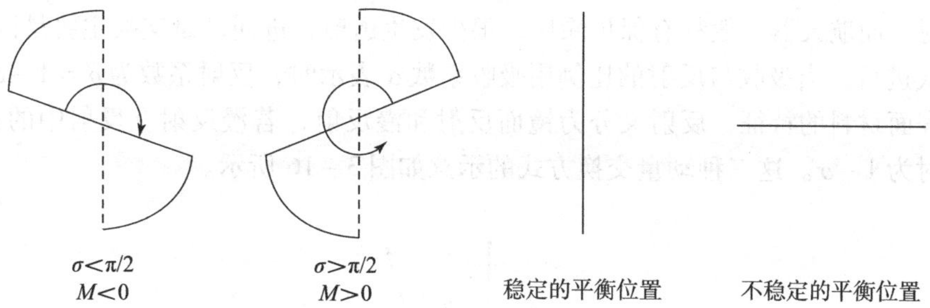

图3-15 杆的平衡状态

3.5.2 大气阻力力矩

由以往的航天器在轨运行数据表明，大气阻力力矩在1 000 km以下的轨道范围内对航天器的姿态会产生一定影响，而当轨道高度低于500 km时，大气阻力力矩的作用尤为显著。一般高层大气的大气阻力力矩由大气分子撞击航天器表面产生，可以用动量转换原理建立大气动力撞击模型，认为在撞击过程中大气分子丧失全部能量，因此，气动模型可写为

$$\boldsymbol{F}_d = -\frac{1}{2}C_d\rho S(\boldsymbol{n}\cdot\boldsymbol{v}_s)\boldsymbol{v}_s \tag{3-69}$$

式中，C_d 是阻力系数，对在高层大气中的航天器，一般取 $C_d = 2$；ρ 是航天器所在轨道高度的大气密度；S 为迎流面积；$\boldsymbol{n}$ 是该面积的法向矢量；$\boldsymbol{v}_s$ 是航天器相对大气的平动速度。

由于地球自转会带动大气旋转，因此，一般认为大气转动的角速度与地球自转速度相同，若假设航天器相对地球惯性坐标系的平动速度为 $\boldsymbol{v}_O$，地心到航天器质心的矢量为 $\boldsymbol{r}_O$，地球自转角速度为 $\boldsymbol{\omega}_e$，由速度合成定理，可得

$$\boldsymbol{v}_s = \boldsymbol{v}_O - \boldsymbol{\omega}_e\times\boldsymbol{r}_O \tag{3-70}$$

如果此时迎流面的压力中心相对航天器质心的距离为 $\boldsymbol{\rho}_S$，则大气阻力力矩为

$$\boldsymbol{T}_d = \boldsymbol{\rho}_S\times\boldsymbol{F}_d \tag{3-71}$$

3.5.3 太阳光压力矩

太阳辐射作用在航天器表面产生的压力称为太阳光压，太阳辐射的强度与航天器到太阳距离的平方成反比，对于绕地运动的航天器，从近地轨道到同步静止轨道的变化范围远远小于太阳至地球的距离，因此，对绕地航天器而言，太阳光压基本与高度无关，可以近似为常数。由于在1 000 km以下的轨道上其他空间环境作用力更为明显，因此，常常在这个轨道范围内忽略太阳光压的影响，但随着轨道高度的增加，其他环境作用力逐渐减小，太阳光压逐渐成为主要环境作用力。

太阳光压是由于太阳辐射粒子撞击航天器表面产生了动量交换，在单位时间内通过单位面积的辐射能为

$$S = mc^2$$

则该辐射能产生的压强为

$$p = mc = \frac{S}{c}$$

式中，m 为光量子的质量；c 为光量子速度。光量子与航天器表面作用有三种方式：透射、

吸收和反射，而航天器一般都有保护涂层，很少发生透射，进而动量交换主要是以吸收和反射两种形式进行。当吸收与反射的比例用吸收系数 α 表示时，反射系数为 $\rho=1-\alpha$。在反射中，根据表面材料的特征，反射又分为镜面反射和漫反射，若漫反射在反射中的比例为 σ，则镜面反射为 $1-\sigma$。这三种动量交换方式的示意如图 3-16 所示。

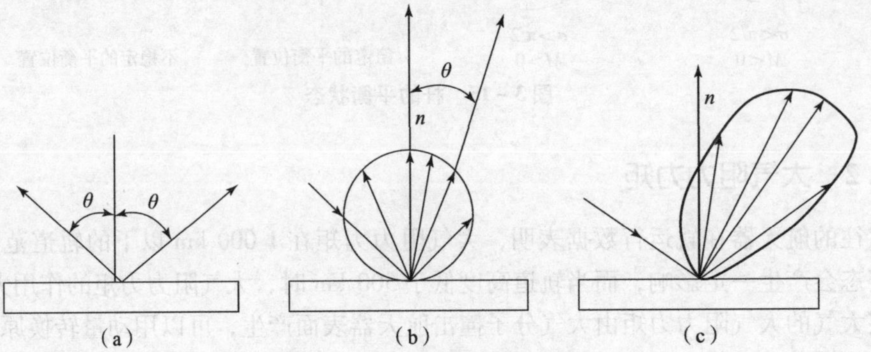

图 3-16 三种动量交换方式

(a) 镜面反射；(b) 漫反射；(c) 部分漫反射

下面分析作用在航天器表面微元 dA 上的作用力。

1) 完全吸收

若微元 dA 完全吸收入射辐射，则受力为

$$df_a = pH(\cos\theta)\cos\theta \boldsymbol{s} dA \tag{3-72}$$

式中，p 为轴辐射压强；$H(x)$ 为海维赛德函数［当 $x\geqslant 0$ 时，$H(x)=1$；当 $x<0$ 时，$H(x)=0$］；$\boldsymbol{s}$ 为入射流方向的单位矢量。

2) 完全漫反射

若微元的表面特性是完全漫反射，其受力为

$$df_{rd} = pH(\cos\theta)\cos\theta\left(\boldsymbol{s}+\frac{2}{3}\boldsymbol{n}_A\right)dA \tag{3-73}$$

式中，$\boldsymbol{n}_A$ 为微元的内法向单位矢量。

3) 完全镜面反射

若微元的表面特性是完全镜面反射，其受力为

$$df_{rs} = 2pH(\cos\theta)\cos^2\theta \boldsymbol{n}_A dA \tag{3-74}$$

在一般工程实际应用中，都按完全镜面反射进行计算。取太阳辐射通量为常数

$$F_e = 1\ 358\ \text{W/m}^2$$

若航天器一共有 N 个表面受到光照且都符合全镜面反射的假设，各面积为 A_i，光照入射角为 θ_i，内法向单位矢量为 $\boldsymbol{n}_i$，航天器质心到各面太阳光压中心的矢量为 $\boldsymbol{l}_i$，则航天器所受太阳光压力矩为

$$\boldsymbol{M}_S^C = \sum_{i=1}^{N}\boldsymbol{l}_i\times\left(2\frac{F_e}{c}A_i\cos^2\theta_i\boldsymbol{n}_i\right) \tag{3-75}$$

由上式可知，当知道受光照面的内法线矢量 $\boldsymbol{n}_i$ 以及各面辐射压力中心到质心的矢量 $\boldsymbol{l}_i$ 时，便可求得太阳光压力矩。

但对于一般情况，照射到航天器表面的辐射其中有一部分被吸收（假设吸收率为 α），

一部分被反射（反射率为 $\rho = 1 - \alpha$），在反射的部分中，还有一部分为漫反射（系数 $C_{rd} = \sigma\rho$），另一部分为镜面反射（系数 $C_{rs} = (1-\sigma)\rho$），称 α、C_{rd}、C_{rs} 分别为吸收率、漫反射系数和镜面反射系数。此时微元上所受的太阳光压为

$$\begin{aligned} \mathrm{d}\boldsymbol{f} &= \alpha \mathrm{d}\boldsymbol{f}_a + C_{rd}\mathrm{d}\boldsymbol{f}_{rd} + C_{rs}\mathrm{d}\boldsymbol{f}_{rs} \\ &= pH(\cos\theta)\cos\theta\left[(\alpha + C_{rd})\boldsymbol{s} + \left(\frac{2}{3}C_{rd} + 2C_{rs}\cos\theta\right)\boldsymbol{n}_A\right]\mathrm{d}A \end{aligned} \tag{3-76}$$

写成正压力与切向形式，并利用

$$\boldsymbol{s} = \boldsymbol{n}_A\cos\theta + \boldsymbol{\tau}_A\sin\theta$$

可得

$$\mathrm{d}\boldsymbol{f} = pH(\cos\theta)\cos\theta\left\{\left[(1 + C_{rs})\cos\theta + \frac{2}{3}\boldsymbol{C}_{rd}\right]\boldsymbol{n}_A + (1 - C_{rs})\sin\theta\boldsymbol{\tau}_A\right\}\mathrm{d}A \tag{3-77}$$

对上式在整个航天器表面积分，可得太阳光压

$$\boldsymbol{F} = p\left[(\alpha + C_{rd})A_p\hat{\boldsymbol{s}} + \frac{2}{3}\boldsymbol{C}_{rd}\boldsymbol{A}_p + 2C_{rs}\boldsymbol{A}_{pp}\right] \tag{3-78}$$

式中

$$\boldsymbol{A}_p = \oint_A H(\cos\theta)\cos\theta\mathrm{d}\boldsymbol{A}$$

$$\boldsymbol{A}_{pp} = \oint_A H(\cos\theta)\cos^2\theta\mathrm{d}\boldsymbol{A}$$

太阳光压力矩为

$$\boldsymbol{M}_S^C = \boldsymbol{C}_p \times \boldsymbol{F} \tag{3-79}$$

式中，$\boldsymbol{C}_p = \oint_A H(\cos\theta)\cos\theta\boldsymbol{r}\mathrm{d}A$。

对近地轨道航天器，$p \approx 4.5 \times 10^{-6}\ \mathrm{N/m^2}$，其数值变化范围约为0.1%，但是由于季节的变化，可能有6%，这在精确计算中必须加以考虑。

3.5.4　地磁力矩

地磁力矩的物理机制是航天器的有效偶极子磁矩与当地地磁场相互作用而产生的，而航天器的偶极子磁矩是由回路电流（包括涡流）、磁性材料的永磁与剩磁等产生的。航天器所在位置的地磁场与轨道高度、经纬度以及太阳活动情况等因素相关，其单位为 T（$\mathrm{Wb/m^2}$）。

为了计算地磁力矩，首先需要建立地磁场的数学模型。地磁场按起源，可分为内源场与外源场，内源场是地球内部结构产生的，而外源场则来自地球附近电流休系的磁场，如电离层电流、环电流、磁层顶电流等产生的磁场，它受多种因素影响而不断变化，诸如太阳活动、磁暴等。

内源场包括基本磁场与感应磁场，基本磁场是由地球内核熔岩电流产生的磁场，十分稳定，即使由电流变化引起地表磁极的迁移，也是非常缓慢的长期变化。地磁场的调和函数模型或简化的偶极子模型就是描述地磁场中这个主要部分的模型。感应磁场是由外源场变化在地壳内感生的磁场。

地球表面不同位置上铁磁物质和金属会产生磁异常，造成与简单偶极子模型的偏差。不

过它的影响范围仅在距地表数千米之内，对航天器而言可以忽略不计。

引起外源场变化的因素虽然很多，但轨道高度在 1 000 km 以内，弱扰动时外源场强度不到内源场的千分之一，强扰动时的外源场强度也仅是内源场的百分之一，因此作为环境力矩，从工程使用观点看，其影响可以忽略。

基本磁场在地球以外的空间是位势场，磁势能满足拉普拉斯方程，它在球坐标系中的球谐函数表达式为

$$\varphi(r,\theta',\lambda) = R_e \sum_{n=1}^{\infty} \sum_{m=0}^{n} \left(\frac{R_e}{r}\right)^{n+1} (g_n^m \cos m\lambda + h_n^m \sin m\lambda) p_n^m(\cos\theta) \tag{3-80}$$

式中，$R_e = 6\ 371.2$ km，为地球半径；r 为航天器到地心的距离；θ 为余纬度；λ 为经度；g_n^m 和 h_n^m 为高斯系数；$p_n^m(\cos\theta)$ 为施密特半正定连带勒让德函数。

地磁场强度矢量计算公式为

$$\boldsymbol{B} = -\nabla\varphi \tag{3-81}$$

工程中常用的三种简化模型为倾斜磁偶极子模型（$n=1$，$m=1$）、四极子模型（$n=2$）以及八极子模型（$n=3$）。

倾斜偶极子模型的磁位势为

$$\varphi = R_e \left(\frac{R_e}{r}\right)^2 [g_1^0 p_1^0(\cos\theta) + (g_1^1 \cos\lambda + h_1^1 \sin\lambda) h_1^1 p_1^0(\cos\theta)]$$

其偶极矩 $\mu_E = R_e^3 \sqrt{(g_1^0)^2 + (g_1^1)^2 + (h_1^1)^2}$，且偶极轴不在平行地球自转轴，它与地球夹角约为 11.4°，如图 3 - 17 所示。

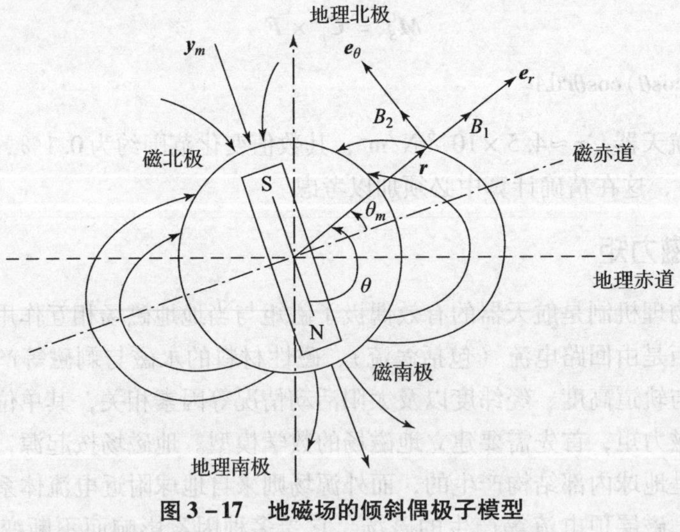

图 3 - 17　地磁场的倾斜偶极子模型

四极子模型的磁位势为

$$\varphi = R_e \left\{ \begin{aligned} &\left(\frac{R_e}{r}\right)^2 [g_1^0 p_1^0(\cos\theta) + (g_1^1 \cos\lambda + h_1^1 \sin\lambda) h_1^1 p_1^0(\cos\theta)] + \\ &\left(\frac{R_e}{r}\right)^3 \left[\begin{aligned} &g_2^0 p_2^0(\cos\theta) + (g_2^1 \cos\lambda + h_2^1 \sin\lambda) p_2^1(\cos\theta) + \\ &(g_2^2 \cos 2\lambda + h_2^2 \sin 2\lambda) p_2^2(\cos\theta) \end{aligned} \right] \end{aligned} \right\}$$

假设航天器内磁体的等效磁矩为 $\boldsymbol{M} = [M_{xb} \quad M_{yb} \quad M_{zb}]^{\mathrm{T}}$，则作用于航天器上的地磁力矩为

$$\boldsymbol{T}_m = \boldsymbol{M} \times \boldsymbol{B} \tag{3-82}$$

如果航天器内的等效磁矩为 1 Am^2，而航天器所在位置的磁场强度为 5×10^{-5}T，当 $\boldsymbol{M}\perp\boldsymbol{B}$ 时，产生的最大地磁力矩为 5×10^{-5}N·m。

思 考 题

1. 分析描述航天器姿态运动常用的参考坐标系之间的相对关系。
2. 假设坐标系 $OXYZ$ 按“1-2-3”顺序旋转到坐标系 $Oxyz$，求其旋转矩阵和逆矩阵，并在小角度假设下将其线性化。
3. 若航天器本体坐标系 $oxyz$ 各轴不是主惯量轴，试推导姿态欧拉动力学方程。
4. 设有两颗转动惯量完全相同的沿圆轨道运行的地球卫星，一颗轨道高度为 2 000 km，另一颗轨道高度为 200 km，试定量分析这两颗卫星各通道间耦合的强弱，并阐述产生耦合的原因。
5. 分析比较轨道高度分别为 200 km，500 km，1 000 km，2 000 km 的圆轨道卫星所受的最主要的两种干扰力矩的异同。
6. 利用欧拉动力学方程分析 10^{-5} N·m 数量级的常值干扰力矩对自由飞行状态下的航天器的姿态影响。
7. 试分析坐标系在“3-1-2”和“3-2-1”两种不同旋转顺序后各坐标轴的指向。
8. 航天器空间六自由度运动的一般运动方程，分析求解所需要的初始条件。

程序及示例

程序代码

```
%航天器姿态动力学程序
%
%该程序用于设置航天器姿态动力学仿真过程中的所有参数,包括航天器转动惯量、初始姿态角速度、仿真时长
%
%该程序调用 4-5 阶变步长龙格-库塔法求解航天器姿态动力学
%
%该程序还具备仿真后的绘图功能
%
%该程序名称:solve_ode45.m
%
%该程序需要调用另外一个动力学微分方程程序:Moment_of_momentum.m
```

```
clear all
clc

% ------------------------------------------------------------------
%% 仿真参数及初始条件设置
% ------------------------------------------------------------------

% 航天器的转动惯量
I_b = diag([1 0.8 0.6]);

% 作用于航天器的外力矩
Torque = diag([0.01 0 0]);

% 航天器初始本体角速度
omega_b_0 = [0 * pi;0 * pi;0 * pi];

% 仿真时长
tspan = [0 100];

% ------------------------------------------------------------------
%% 4-5 阶变步长龙格-库塔法求解微分方程
% ------------------------------------------------------------------

% 利用 4-5 阶变步长龙格-库塔法求解航天器姿态动力学方程
[t,omega_b] = ode45...
    (@ (t,omega_b)Moment_of_momentum(t,omega_b,I_b,Torque),tspan,
omega_b_0);

% ------------------------------------------------------------------
%% 绘图程序
% ------------------------------------------------------------------

% 绘制航天器绕本体系 x 轴的本体角速度变化
figure('color',[1 1 1]);
plot(t,180/pi * omega_b(:,1),'Color','r','LineWidth',1,'LineStyle',
'--');
xlabel('t(s)')
ylabel('\omega_{b,x}(°/s)')
```

```
hold on

%绘制航天器绕本体系 y 轴的本体角速度变化
figure('color',[1 1 1]);
plot(t,180/pi * omega_b(:,2),'Color','b','LineWidth',1,'LineStyle',
'--');
xlabel('t(s)')
ylabel('\omega_{b,y}(°/s)')
hold on

%绘制航天器绕本体系 z 轴的本体角速度变化
figure('color',[1 1 1]);
plot(t,180/pi * omega_b(:,3),'Color','g','LineWidth',1,'LineStyle',
'--');
xlabel('t(s)')
ylabel('\omega_{b,z}(°/s)')
hold on

function d_omega_b = Moment_of_momentum(t,omega_b,I_b,Torque)

%%%%%%%%%%% 航天器姿态动力学仿真 %%%%%%%%%%%

%航天器本体角速度
omega_b_x = omega_b(1);%航天器绕本体系 x 轴的本体角速度
omega_b_y = omega_b(2);%航天器绕本体系 y 轴的本体角速度
omega_b_z = omega_b(3);%航天器绕本体系 z 轴的本体角速度

%航天器绕主轴的转动惯量
I_x = I_b(1);    %航天器绕本体系 x 轴的转动惯量
I_y = I_b(2);    %航天器绕本体系 y 轴的转动惯量
I_z = I_b(3);    %航天器绕本体系 z 轴的转动惯量

%%作用于航天器的外力矩在航天器本体系中的分量(力矩为常数)
%Torque_x = Torque(1);作用于航天器的外力矩在航天器本体系 x 轴的分量
%Torque_y = Torque(2);作用于航天器的外力矩在航天器本体系 y 轴的分量
%Torque_z = Torque(3);作用于航天器的外力矩在航天器本体系 z 轴的分量

%作用于航天器的外力矩在航天器本体系中的分量(力矩为非常数)
```

```
Omega =1;                              %力矩频率
Torque_x =0.05* sin(Omega* t);   %作用于航天器的外力矩在航天器本体系 x
轴的分量
Torque_y =0.01* sin(Omega* t);   %作用于航天器的外力矩在航天器本体系 y
轴的分量
Torque_z =0.02* sin(Omega* t);   %作用于航天器的外力矩在航天器本体系 z
轴的分量

%%%%%%%%%%%航天器姿态动力学方程%%%%%%%%%%%

%绕航天器本体系 x 轴的动力学方程
d_omega_b_x =Torque_x - omega_b_y* I_z* omega_b_z + omega_b_z* I_y*
omega_b_y;

%绕航天器本体系 y 轴的动力学方程
d_omega_b_y =Torque_y - omega_b_z* I_y* omega_b_y + omega_b_x* I_z*
omega_b_z;

%绕航天器本体系 z 轴的动力学方程
d_omega_b_z =Torque_z - omega_b_x* I_y* omega_b_y + omega_b_y* I_x*
omega_b_x;

%航天器姿态动力学矩阵形式
d_omega_b =[d_omega_b_x;d_omega_b_y;d_omega_b_z];
```

仿真结果

假设航天器三个转动惯量依次为 $1\ \mathrm{kg\cdot m^2}$、$0.6\ \mathrm{kg\cdot m^2}$ 以及 $0.8\ \mathrm{kg\cdot m^2}$，其绕个惯性主轴初始角速度均为 0 rad/s。若在航天器绕其本体系三个惯性主轴上依次施加 $0.05\sin(t)$、$0.01\sin(t)$、$0.02\sin(t)$ 的外力矩，航天器本体姿态角速度在 0~100 s 内的变化，如图 3-18 所示。

航天趣闻——空间站姿态控制“神器”

2022 年 11 月 3 日，中国空间站“梦天”实验舱顺利完成转位，这标志着中国空间站完成“T”字基本构型在轨组装。空间站主要由“天和”核心舱、“梦天”实验舱、“问天”实验舱、载人飞船和货运飞船 5 个模块组成。这个在轨质量达百余吨重的空间站组合体，其姿态控制难度是我国航天飞行任务中史无前例的。航天器传统的姿态控制办法是通过姿态控制动力系统（Reaction Control System，RCS）进行姿态调整，需上行并消耗大量推进剂，效费比极低，不适用于大型航天器的姿态控制。空间站在日常运行过程中，其姿态受地球高层大气、太阳电磁辐射、引力场等多种因素影响而会有所变化，搭载的多项载荷也都有特定的

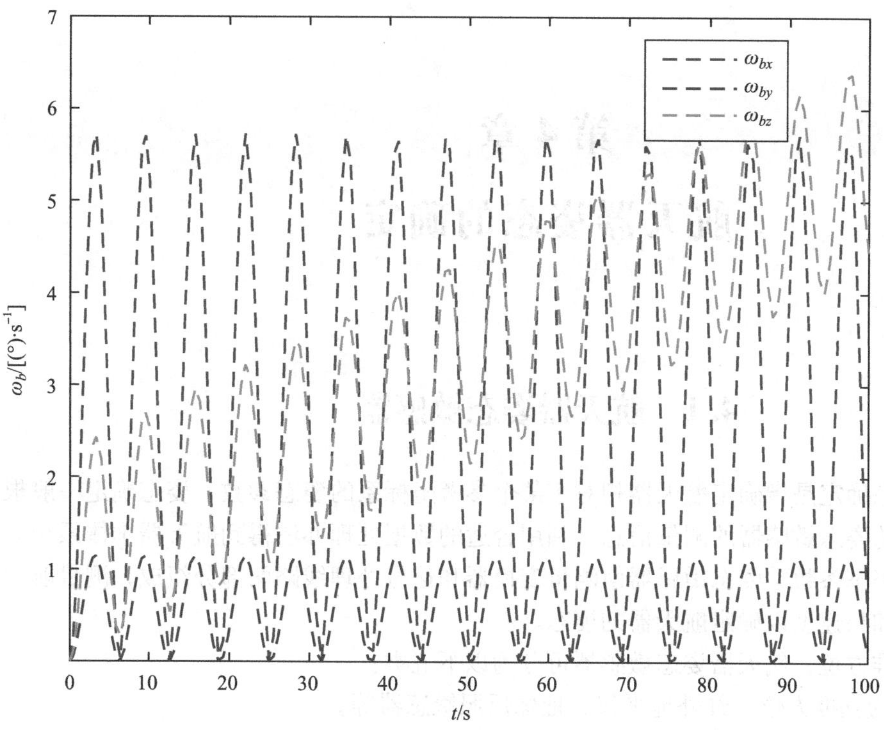

图 3-18　航天器本体姿态角速度在 0 ~ 100 s 内的变化

扫码观看动图

指向需求，尤其是大型柔性太阳翼有动态对日定向要求。因此，为满足空间站稳定运行的需求，空间站核心舱上安装了 6 台强性能“神器”——控制力矩陀螺，如图 3-19 所示。它是航天器姿态控制的惯性执行部件，通过高速旋转的飞轮获得角动量，并通过改变角动量的方向来对外输出力矩。相较 RCS 姿控系统，它除了零燃料消耗的天然优势外，还有对航天器柔性部件干扰最小化的优势，对于大型空间站而言，更是不可或缺的核心技术装备。

图 3-19　空间站核心舱已安装的 6 台大型控制力矩陀螺

第 4 章

航天器姿态的确定

4.1 航天器姿态敏感器

航天器的姿态确定是指确定航天器相对于某个参考坐标系的姿态参数。姿态确定一般根据航天器上安装的姿态敏感器的测量信息，利用合适的数据处理办法得到航天器本体系相对于参考坐标系的姿态参数。姿态敏感器由测量变换器和信号处理线路两部分组成，测量航天器的相对角位置和角速度以确定航天器的姿态。

按不同的基准方位，航天器姿态敏感器可分为以下五类：

（1）以地球为基准方位：红外地平仪、地球反照敏感器等。

（2）以天体为基准方位：太阳敏感器、星敏感器等。

（3）以惯性空间为基准方位：陀螺、加速度计等。

（4）以地面站为基准方位：射频敏感器等。

（5）其他，以地磁场为基准方位，如磁强计等；以地貌为基准方位，如陆标敏感器等。

航天器姿态敏感器的比较见表 4 –1。

表 4 –1　航天器姿态敏感器的比较

类型	优点	缺点	精度
太阳敏感器	信号源强、视场大、轮廓清晰、功耗低、质量小	阴影区无有效信号输出	0.01°~0.5°
红外地平仪	信号强、轮廓分明，分析方便，特别适用于对地飞行的近地轨道	一般需要活动扫描机构，易受太阳等干扰	0.03°~0.5°
星敏感器	精度高、自主性强、无活动部件、不受轨道影响	结构与系统复杂、成本高，视场一般较小，对环境要求高，要防止太阳等杂光干扰	1″~20″
磁强计	成本低、功耗低、对低轨道卫星灵敏度高	轨道高度影响大，容易受星上电磁干扰	0.3°~3°
陀螺	精度高且动态响应快，不受轨道影响	功耗一般较大，输出具有漂移，对环境要求较高。另外，机械陀螺具有高速旋转部件，光纤陀螺易受磁、温度影响	随机漂移：0.000 1~0.1（°）/h

姿态敏感器一般由测量变换器和信号处理线路两部分组成，按测量变换器的不同方式，

可分为下列四类：

（1）光学敏感器：太阳敏感器、红外地平仪、星敏感器、地球反照敏感器等。

（2）惯性敏感器：陀螺等。

（3）无线电敏感器：射频敏感器等。

（4）其他：磁强计等。

下面介绍常用的五种姿态敏感器：太阳敏感器、红外地平仪、星敏感器、磁强计、陀螺。

4.1.1　太阳敏感器

太阳敏感器以太阳作为测量目标，通过敏感太阳辐射而获得太阳矢量相对航天器的方位角。太阳敏感器视场大，结构简单，功率要求小，其设计和姿态确定的算法简单，因此，在航天器姿态相关领域应用广泛。太阳敏感器主要分为模拟式、数字式和出现式三种类型。

4.1.1.1　模拟式太阳敏感器

模拟式太阳敏感器的输出信号是随太阳入射角变化的连续函数。其中，余弦式太阳敏感器是模拟式太阳敏感器中较为简单的一种，工作原理如图 4－1 所示。其探测器一般为硅太阳电池，其输出电流与太阳光入射角成正弦规律变化。

差分式太阳敏感器通过改变不同入射角下太阳电池的感光面积，实现两片太阳电池所产生的电流差的输出，如图 4－2 所示。当太阳光垂直照到两个光电敏感元件上时，敏感器的输出为零；当太阳光与垂直轴不重合时，敏感器输出的电流差值正比于入射角，电流符号代表入射角方向。差分式太阳敏感器常用于太阳跟踪，因此也称为太阳跟踪器。当改变太阳电池的个数和位置时，敏感器可以得到相对于太阳光的多个姿态角，典型产品有双三角模拟式太阳敏感器、四象限双轴模拟式太阳敏感器和半球模拟式太阳敏感器等。

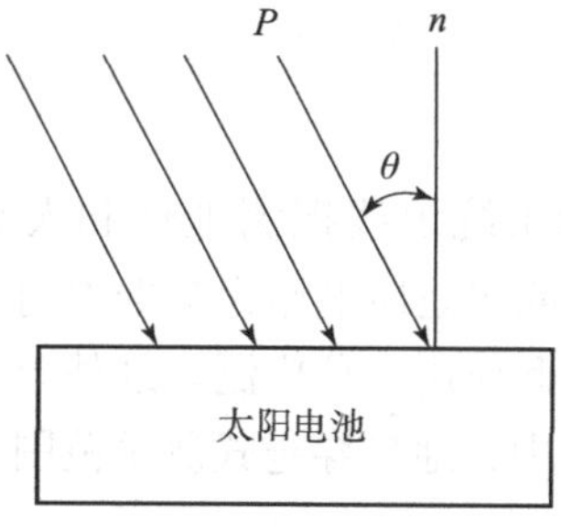

图 4－1　余弦式太阳敏感器工作原理

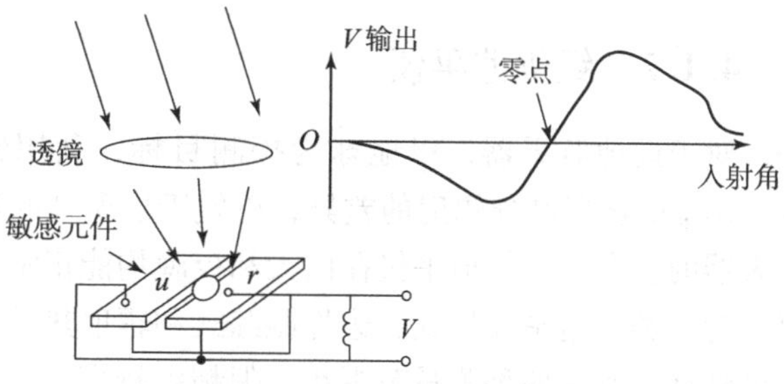

图 4－2　差分式太阳敏感器

此外，还有应用于自旋航天器上的窄缝式太阳敏感器。此敏感器的探头由两条窄缝和太阳电池组成。这两条缝的中心线在同一平面内，航天器自旋时，该平面每扫过太阳一次，太阳敏感器就输出一个脉冲信号，以确定航天器的自旋速率和相位。

4.1.1.2　数字式太阳敏感器

数字式太阳敏感器输出信号是与太阳入射角相关的离散编码数字信号。码盘式太阳敏感器目前应用较广泛，既适用于三轴稳定航天器，也适用于自旋稳定航天器。其主要由狭缝、码盘、光敏元件阵列、放大器和缓冲寄存器组成，如图 4－3 所示。码盘上设有符号位和编码位，符号位用于确定太阳入射角的正负；编码位用于确定太阳入射角的大小。

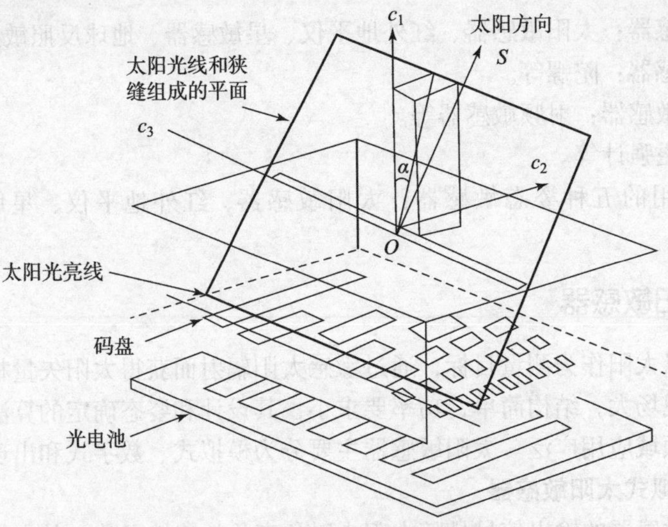

图 4－3　数字式太阳敏感器组成

当太阳光通过码盘照到光电池上时，光电池产生电流，输出为 1；反之，输出为 0。经由放大器在缓冲寄存器中可得到由所有光电池阵列输出的二进制码，以确定太阳入射光线相对于敏感器基准面的角度。近年来，随着阵列式探测器件的发展，相应地，还出现了阵列式太阳敏感器。

4.1.1.3　出现式太阳敏感器

当太阳出现在敏感器视场内，敏感器提供一个恒定的输出信号，即输出为 1；而在视场范围之外则输出为 0。因此，出现式太阳敏感器又被称为 0－1 式太阳敏感器，这种敏感器可用作保护器，保护其他装置免受太阳光的影响。

4.1.2　红外地平仪

对于近地航天器，以地球为探测目标，利用红外光学系统视线探测地球和太空之间 14～16 μm 波段红外辐射的差异，以航天器所处的当地垂线或当地地平作为基准方向，测量航天器的姿态。红外地平仪在白天和夜晚均能正常工作，因此应用十分广泛。红外地平仪主要分为三类：地平穿越式、边界跟踪式和辐射热平衡式。其中，地平穿越式测量范围大，但精度略低；其余两种测量范围小，但精度较高。

4.1.2.1　地平穿越式红外地平仪

地平穿越式红外地平仪的视场对地球做扫描运动，当视场扫过当地垂线或地平时，敏感器接收到的红外辐射发生急剧变化，地平仪将这种变化转变为前后沿脉冲，与姿态基准信号进行比较，得到航天器姿态角的信息。

对于自旋稳定航天器，地平仪借助航天器的自旋对地球进行扫描，输出的电信号为窄视场进入和离开地球的扫描角之差。自旋扫描红外地平仪原理如图 4－4 所示。但自旋扫描红外地平仪只能测量航天器自转轴与当地垂线或地平的夹角，即一个姿态角。

对于三轴稳定航天器，地平仪依靠自己的扫描机构对地球进行扫描，可以得到一个以航天器本体系轴线为中心的圆锥形视场，故称为圆锥扫描红外地平仪。当航天器及地平仪发生

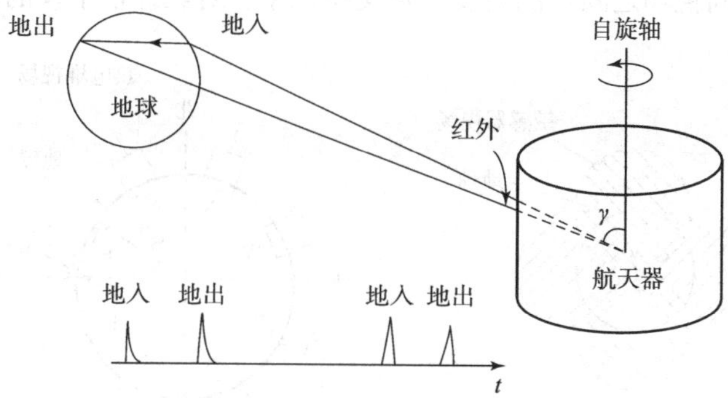

图4-4 自旋扫描红外地平仪原理

姿态偏差时，扫描所得前后沿信号也发生变化，与基准信号对比，可测定航天器相对地球的姿态偏差，原理如图4-5所示。通过垂直安装或共面安装两个圆锥扫描红外地平仪，可测量航天器俯仰和滚动两个姿态角。

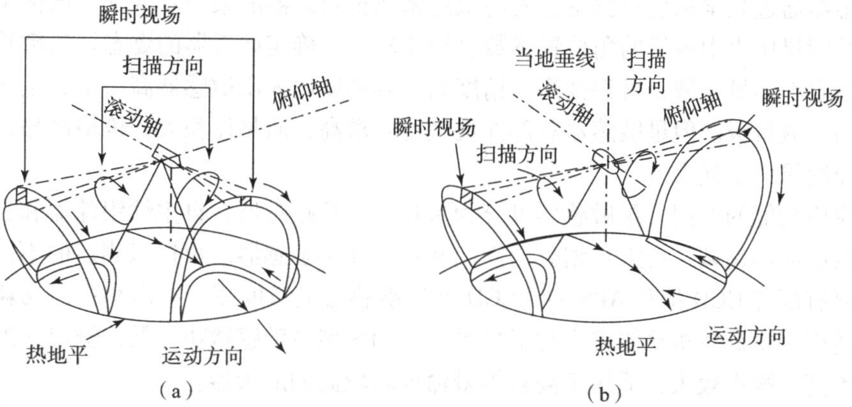

图4-5 圆锥扫描红外地平仪

(a) 垂直安装；(b) 共面安装

4.1.2.2 边界跟踪式红外地平仪

边界跟踪式红外地平仪的视场跟踪地平线，给出相对于不运动部分的方位角，航天器姿态角可根据此方位角计算，如图4-6所示。此红外地平移工作视场小，姿态范围小，且受环境如大气成分、温度等影响大；但精度较高且寿命较长。

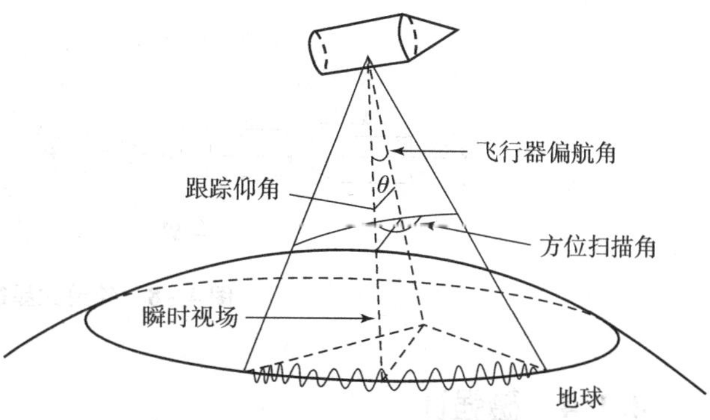

图4-6 边界跟踪式红外地平仪

4.1.2.3 辐射热平衡式红外地平仪

辐射热平衡式红外地平仪具有多个对称分布的视场，每个视场分别接受来自地球不同部分的红外辐射，根据红外辐射能量的差异分析得到航天器的姿态，如

图 4-7 所示。但不同视场之间可能会发生热交换现象，对红外地平仪的精度造成影响。

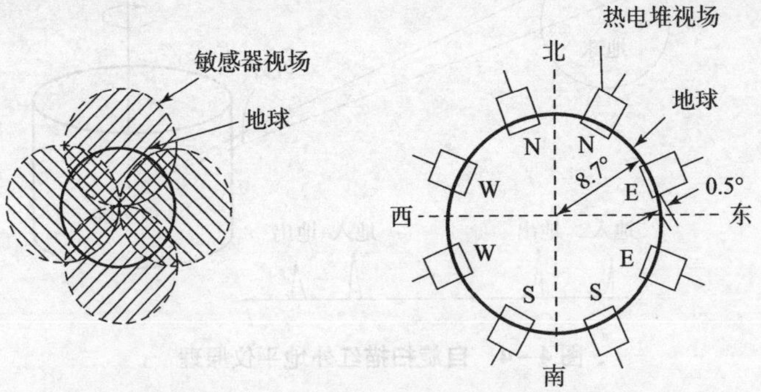

图 4-7　辐射热平衡式红外地平仪

4.1.3　星敏感器

星敏感器通过光学系统对恒星星光的敏感来测量航天器的某一基准轴与该恒星视线之间的夹角，并同星历表中该星的角位置参数进行比较，来确定航天器的姿态。星敏感器广泛应用于航天器姿态测量领域，可靠性高，精度高。其精度比太阳敏感器高一个数量级，比红外地平仪高两个数量级。但星敏感器对部件灵敏度要求高，质量体积大，价格高昂，同时测量数据多、速度慢，功耗大。

根据应用功能的不同，星敏感器可分为星相机、星跟踪器、自主性跟踪器和自动星导航敏感器。按照应用领域，可大致划分为空间和近空间星敏感器。根据探测器的不同，空间星敏感器主要有面阵 CCD 型和 APS 型。CCD 型星敏感器灵敏度高，噪声小；但功耗较大，设计复杂，适用于中低轨机动要求高的卫星平台。APS 型星敏感器功耗低，输出速度快；但灵敏度相对不高，噪声较大，适用于高轨等寿命要求较高的航天器。

自旋航天器可采用狭缝式星敏感器，此敏感器利用航天器自旋对恒星进行扫描，当星光穿过狭缝码盘时，能够被检测到，产生一个脉冲，然后结合星历表和航天器的自旋速度计算得出航天器的姿态信息，如图 4-8 所示。

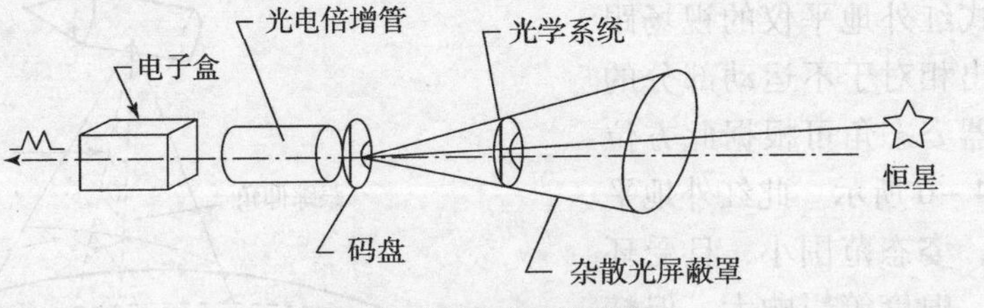

图 4-8　狭缝式星敏感器

4.1.4　磁强计

磁强计能够测量空间环境中的磁场强度，与事先确定的地球磁场模型进行对比，可确定航天器相对于地球磁场的姿态。磁强计中的磁敏感器测量磁场大小和方向，通过电子部件将测量信号变化为电信号。磁强计质量小，性能可靠，消耗功率低，应用广泛。但作为基准的地球磁场模型并不完全准确，因此，其姿态测量精度不高。此外，轨道高度较高时，航天器内部剩余磁矩会超过地球磁场的影响，此时磁强计失效。

根据工作原理不同，磁强计分为感应式磁强计和量子磁强计。感应式磁强计又分为搜索线圈式磁强计和磁通门磁强计两种类型。

4.1.4.1　搜索线圈式磁强计

搜索线圈式磁强计可用于自旋航天器，依靠航天器的自旋使搜索线圈的地磁场磁通量周期性变化，感应出周期性交流电压，航天器的姿态是此交流电压相位的函数。

4.1.4.2　磁通门磁强计

磁通门磁强计由两个铁芯、原线圈和副线圈组成，两个线圈在铁芯上不同的缠绕模式使副线圈感应电压的二次谐波包含外磁场的方向和大小信息，作为磁强计的输出，如图 4-9 所示。由于磁通门磁强计是测定沿铁芯方向的磁通变化，故对测定磁场有方向性。将三个磁强计互相垂直安装，可以测量三轴当地磁场强度。利用它与已知环境磁场模型相比较，可以估算出航天器三轴姿态。

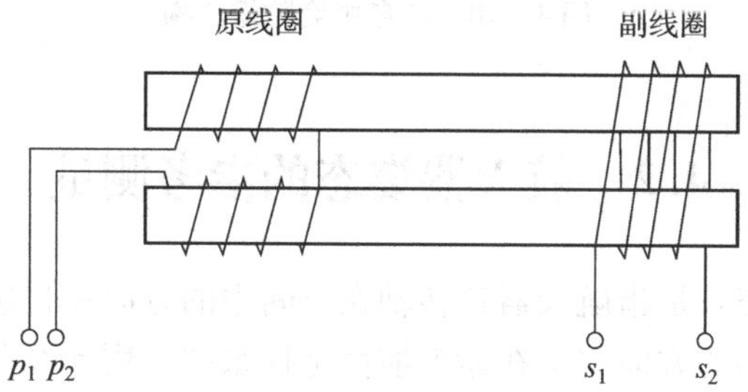

图 4-9　磁通门磁强计

4.1.5　陀螺

利用陀螺的定轴性和进动性能够测量其自转轴在惯性空间定向的变化。定轴性是指陀螺以高速旋转时，在没有任何外力矩作用在陀螺上时，陀螺的自转轴在惯性空间中的指向保持稳定不变的特性。进动性是指当陀螺以高速旋转时，如果施加的外力矩是沿着除自转轴以外的其他轴向，陀螺并不顺着外力矩的方向运动，其转动角速度方向与外力矩作用方向互相垂直。当陀螺存在一个进动角速度输入时，陀螺将产生一个力矩输出。

根据自转转子的运动特性，陀螺可分为自由转子式陀螺、二自由度陀螺和三自由度陀螺。自由转子式陀螺中的转子通常采用球形轴承支承，转子可相对壳体自由转动，干扰力矩小、精度高。二自由度陀螺没有外框架，比起三自由度陀螺缺少垂直于内框架轴和自转轴方向的转动自由度。图 4-10 所示为二自由度陀螺结构。

根据输入和输出之间的关系，陀螺可分为速率陀螺和速率积分陀螺等。速率陀螺测量航天器的角速度；速率积分陀螺测量航天器的角位置。除了以上介绍的机械陀螺外，还有基于萨格纳克效应的光纤陀螺。探测器测得的光强是旋转引起的相位差的函数，将相位差信号解调作为光纤陀螺的输出，此输出包含航天器的姿态信息。光纤陀螺已经在导航中得到了广泛的应用，而且逐步成为惯性导航系统里的重要组成部分。

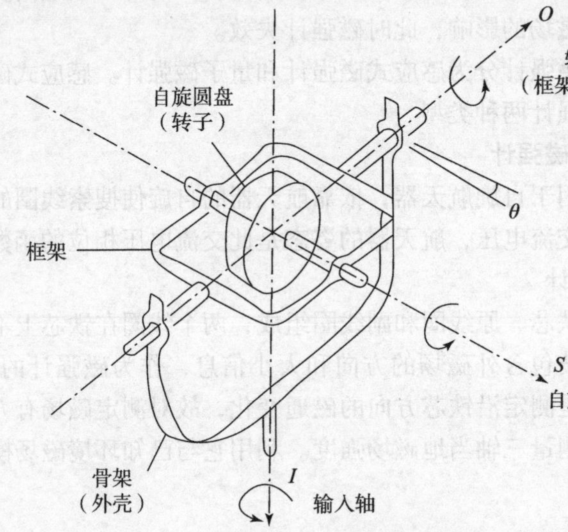

图 4-10　二自由度陀螺结构

4.2　航天器姿态的参考测量

对于自旋航天器，姿态是指航天器自转轴在空间中的方向和自旋体相对空间某个基准的旋转相位角，通常自转轴的方向定义在赤道惯性坐标系中，用赤经和赤纬表示。姿态敏感器能够观测到空间中某些参考物体相对于航天器的方向，测量自转轴与参考物体的方向之间的夹角，以测量自转轴方向。因此，航天器自转轴方向的测定包含着对姿态信息的测量和姿态确定两部分。对于三轴稳定航天器，敏感器测量值能给出更为直接的姿态信息，可以较方便地直接测量参考天体或参考目标在敏感器坐标系的方向。

4.2.1　太阳方向的测量

4.2.1.1　自旋航天器

在自旋航天器上常采用 V 形狭缝式太阳敏感器测量自转轴与太阳方向的夹角，即太阳角 θ_s，原理如图 4-11 所示。V 形狭缝式太阳敏感器由两个狭缝敏感器组成，航天器自转一圈，两个敏感器的平面视场各扫过太阳一次，敏感器两次扫过太阳的时间以及两者之间的时间间隔包含姿态信息。

图 4-11　V 形狭缝式太阳敏感器原理

令敏感器在航天器自转一圈内扫过太阳的时间为 t_1^1、t_1^2，在下一圈内为 t_2^1、t_2^2，则航天器的转速和一圈内两次扫过太阳时间内的航天器转角为

$$\omega = \frac{2\pi}{t_2^1 - t_1^1} \tag{4-1}$$

$$\mu = \omega(t_1^2 - t_1^1) \tag{4-2}$$

由球面三角公式可得太阳角 θ_s 为

$$\cot\theta_s = \tan\nu\cos\mu + \frac{\sin\mu}{\tan\sigma\cos\nu} \tag{4-3}$$

通常，为提高测量精度，将两条狭缝隔开一个圆周角 β，当太阳垂直射向自转轴时，$\beta=\mu$，此时

$$\cot\theta_s = \cot\sigma\sin(\mu-\beta) \tag{4-4}$$

因此，太阳方向的姿态观测方程为

$$\boldsymbol{S}\cdot\boldsymbol{Z} = \cos\theta_s \tag{4-5}$$

4.2.1.2　三轴稳定航天器

太阳敏感器能够测量太阳相对于敏感器的方向，其基准坐标为 $Ox_sy_sz_s$，原理如图 4－12 所示。其中，一个太阳敏感器的狭缝平行于 Ox_s 轴，另一个平行于 Oy_s 轴，太阳光与 OS 平行，在敏感器底部形成两条偏离距离为 d_x、d_y 的明线。太阳视线在敏感器坐标内的方位角和仰角为 α、δ，折射后落到 O' 点，根据光学折射定理，可得

$$\tan\delta' = \frac{\sqrt{d_x^2+d_y^2}}{h} \tag{4-6}$$

$$\alpha = \alpha' \tag{4-7}$$

$$\sin\delta = n\sin\delta' \tag{4-8}$$

式中，δ' 为折射角；n 为折射系数。可得方位角和仰角为

$$\begin{cases}\tan\alpha = \dfrac{d_y}{d_x} \\ \tan\delta = \dfrac{n\sqrt{d_x^2+d_y^2}}{\sqrt{h^2-(n^2-1)(d_x^2+d_y^2)}}\end{cases} \tag{4-9}$$

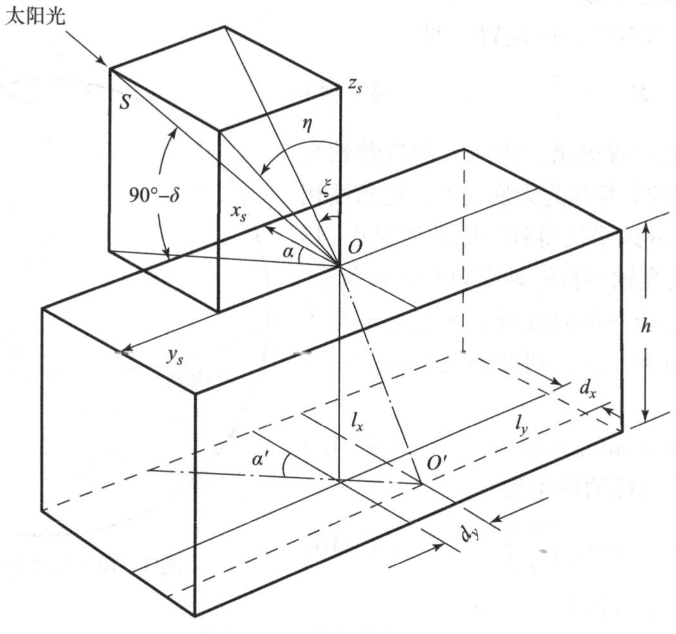

图 4－12　太阳敏感器原理

太阳矢量在敏感器基准坐标系的方向余弦为

$$\begin{cases} S_x = \sin\delta\cos\alpha \\ S_y = \sin\delta\sin\alpha \\ S_z = \cos\delta \end{cases} \tag{4-10}$$

假设太阳矢量在 Ox_sz_s 平面上的投影与 Oz_s 轴夹角为 ξ，在 Oy_sz_s 平面上的投影与 z_s 轴夹角为 η，则当 $\frac{d_x}{h}$、$\frac{d_y}{h} \ll 1$ 时，有

$$\begin{cases} \tan\xi = \dfrac{S_x}{S_z} \approx n\dfrac{d_x}{h} \\ \tan\eta = \dfrac{S_y}{S_z} \approx n\dfrac{d_y}{h} \end{cases} \tag{4-11}$$

令测量值

$$\begin{cases} m_x = \dfrac{S_x}{S_z} \\ m_y = \dfrac{S_y}{S_z} \end{cases} \tag{4-12}$$

则太阳在敏感器坐标系的位置为

$$(\boldsymbol{S})_S = \frac{1}{\sqrt{m_x^2 + m_y^2 + 1}} \begin{bmatrix} m_x \\ m_y \\ 1 \end{bmatrix} \tag{4-13}$$

4.2.2 天底方向的测量

4.2.2.1 自旋航天器

天底矢量表示地球中心的位置，即

$$\boldsymbol{E} = -\frac{\boldsymbol{r}}{r} \tag{4-14}$$

式中，$\boldsymbol{r}$ 为航天器的位置矢量。将航天器自转轴与地球中心方向之间的夹角称为天底角 θ_e，此角度相关信息可以通过红外地平仪得到，原理如图 4-13 所示。红外地平仪光轴与自转轴交角为安装角 γ。

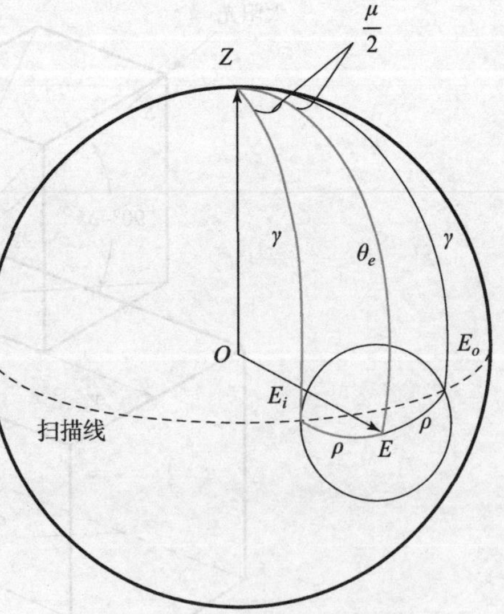

图 4-13 红外地平仪原理

假设航天器自转一周内红外地平仪光轴穿入和穿出地球的时间为 t_1、t_0，则红外地平仪扫描弦宽为

$$\mu = \omega(t_0 - t_1) \tag{4-15}$$

从航天器上看地球的视角为

$$\rho = \arcsin\left(\frac{R_e}{r}\right) \tag{4-16}$$

由球面三角公式可得天底角为

$$\cot\theta_e = \frac{\cos\rho\cos\gamma \perp \sin\gamma\cos\frac{\mu}{2}\sqrt{\sin^2\gamma\cos^2\frac{\mu}{2} + \cos^2\gamma - \cos^2\rho}}{\cos^2\gamma + \sin^2\gamma\cos^2\frac{\mu}{2}} \tag{4-17}$$

此解为双重真伪解，需利用先验姿态估计值或其他已知信息解决真伪判别问题。直接法利用两个安装角为 γ_N、γ_S 的红外地平仪测得的姿态信息计算天底角，其中一个地平仪为光轴在航天器赤道面之北的北地球敏感器，另一个为在南的南地球敏感器，二者扫描弦宽为 μ_N、μ_S，可得天底角

$$\tan\theta_e = \frac{\cos\gamma_S - \cos\gamma_N}{\sin\gamma_N\cos\frac{\mu_N}{2} - \sin\gamma_S\cos\frac{\mu_S}{2}} \tag{4-18}$$

天底方向的姿态观测方程为

$$\boldsymbol{E} \cdot \boldsymbol{Z} = \cos\theta_e \tag{4-19}$$

在使用红外地平仪测量天底角时，需满足测量几何的限制条件

$$\cos\gamma\sin\theta_e\cos\lambda - \sin\gamma\cos\theta_e\cos\frac{\mu}{2} \neq 0 \tag{4-20}$$

式中，λ 为太阳－自转轴平面和地心－自转轴平面的夹角。

4.2.2.2　三轴稳定航天器

红外地平仪基准测量坐标系为 $Ox_hy_hz_h$，Ox_h 轴沿扫描轴，Oy_h 轴与扫描轴垂直并通过地平仪基座的磁基准，符合右手定则。地心方向在地平仪坐标系的位置为

$$\boldsymbol{E} = \begin{bmatrix} -\sin\alpha \\ \cos\alpha\sin\beta \\ \cos\alpha\cos\beta \end{bmatrix} \tag{4-21}$$

式中，

$$\begin{cases} \alpha = \omega_c[t_m - 0.5(t_1 - t_0)] \\ \cos\gamma\sin\beta + \sin\gamma\cos\beta\cos\dfrac{\omega_c(t_0 - t_1)}{2} = \cos\left(\arcsin\dfrac{R_e}{R_e + h}\right) \end{cases} \tag{4-22}$$

式中，ω_c 为扫描转速；t_m 为磁基准脉冲时；t_1、t_0 为扫入、扫出地平脉冲时；γ 为扫描光轴与扫描轴的夹角。

4.2.3　星光方向的测量

4.2.3.1　自旋航天器

同步航天器的扫描辐射计可以灵敏地测得星光辐射，在航天器图像的角区、在地球圆盘的外围有星光成像。由星光像点的行数和元数，可得该恒星的方位角 α_S 和仰角 β_S，又由星光星历表得该星光在赤道惯性坐标的矢量 $\boldsymbol{S}$，恒星方向的姿态观测方程可列为

$$[\boldsymbol{e}'_x \quad \boldsymbol{e}'_y \quad \boldsymbol{e}'_z]^{\mathrm{T}}\boldsymbol{S} = \begin{bmatrix} \cos\alpha_s\cos\beta_s \\ \sin\alpha_s\cos\beta_s \\ \sin\beta_s \end{bmatrix} \tag{4-23}$$

式中，$\boldsymbol{e}'_x$、$\boldsymbol{e}'_y$、$\boldsymbol{e}'_z$ 为辅助坐标轴单位矢量，辅助坐标系 $Ox'y'z'$ 原点在航天器质心，Oz' 轴与自转

轴 $\boldsymbol{Z}$ 重合，Ox' 轴在 $\boldsymbol{r}$ 和 $\boldsymbol{Z}$ 组成的平面内，正方向为指向地球方向，满足右手定则。

4.2.3.2　三轴稳定航天器

CCD 型面阵星敏感器定义坐标系 $Ox_py_pz_p$，Oz_p 轴沿中心光轴，Ox_p、Oy_p 轴沿面阵正交基准，星像中心位置为

$$\begin{cases} P_x = \dfrac{\sum x_{ij}R_{ij}}{\sum R_{ij}} \\ P_y = \dfrac{\sum y_{ij}R_{ij}}{\sum R_{ij}} \end{cases} \tag{4-24}$$

式中，R_{ij} 为 CDD 元素 (i,j) 敏感的辐射强度；x_{ij}、y_{ij} 为 (i,j) 沿 Ox_p、Oy_p 轴的坐标。可得星光矢量在敏感器坐标的方向

$$(\boldsymbol{C})_p = \frac{1}{\sqrt{P_x^2 + P_y^2 + f^2}}\begin{bmatrix} P_x \\ P_y \\ f \end{bmatrix} \tag{4-25}$$

式中，f 为光学系统的焦距。

4.2.4　地磁场方向的测量

沿本体系三轴正交安装的三个磁强计能够测量当地地磁场的磁感应强度在该方向的分量 $(B_x,\ B_y,\ B_z)$，得到磁场观测矢量在本体系中的坐标 $\boldsymbol{B}$。若已知俯仰角 θ 和滚转角 φ，在轨道坐标系的当地地平坐标面上可得磁场强度

$$\begin{cases} B_{xm} = B_x\cos\theta + B_x\sin\theta \\ B_{ym} = B_x\sin\varphi\sin + B_y\cos\varphi - B_z\sin\varphi\cos\theta \end{cases} \tag{4-26}$$

代入航天器实时经度、纬度，通过地磁场模型得到磁场在当地地平东向和南向的磁场分量 B_{E}、B_{S}，则在轨道坐标系的当地地平坐标面上可得磁场参考矢量

$$\begin{cases} B_x^o = B_{\mathrm{E}}\cos\gamma - B_{\mathrm{S}}\sin\gamma \\ B_y^o = B_{\mathrm{S}}\cos\gamma + B_{\mathrm{E}}\sin\gamma \end{cases} \tag{4-27}$$

式中，γ 为轨道坐标系轴 Ox_o 和当地东向的夹角。则利用磁强计测得偏航角为

$$\psi = \arctan\frac{B_y^oB_{xm} - B_x^oB_{ym}}{B_x^oB_{xm} - B_y^oB_{ym}} \tag{4-28}$$

4.3　自旋航天器的姿态确定

4.3.1　姿态确定的几何方式

姿态敏感器能够测量参考矢量和航天器自转轴矢量的关系，得出两个独立的反映姿态的测量信息，由此导出该参考天体在本体坐标系的方向。自旋航天器的姿态参数有三个：自转轴的赤经、赤纬和航天器自旋的转角，但姿态敏感器得到的测量值为观测到参考天体的时间和自转轴与该天体方向的夹角，因此，还须观测第二个参考天体，以得到完整的姿态信息。

自旋航天器采用的双矢量定姿的几何方式是双锥相交法。假设航天器自转轴方向的单位矢量为 $\boldsymbol{Z}$，两个参考天体方向单位矢量为 $\boldsymbol{C}_1$、$\boldsymbol{C}_2$，通过姿态敏感器可得自转轴与天体夹角为 θ_1、θ_2，则姿态确定方程为

$$\begin{cases}\boldsymbol{C}_1 \cdot \boldsymbol{Z} = \cos\theta_1 \\ \boldsymbol{C}_2 \cdot \boldsymbol{Z} = \cos\theta_2 \\ \boldsymbol{Z} \cdot \boldsymbol{Z} = 1\end{cases} \tag{4-29}$$

假设 $\boldsymbol{C}_1$、$\boldsymbol{C}_2$ 夹角为 θ_{12}，在 $\boldsymbol{C}_1$、$\boldsymbol{C}_2$ 组成的非正交坐标系中，自转轴可表示为

$$\boldsymbol{Z} = a_1\boldsymbol{C}_1 + a_2\boldsymbol{C}_2 + a_3(\boldsymbol{C}_1 \times \boldsymbol{C}_2) \tag{4-30}$$

式中，

$$\begin{cases}a_1 = \dfrac{\cos\theta_1 - \cos\theta_2\cos\theta_{12}}{\sin^2\theta_{12}} \\ a_2 = \dfrac{\cos\theta_2 - \cos\theta_1\cos\theta_{12}}{\sin^2\theta_{12}} \\ a_3 = \pm\dfrac{1 - a_1^2 - a_2^2 - 2a_1a_2\cos\theta_{12}}{\sin\theta_{12}}\end{cases} \tag{4-31}$$

由式（4-31），姿态确定方程有双重姿态解，两个解关于 $\boldsymbol{C}_1$、$\boldsymbol{C}_2$ 组成的平面对称，其中一个是真解，一个是假解。此姿态精度不仅取决于参考矢量的测量精度，还与 θ_{12} 有关，$\boldsymbol{C}_1$、$\boldsymbol{C}_2$ 越靠近，姿态信息的测量误差引起的姿态确定误差越大。为区分真伪解，需获得另一个测量值：自转轴与两个参考天体方向组成的平面之间的二面角 λ，也称为两个天体之间的自旋转角。

建立与 $\boldsymbol{C}_1$、$\boldsymbol{C}_2$ 垂直的第三个单位参考矢量

$$\boldsymbol{C}_3 = \frac{1}{\sin\theta_{12}}(\boldsymbol{C}_1 \times \boldsymbol{C}_2) \tag{4-32}$$

如图 4-14 所示，从姿态敏感器的姿态信息中能获得两个天体间姿态转角 λ，通常定义从 $\boldsymbol{C}_1$ 按航天器自旋方向转向 $\boldsymbol{C}_2$ 的姿态转角为正。通过转角的测量可得自转轴与 $\boldsymbol{C}_3$ 间夹角 θ_3

$$\cos\theta_3 = \sin\theta_2\cos\eta' \tag{4-33}$$

对于直角球面三角形 $C_1C_2C_3$，有

$$\eta + \eta' = \xi + \xi' = 90° \tag{4-34}$$

代入球面三角形 ZC_1C_2，由正弦公式

$$\frac{\sin\lambda}{\sin\theta_{12}} = \frac{\sin\eta}{\sin\theta_1} = \frac{\sin\eta'}{\sin\theta_1} \tag{4-35}$$

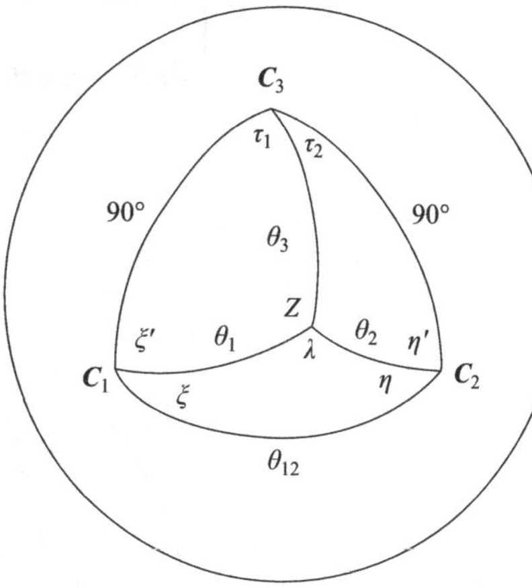

图 4-14　三个单位参考矢量

得

$$\cos\theta_3 = \frac{1}{\sin\theta_{12}}\sin\theta_1\sin\theta_2\sin\lambda \tag{4-36}$$

式中，θ_3 只取正值。围绕 $\boldsymbol{C}_3$ 可以得到第三个参考天体的天体锥，航天器自转轴在三个天体锥的唯一共同交线上，即转角的实际测量值能够判别两个天体锥相交的真伪解。转角测量的姿态观测方程为

$$(\boldsymbol{C}_1 \times \boldsymbol{C}_2) \cdot \boldsymbol{Z} = \sqrt{1-(\boldsymbol{C}_1 \cdot \boldsymbol{Z})^2}\sqrt{1-(\boldsymbol{C}_2 \cdot \boldsymbol{Z})^2}\sin\lambda \tag{4-37}$$

根据三个测量值 θ_1、θ_2、λ，姿态确定方程为

$$\begin{cases} \boldsymbol{C}_1 \cdot \boldsymbol{Z} = \cos\theta_1 \\ \boldsymbol{C}_2 \cdot \boldsymbol{Z} = \cos\theta_2 \\ \boldsymbol{C}_3 \cdot \boldsymbol{Z} = \cos\theta_3 \\ \boldsymbol{Z} \cdot \boldsymbol{Z} = 1 \end{cases} \tag{4-38}$$

与式（4－30）类似，可得

$$\boldsymbol{Z} = a_1'\boldsymbol{C}_1 + a_2'\boldsymbol{C}_2 + a_3'\sin\theta_{12}\boldsymbol{C}_3 \tag{4-39}$$

式中，

$$\begin{cases} a_1' = \dfrac{\cos\theta_1 - \cos\theta_2\cos\theta_{12}}{\sin^2\theta_{12}} \\ a_2' = \dfrac{\cos\theta_2 - \cos\theta_1\cos\theta_{12}}{\sin^2\theta_{12}} \\ a_3' = \dfrac{\sin\theta_1\sin\theta_2\sin\lambda}{\sin^2\theta_{12}} \end{cases} \tag{4-40}$$

假设参考矢量 $\boldsymbol{C}_1$、$\boldsymbol{C}_2$ 的赤经和赤纬分别为 α_1、δ_1 和 α_2、δ_2，如图 4－15 所示，得到自转轴矢量的赤经和赤纬为

$$\begin{cases} \sin(\alpha_1 - \alpha) = \dfrac{\sin\theta_1\sin(\tau+\sigma)}{\cos\delta} \\ \cos(\alpha_1 - \alpha) = \dfrac{\cos\theta_1 - \sin\delta_1\sin\delta}{\cos\delta_1\cos\delta} \\ \sin\delta = \cos\theta_1\sin\delta_1 + \sin\theta_1\cos\delta_1\cos(\tau+\sigma) \end{cases} \tag{4-41}$$

式中，

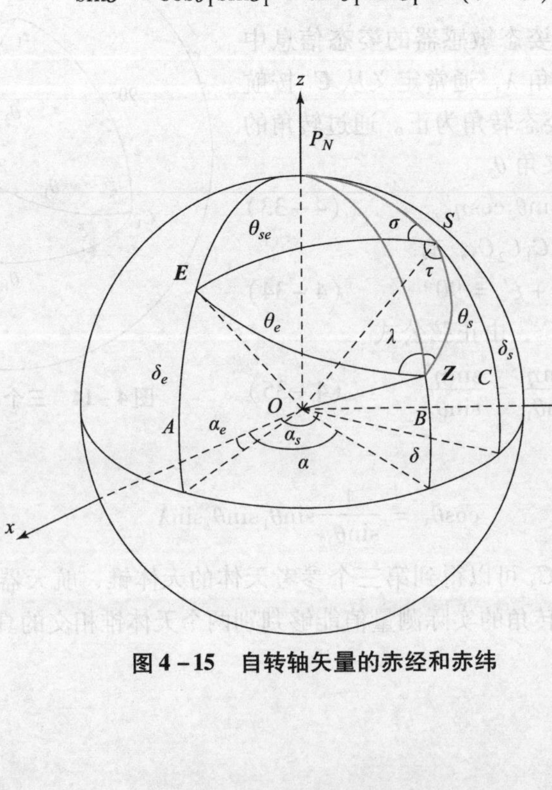

图 4－15　自转轴矢量的赤经和赤纬

$$\begin{cases}\sin\tau = \dfrac{\sin\theta_2\sin\lambda}{\sin\theta_{12}} \\ \cos\tau = \dfrac{\cos\theta_2 - \cos\theta_{12}\cos\theta_1}{\sin\theta_{12}\sin\theta_1} \\ \sin\sigma = \dfrac{\cos\delta_2\sin(\alpha_1 - \alpha_2)}{\sin\theta_{12}} \\ \cos\sigma = \dfrac{\sin\delta_2 - \sin\delta_1\cos\theta_2}{\cos\delta_1\sin\theta_{12}}\end{cases} \tag{4-42}$$

4.3.2 姿态确定的太阳－地球方式

对于姿态确定的几何方式，参考矢量是任意的，只要求两个参考矢量不共线，即可获得自旋航天器的自转轴姿态信息。在工程上，最常用的参考天体为太阳和地球，即太阳矢量 $\boldsymbol{S}$ 和天底矢量 $\boldsymbol{E}$，得到的三个测量值为太阳角 θ_s、天底角 θ_e、太阳－地心转角 λ。此时航天器上安装太阳敏感器和红外地平仪，在航天器旋转一周内，两个敏感器可以给出包含全部姿态信息的四个脉冲信号，此方式称为太阳－地球方式。此时姿态确定方程为

$$\begin{cases}\boldsymbol{S}\cdot\boldsymbol{Z} = \cos\theta_s \\ \boldsymbol{E}\cdot\boldsymbol{Z} = \cos\theta_e \\ (\boldsymbol{S}\times\boldsymbol{E})\cdot\boldsymbol{Z} = \sin\theta_s\sin\theta_e\sin\lambda \\ \boldsymbol{Z}\cdot\boldsymbol{Z} = 1\end{cases} \tag{4-43}$$

式中，太阳的赤经、赤纬为 α_s、δ_s，航天器在惯性系下的位置参数为 $[x \quad y \quad z]^{\mathrm{T}}$，

$$\boldsymbol{S} = \begin{bmatrix}\cos\alpha_s\cos\delta_s \\ \sin\alpha_s\cos\delta_s \\ \sin\delta_s\end{bmatrix} \tag{4-44}$$

$$\boldsymbol{E} = \begin{bmatrix}x \\ y \\ z\end{bmatrix}\frac{-1}{\sqrt{x^2 + y^2 + z^2}} \tag{4-45}$$

在实际任务中，还需考虑姿态信息不全的情况，例如，红外地平仪故障导致丢失一个地平穿越脉冲或太阳敏感器丢失一个狭缝脉冲的情况等。

4.3.2.1 红外地平仪故障

此时无法直接导出天底角，但可利用单个地平穿越脉冲获得太阳－地平（穿入或穿出）转角 λ'，从而代替太阳－地心转角 λ，如图 4－16 所示。

图 4－16 中，$\boldsymbol{E}_i$ 为穿入地平矢量，与太阳矢量的夹角为 θ'_{se}，在球面三角形 ZSE_i 中，有

$$\cos\theta'_{se} = \cos\theta_s\cos\gamma + \sin\theta_s\sin\gamma\cos\lambda' \tag{4-46}$$

此时有两个矢量 $\boldsymbol{S}$、$\boldsymbol{E}_i$ 和两个夹角 θ'_{se}、ρ，可解出具有双重真伪解的地平矢量，再利用 λ'，每个地平矢量都可与太阳矢量联合确定自转轴矢量，因此，姿态解也是双重真伪解。

另一种方式是利用 λ' 求出天底角，在球面三角形 SEZ 中，可得天底角

$$\cos\theta_e = \cos\theta_s\cos\theta_{se} + \sin\theta_s\sin\theta_{se}\cos(\xi + \eta) \tag{4-47}$$

式中，在球面三角形 ZSE_i 中，有

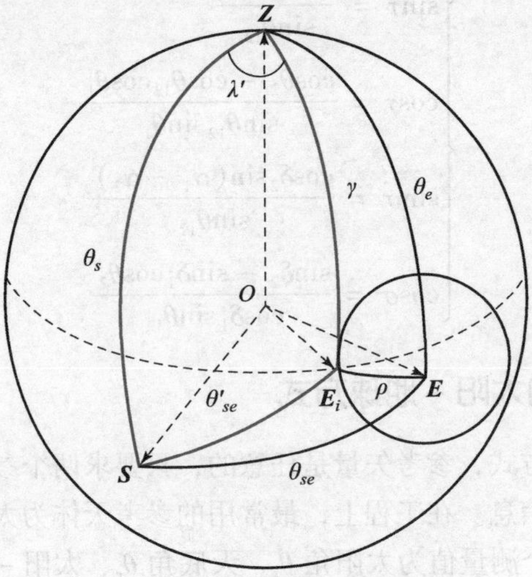

图 4-16　单个地平穿越脉冲情况

$$\sin\xi = \frac{\sin\gamma\sin\lambda'}{\sin\theta'_{se}} \tag{4-48}$$

在球面三角形 SEE_i 中，有

$$\cos\eta = \frac{\cos\rho - \cos\theta'_{se}\cos\theta_{se}}{\sin\theta'_{se}\sin\theta_{se}} \tag{4-49}$$

但 η 和 θ_e 有双解，此时姿态角是四重真伪的。

4.3.2.2　太阳敏感器故障

此时无法直接导出太阳角，但借助天底角和太阳－地心转角可以求出双重真伪的太阳角。假设现有的三个姿态脉冲为地平穿入、穿出和太阳子午狭缝脉冲，则有

$$\cos\theta_{se} = \cos\theta_s\cos\theta_e + \sin\theta_s\sin\theta_e\cos\lambda \tag{4-50}$$

从中可以解出双重真伪的太阳角

$$\cos\theta_s = \frac{\cos\theta_e\cos\theta_{se} \pm \sin\theta_e\cos\lambda\sqrt{\sin^2\theta_e\cos^2\lambda + \cos^2\theta_e - \cos^2\theta_{se}}}{\sin^2\theta_e\cos^2\lambda + \cos^2\theta_e} \tag{4-51}$$

如果只有单个地球弦宽的数据，则上式的天底角也是双重真伪的，直接使用两锥相交的方法将有八个姿态解，但利用太阳－地心转角的实测值，可使姿态解的重数减至四个。

通过姿态敏感器能够得到自转轴与两个参考矢量之间的夹角和两个参考矢量之间的转角。当姿态信息不完备时，得不到三个观测量，但只要有其中任意两个即可得到模糊的姿态解。通过一段时间的姿态测量，得到一组模糊姿态解的集合，再从这一组包含模糊的集合中选出真解，将每个模糊解集合与姿态的先验值比较，然后选出最接近于初始估计值的解。如没有可提供利用的先验估计值，可根据太阳矢量和自转轴矢量在空间恒定、天底矢量或地平矢量在空间转动的特点进行判断。随着航天器在轨道上运动，太阳锥与天底锥两条交线中的一条在空间中恒定，另一条变动，因此，模糊解中的伪解是分散的，而真解的集合形成一个族。将不同时间的大量测量值进行数据处理，可选择其中保持在族中心的姿态解作为先验姿态以消除伪解。

4.3.3　姿态确定的状态估计方式

状态估计几何确定方法可克服几何方式中参考矢量观测的系统误差，例如敏感器误差、轨道参数误差等，以及随机误差对姿态确定精度的影响。利用光线参考基准就可以减少空间参考矢量观测的不利因素的影响，如引入高精度的陀螺可获得姿态动态变化的信息。与此同时，空间参考矢量有助于估计陀螺漂移，提高陀螺的测量精度。

对于自旋航天器，以地球同步轨道实验通信卫星“东方红二号”为例，采用一个 V 形狭缝式太阳敏感器和两个窄视场地平穿越式红外地平仪作为姿态测量部件，如图 4－17 所示。为提高姿态确定精度，采用了基于统计估计的卡尔曼滤波递推估计方法，估计状态矢量包括观测量南北红外地平仪的测量弦宽 $\boldsymbol{\Phi}_{\mathrm{N}}$、$\boldsymbol{\Phi}_{\mathrm{S}}$，太阳敏感器测量的太阳角 θ_s，太阳－地心转角 λ 和对应的系统误差 μ_1、μ_2、μ_3、μ_4，即状态矢量为

$$\boldsymbol{X} = [\alpha \quad \delta \quad \mu_1 \quad \mu_2 \quad \mu_3 \quad \mu_4]^{\mathrm{T}} \tag{4-52}$$

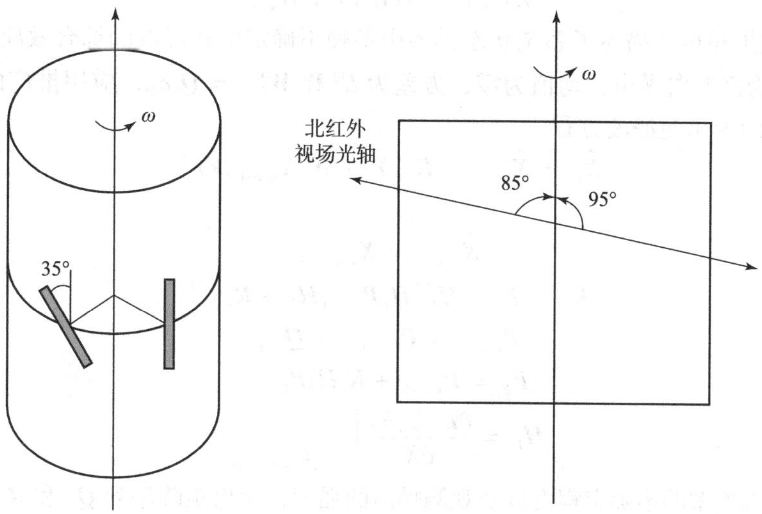

图 4－17　“东方红二号”姿态敏感器

对于地球同步轨道或静止轨道航天器，在干扰力矩和章动影响小的情况下，在短时间内，航天器自转轴相对于惯性系的指向变化相对较小，系统的状态方程可表示为

$$\dot{\boldsymbol{X}} = \boldsymbol{0} \tag{4-53}$$

其观测矢量为

$$\boldsymbol{Y} = \begin{bmatrix} \boldsymbol{\Phi}_{\mathrm{N}} \\ \boldsymbol{\Phi}_{\mathrm{S}} \\ \boldsymbol{\theta}_s \\ \boldsymbol{\lambda} \end{bmatrix} \tag{4-54}$$

根据敏感器的测量模型，可得观测方程

$$\boldsymbol{Z}(t_k) = \boldsymbol{h}[\boldsymbol{X}(t_k), t_k] + \boldsymbol{V}_k \tag{4-55}$$

式中，ρ 为从航天器看地球的视角；观测噪声 $\boldsymbol{V}_k$ 为零均值的白噪声。

$$
\boldsymbol{h}(\boldsymbol{X},t)=\begin{bmatrix}2\arccos\dfrac{\cos\rho-\cos\gamma_{\mathrm{N}}\cos\theta_e}{\sin\gamma_{\mathrm{N}}\sin\theta_e}+\mu_1\\ 2\arccos\dfrac{\cos\rho-\cos\gamma_{\mathrm{S}}\cos\theta_e}{\sin\gamma_{\mathrm{N}}\sin\theta_e}+\mu_2\\ \arccos(\boldsymbol{S}\cdot\boldsymbol{A})+\mu_3\\ \arccos\dfrac{\cos\theta_{se}-\cos\theta_s\cos\theta_e}{\sin\theta_s\sin\theta_e}+\mu_4\end{bmatrix}\tag{4-56}
$$

此时未考虑不确定因素的影响，不存在系统噪声，递推计算得到的滤波增益阵将逐渐递减并最终趋于零，导致航天器姿态估计值的修正作用逐渐减弱。经过较长一段时间后，系统的状态估计值相对于初始值可能会产生较大的偏差，而状态估计值丧失了跟踪状态真值的能力，使得状态估计值的误差逐渐增大，最终导致滤波发散。为了避免上述问题的发生，在系统模型中引入虚拟的系统噪声，即将离散的系统状态方程取为如下形式

$$
\boldsymbol{X}(t_k)=\boldsymbol{X}(t_{k-1})+\boldsymbol{W}_{k-1}\tag{4-57}
$$

式中，$\boldsymbol{W}_k$ 为虚拟噪声，描述了系统状态模型中各种不确定因素影响的综合效应。

假设 $\boldsymbol{W}_k$ 为高斯白噪声，均值为零，方差为 $E\{\boldsymbol{W}_k\boldsymbol{W}_l^{\mathrm{T}}\}=\boldsymbol{Q}_k\delta_{kl}$，应用推广的卡尔曼滤波方法，可得一组卡尔曼滤波方程

$$
\hat{\boldsymbol{X}}_k=\hat{\boldsymbol{X}}_{k/k-1}+\boldsymbol{K}_k[\boldsymbol{Y}_k-\boldsymbol{h}(\hat{\boldsymbol{X}}_{k/k-1},k)]\tag{4-58}
$$

式中，

$$
\hat{\boldsymbol{X}}_{k/k-1}=\hat{\boldsymbol{X}}_{k-1/k-1}\tag{4-59}
$$

$$
\boldsymbol{K}_k=\boldsymbol{P}_{k/k-1}\boldsymbol{H}_k^{\mathrm{T}}[\boldsymbol{H}_k\boldsymbol{P}_{k/k-1}\boldsymbol{H}_k^{\mathrm{T}}+\boldsymbol{R}_k]^{-1}\tag{4-60}
$$

$$
\boldsymbol{P}_{k/k-1}=\boldsymbol{P}_{k-1/k-1}+\boldsymbol{Q}_{k-1}\tag{4-61}
$$

$$
\boldsymbol{P}_k=\boldsymbol{P}_{k/k-1}+\boldsymbol{K}_k\boldsymbol{H}_k\boldsymbol{P}_{k/k-1}\tag{4-62}
$$

$$
\boldsymbol{H}_k=\left.\frac{\partial\boldsymbol{h}(\boldsymbol{X},k)}{\partial X}\right|_{t=t_k,\hat{X}_k=\hat{X}_{k/k-1}}\tag{4-63}
$$

依系统状态模型的不确定程度以及观测噪声的强度，给出矩阵序列 $\boldsymbol{Q}_k$ 和 $\boldsymbol{R}_k$，给定滤波器初值，代入滤波方程进行递推计算，给出与观测时刻相对应的自转轴姿态的滤波值。“东方红二号”通信卫星的部分遥测数据的处理结果表明，基于推广的卡尔曼滤波方法给出的卫星自旋轴姿态的估计误差为过渡段 0.2°~0.3°，准同步段 0.1°~0.2°，同步段 0.03°~0.04°。

4.4 三轴稳定航天器的姿态确定

三轴稳定航天器的姿态确定就是根据姿态敏感器的测量估计算出所需的航天器姿态参数或姿态矩阵，姿态矩阵是本体系与定义姿态的参考坐标之间的转移矩阵。由于这些被测的参考天体的方向并不一定与参考坐标轴一致，且敏感器的测量轴也可能与本体坐标轴并不平行，因此，在这种情况下，敏感器的输出值不能直接代表航天器的姿态参数，但这些被测的参考矢量在参考坐标系中的方向是已知的，通过对比同一参考矢量在两个坐标系中的方向余弦，可以建立一组包含姿态参数的线性方程式。若仅观测一个参考矢量，则只能得到两个独立的测量值，而待求未知变量为三个独立的姿态参数，因此，必须观测两个参考矢量才能唯一地确定姿态矩阵。

4.4.1 姿态确定的双矢量方式

4.4.1.1 双矢量方式及精度估计

假设在参考坐标系中有两个不平行的参考矢量 $\boldsymbol{V}_1$、$\boldsymbol{V}_2$，在本体坐标系中观测矢量为 $\boldsymbol{U}_1$、$\boldsymbol{U}_2$，则姿态矩阵为

$$\boldsymbol{A} = \boldsymbol{M}_S\boldsymbol{M}_R^{-1} = \boldsymbol{M}_S\boldsymbol{M}_R^{\mathrm{T}} \tag{4-64}$$

式中，

$$\boldsymbol{M}_S = \left[\boldsymbol{U}_1 \quad \frac{\boldsymbol{U}_1 \times \boldsymbol{U}_2}{\|\boldsymbol{U}_1 \times \boldsymbol{U}_2\|} \quad \boldsymbol{U}_1 \times \frac{\boldsymbol{U}_1 \times \boldsymbol{U}_2}{\|\boldsymbol{U}_1 \times \boldsymbol{U}_2\|}\right] \tag{4-65}$$

$$\boldsymbol{M}_R = \left[\boldsymbol{V}_1 \quad \frac{\boldsymbol{V}_1 \times \boldsymbol{V}_2}{\|\boldsymbol{V}_1 \times \boldsymbol{V}_2\|} \quad \boldsymbol{V}_1 \times \frac{\boldsymbol{V}_1 \times \boldsymbol{V}_2}{\|\boldsymbol{V}_1 \times \boldsymbol{V}_2\|}\right] \tag{4-66}$$

通过此姿态矩阵，可得

$$\begin{cases}\boldsymbol{U}_1 = \boldsymbol{A}\boldsymbol{V}_1 \\ \boldsymbol{U}_2 = \boldsymbol{A}\boldsymbol{V}_2\end{cases} \tag{4-67}$$

由于存在测量误差，观测矢量 $\boldsymbol{U}_1$、$\boldsymbol{U}_2$ 分别在锥角为 α_1、α_2，轴为 $\boldsymbol{V}_1$、$\boldsymbol{V}_2$ 的锥上，如图4-18所示。令单位矢量 $\boldsymbol{V}_3$、$\boldsymbol{U}_3$ 分别垂直于 $\boldsymbol{V}_1$、$\boldsymbol{V}_2$ 和 $\boldsymbol{U}_1$、$\boldsymbol{U}_2$，因此，$\boldsymbol{V}_1$、$\boldsymbol{V}_2$、$\boldsymbol{V}_3$ 组成一个固连于参考坐标系非正交坐标系，同样，$\boldsymbol{U}_1$、$\boldsymbol{U}_2$、$\boldsymbol{U}_3$ 组成一个固连于本体坐标系的非正交坐标系。分析这两个坐标之间的相对转移关系，就可以说明由于测量误差引起的姿态确定误差。用绕欧拉轴的转角 $\boldsymbol{\Phi}$ 表示这两个坐标系间的相对位移，即

$$\sin^2\frac{\Phi}{2} = \frac{1}{2}\left(\sin^2\frac{\alpha_1}{2} + \sin^2\frac{\alpha_2}{2} + \sin^2\frac{\alpha_3}{2}\right) \tag{4-68}$$

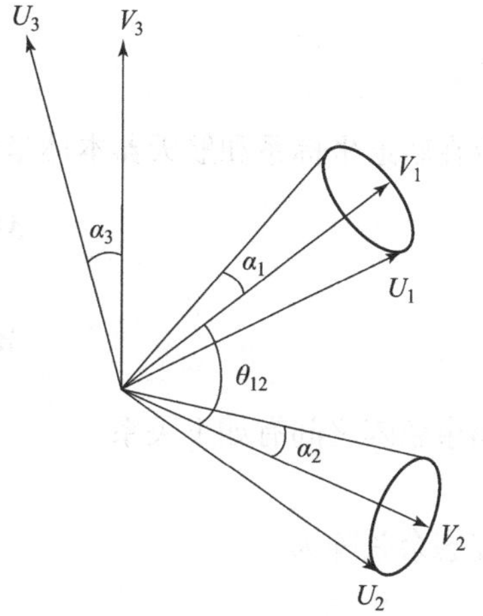

图4-18 双矢量定姿精度分析示意

式中，α_3 为 $\boldsymbol{V}_3$、$\boldsymbol{U}_3$ 间夹角，当测量误差 α_1、α_2 较小时，有如下近似等式

$$\|\boldsymbol{V}_1 \times \boldsymbol{V}_2\| \approx \|\boldsymbol{U}_1 \times \boldsymbol{U}_2\| \approx \sin\theta_{12} \tag{4-69}$$

$$\boldsymbol{V}_1 \cdot \boldsymbol{U}_2 \approx \boldsymbol{V}_2 \cdot \boldsymbol{U}_1 \approx \cos\theta_{12} \tag{4-70}$$

利用这些近似等式，可导出 $\boldsymbol{V}_3$、$\boldsymbol{U}_3$ 之间的角度关系

$$\cos\alpha_3 \approx \frac{1}{\sin^2\theta_{12}}(\cos\alpha_1\cos\alpha_2 - \cos^2\theta_{12}) \tag{4-71}$$

进行恒等变换，并考虑 $\sin^2\frac{\alpha_1}{2}\sin^2\frac{\alpha_2}{2} \approx 0$，可得

$$\sin^2\frac{\alpha_3}{2} \approx \frac{1}{\sin^2\theta_{12}}\left(\sin^2\frac{\alpha_1}{2} + \sin^2\frac{\alpha_2}{2}\right) \tag{4-72}$$

代入式（4-68），得

$$\sin^2\frac{\Phi}{2}\approx\frac{1}{2}\left(\sin^2\frac{\alpha_1}{2}+\sin^2\frac{\alpha_2}{2}\right)(1+\csc^2\theta_{12}) \tag{4-73}$$

考虑误差较小，即锥角较小时，有

$$\Phi^2\approx\frac{1}{2}(\alpha_1^2+\alpha_2^2)(1+\csc^2\theta_{12}) \tag{4-74}$$

欧拉转角代表了参考矢量的测量误差引起的姿态确定误差，此误差由两部分构成：一部分直接反映测量误差，另一部分与参考矢量之间的几何关系有关。当两个参考矢量正交时，确定误差最小；两个参考矢量夹角越接近0°或180°时，姿态确定误差越大。

4.4.1.2 太阳－地球方式

当滚转－偏航和俯仰太阳敏感器同时见到太阳时，可以利用双矢量定姿原理来确定航天器的三轴姿态。假设 $\boldsymbol{E}_o$、$\boldsymbol{E}_b$ 为地心单位矢量在当地轨道坐标系和航天器本体坐标系中的投影，$\boldsymbol{S}_o$、$\boldsymbol{S}_b$ 为太阳单位矢量在当地轨道坐标系和航天器本体坐标系中的投影。根据正交坐标系原则，建立四个新矢量为

$$\begin{cases}\boldsymbol{A}_o=\boldsymbol{S}_o\times\boldsymbol{E}_o\\ \boldsymbol{A}_b=\boldsymbol{S}_b\times\boldsymbol{E}_b\end{cases} \tag{4-75}$$

$$\begin{cases}\boldsymbol{B}_o=\boldsymbol{S}_o\times\boldsymbol{A}_o\\ \boldsymbol{B}_b=\boldsymbol{S}_b\times\boldsymbol{A}_b\end{cases} \tag{4-76}$$

构成在轨道坐标系和航天器本体坐标系中的方向余弦阵

$$\boldsymbol{M}_o=\left[\boldsymbol{S}_o\quad\frac{\boldsymbol{A}_o}{|\boldsymbol{A}_o|}\quad\frac{\boldsymbol{B}_o}{|\boldsymbol{B}_o|}\right] \tag{4-77}$$

$$\boldsymbol{M}_b=\left[\boldsymbol{S}_b\quad\frac{\boldsymbol{A}_b}{|\boldsymbol{A}_b|}\quad\frac{\boldsymbol{B}_b}{|\boldsymbol{B}_b|}\right] \tag{4-78}$$

方向余弦阵之间有如下关系

$$\boldsymbol{M}_b=\boldsymbol{C}_{bo}\boldsymbol{M}_o \tag{4-79}$$

则姿态余弦阵为

$$\boldsymbol{C}_{bo}=[\boldsymbol{S}_b\quad\boldsymbol{A}_b\quad\boldsymbol{B}_b]\begin{bmatrix}1&&\\&\dfrac{1}{|\boldsymbol{A}_o|}&\\&&\dfrac{1}{|\boldsymbol{B}_o|}\end{bmatrix}\begin{bmatrix}\boldsymbol{S}_o\\ \boldsymbol{A}_o\\ \boldsymbol{B}_o\end{bmatrix} \tag{4-80}$$

再根据航天器姿态为小姿态的姿态转换阵可联立求解出三个姿态角。

4.4.2 姿态确定的多矢量方式

在实际工程中，可利用多参考矢量，例如，在星敏感器的面阵上有若干星光像元都可作为参考矢量进行航天器的姿态确定。定义参考矢量阵为 $\boldsymbol{V}=(\boldsymbol{V}_1\quad\boldsymbol{V}_2\quad\cdots\quad\boldsymbol{V}_N)$，观测矢量阵为 $\boldsymbol{U}=(\boldsymbol{U}_1\quad\boldsymbol{U}_2\quad\cdots\quad\boldsymbol{U}_N)$，则观测方程为

$$\boldsymbol{U}=\boldsymbol{A}\boldsymbol{V} \tag{4-81}$$

或

$$\boldsymbol{V}=\boldsymbol{B}\boldsymbol{U} \tag{4-82}$$

式中，$\boldsymbol{A}$ 为姿态矩阵；$\boldsymbol{B}=\boldsymbol{A}^{\mathrm{T}}$。此观测方程的代数解为

$$\boldsymbol{B}=\boldsymbol{V}\boldsymbol{U}^{\mathrm{T}}(\boldsymbol{U}\boldsymbol{U}^{\mathrm{T}})^{-1} \tag{4-83}$$

一般，此解为非正交矩阵，正交化后不满足观测方程式（4-82）。实际观测矢量 $\boldsymbol{U}_i$ 为

$$\boldsymbol{U}_i=\boldsymbol{U}_i^*+\Delta\boldsymbol{U}_i \tag{4-84}$$

式中，$\boldsymbol{U}_i^*$ 为期望矢量；$\Delta\boldsymbol{U}_i$ 为观测误差。

因此，多矢量确定姿态的方式为求正交的最优矩阵 $\boldsymbol{B}^*$，使下列优化极值指标为最小

$$L(\boldsymbol{B}^*)=\sum|\Delta\boldsymbol{U}_i|^2 \tag{4-85}$$

同时满足约束条件

$$\boldsymbol{B}^{*\mathrm{T}}=\boldsymbol{B}^{*-1} \tag{4-86}$$

可认为观测方程式（4-82）的伪逆解式（4-83）为上式优化的近似解。令 $\Delta\boldsymbol{B}$ 为 $\boldsymbol{B}$ 正交化的校正量，即

$$\boldsymbol{B}^*=\boldsymbol{B}+\Delta\boldsymbol{B} \tag{4-87}$$

则约束条件式（4-86）可转化为

$$\boldsymbol{B}^{\mathrm{T}}=\boldsymbol{B}^{-1}-\boldsymbol{B}^{-1}\Delta\boldsymbol{B}\boldsymbol{B}^{-1} \tag{4-88}$$

以 $\boldsymbol{B}$ 乘左右两端，可得正交条件的 $\Delta\boldsymbol{B}$ 为

$$\boldsymbol{B}\Delta\boldsymbol{B}^{\mathrm{T}}+\Delta\boldsymbol{B}\boldsymbol{B}^{-1}=\boldsymbol{I}-\boldsymbol{B}\boldsymbol{B}^{\mathrm{T}} \tag{4-89}$$

满足上式的 $\Delta\boldsymbol{B}$ 应使优化极值指标为最小，其条件为

$$\boldsymbol{B}\Delta\boldsymbol{B}^{\mathrm{T}}=\Delta\boldsymbol{B}\boldsymbol{B}^{-1} \tag{4-90}$$

统一正交和优化条件，可得

$$\Delta\boldsymbol{B}=\frac{\boldsymbol{I}-\boldsymbol{B}\boldsymbol{B}^{\mathrm{T}}}{2}\boldsymbol{B} \tag{4-91}$$

因此，姿态确定的多矢量方式最优解为

$$\boldsymbol{B}^*=\boldsymbol{B}\frac{3\boldsymbol{I}-\boldsymbol{B}^{\mathrm{T}}\boldsymbol{B}}{2} \tag{4-92}$$

4.4.3 姿态确定的状态估计方式

对于三轴稳定航天器，由于空间干扰力矩，其姿态动态漂移的角速率远大于自旋航天器姿态，采用参考矢量观测确定姿态的动态过程的精度受姿态敏感器带宽的限制。同时，参考矢量观测的系统误差和随机误差直接影响姿态确定精度。因此，可引入高精度的速率积分陀螺，获得姿态动态变化的信息，减少矢量观测的不利因素的影响。同时，矢量观测有助于估计陀螺漂移，提高陀螺的测量精度。因此，由陀螺和矢量观测组成的姿态测量系统是三轴稳定航天器姿态确定的典型构成。采用速率积分陀螺的另一重要优点是：在姿态确定的状态估计模式中，状态方程可选用航天器姿态的运动学方程，而不是姿态动力学方程，提高姿态估计的收敛性和精度。

假设三个速率积分陀螺的输入轴分别沿航天器本体系三轴安装，陀螺系统的测速模型为

$$\boldsymbol{g}(t)=\boldsymbol{\omega}(t)+\boldsymbol{b}(t)+\boldsymbol{d}(t)+\boldsymbol{n}(t) \tag{4-93}$$

式中，$\boldsymbol{g}(t)$ 为三个陀螺的测量输出；$\boldsymbol{\omega}(t)$ 为三个陀螺输入轴的姿态速率；$\boldsymbol{b}(t)$ 和 $\boldsymbol{d}(t)$ 为三个陀螺的漂移；$\boldsymbol{n}(t)$ 为三个陀螺的白噪声。

对于由太阳敏感器、红外地平仪和速率积分陀螺组成的姿态测量系统，在三轴稳定状态

时，航天器相对于轨道系的姿态角为小量，速率积分陀螺的输入是航天器在空间的转速沿本体系的分量，即

$$\omega = \begin{bmatrix} \dot{\varphi} - \omega_0\psi \\ \dot{\theta} - \omega_0 \\ \dot{\psi} - \omega_0\varphi \end{bmatrix} \tag{4-94}$$

以陀螺测量输出作为输入函数的姿态角状态方程为

$$\begin{cases} \dot{\varphi} = \omega_0\psi - b_x - d_x + g_x + n_x \\ \dot{\theta} = \omega_0 - b_y - d_y + g_y + n_y \\ \dot{\psi} = \omega_0\varphi - b_z - d_z + g_z + n_z \end{cases} \tag{4-95}$$

陀螺常值漂移和相关漂移的状态方程为

$$\begin{cases} \dot{b}_i = n_{bi} \\ \dot{d}_i = -\dfrac{1}{\tau_i}d_i + n_{di} \end{cases} \tag{4-96}$$

式中，$i = x, y, z$；τ_i 为相关时间参数。姿态确定的观测量包含红外地平仪的测量滚转角 φ_h 和俯仰角 θ_h，以及太阳敏感器的测量 m_φ、m_θ、m_ψ。为消除误差对姿态确定精度的影响，红外地平仪测量的系统误差 $\Delta\varphi_h$、$\Delta\theta_h$ 也应进行自估计，其状态方程为

$$\begin{cases} \Delta\dot{\varphi}_h = 0 \\ \Delta\dot{\theta}_h = 0 \end{cases} \tag{4-97}$$

在对地定向的姿态运动学中，俯仰通道和滚转－偏航通道不耦合，因此，状态估计可分为两部分分别进行。

4.4.3.1 俯仰回路

俯仰测量回路的状态矢量和观测矢量为

$$\begin{cases} \boldsymbol{x} = (\theta \quad b_y \quad d_y \quad \Delta\theta_h)^{\mathrm{T}} \\ \boldsymbol{y} = (\theta_h \quad m_\theta)^{\mathrm{T}} \end{cases} \tag{4-98}$$

状态方程为

$$\dot{\boldsymbol{x}}_y = \boldsymbol{F}_y\boldsymbol{x}_y + \boldsymbol{G}_y + \boldsymbol{W}_y \tag{4-99}$$

式中，

$$\boldsymbol{F}_y = \begin{bmatrix} 0 & -1 & -1 & 0 \\ 0 & 0 & 0 & 0 \\ 0 & 0 & -\dfrac{1}{\tau_x} & 0 \\ 1 & 0 & 0 & 0 \end{bmatrix} \tag{4-100}$$

$$\boldsymbol{G}_y = \begin{bmatrix} \omega_0 + g_y \\ 0 \\ 0 \\ 0 \end{bmatrix} \tag{4-101}$$

$$\boldsymbol{W}_y = \begin{bmatrix} n_y \\ n_{by} \\ n_{dy} \\ 0 \end{bmatrix} \tag{4-102}$$

陀螺的测量输出值为状态方程所含的函数，其噪声视为状态方程所包含的函数，且噪声 $\boldsymbol{W}_y(t)$ 一般设为平稳的白噪声过程，即

$$E\{\boldsymbol{W}_y(t)\} = \boldsymbol{0}, E\{\boldsymbol{W}_y(t)\boldsymbol{W}_y^{\mathrm{T}}(\tau)\} = \boldsymbol{Q}_y\delta(t-\tau) \tag{4-103}$$

观测方程为

$$\boldsymbol{z} = \boldsymbol{h}_y(\boldsymbol{x},t) + \boldsymbol{V}_y \tag{4-104}$$

式中，

$$\boldsymbol{h}_y(\boldsymbol{x},t) = \begin{bmatrix} \theta + \Delta\theta_h \\ \dfrac{S_{ox} + \psi S_{oy} - \theta S_{oz}}{\theta S_{ox} - \varphi S_{oy} + S_{oz}} \end{bmatrix} \tag{4-105}$$

$$\boldsymbol{V}_y = \begin{bmatrix} \boldsymbol{V}_h \\ \boldsymbol{V}_s \end{bmatrix} \tag{4-106}$$

式中，S_{ox}、S_{oy}、S_{oz}为太阳矢量在轨道坐标系下三轴的分量，测量噪声 $\boldsymbol{V}_y$ 一般设为平稳的白噪声过程，即

$$E\{\boldsymbol{V}_y(t)\} = \boldsymbol{0}, E\{\boldsymbol{V}_y(t)\boldsymbol{V}_y^{\mathrm{T}}(\tau)\} = \boldsymbol{R}_y\delta(t-\tau) \tag{4-107}$$

将式（4-104）在标称值 $\boldsymbol{x} = \boldsymbol{0}$ 处线性化并取一阶线性项，得

$$\boldsymbol{z} = \boldsymbol{h}_y(\boldsymbol{0},t) + \boldsymbol{H}_y(\boldsymbol{0},t)\boldsymbol{x} + \boldsymbol{V}_y \tag{4-108}$$

式中，

$$\boldsymbol{H}_y(\boldsymbol{0},t) = \left.\frac{\partial \boldsymbol{h}_y(\boldsymbol{x},t)}{\partial \boldsymbol{x}}\right|_{x=0} \tag{4-109}$$

对式（4-99）和式（4-108）连续型线性系统可设计如下卡尔曼滤波器

$$\dot{\hat{\boldsymbol{x}}} = \boldsymbol{F}_y\hat{\boldsymbol{x}} + \boldsymbol{G}_y + \boldsymbol{K}(t)[\boldsymbol{z} - \boldsymbol{h}_y(\hat{\boldsymbol{x}},t)] \tag{4-110}$$

式中，

$$\boldsymbol{K}(t) = \boldsymbol{P}\boldsymbol{H}_y^{\mathrm{T}}\boldsymbol{R}_y^{-1} \tag{4-111}$$

$$\dot{\boldsymbol{P}} = \boldsymbol{P}\boldsymbol{F}_y^{\mathrm{T}} + \boldsymbol{F}_y\boldsymbol{P} - \boldsymbol{P}\boldsymbol{H}_y^{\mathrm{T}}\boldsymbol{R}_y^{-1}\boldsymbol{H}_y\boldsymbol{P} + \boldsymbol{Q}_y^{\mathrm{T}} \tag{4-112}$$

4.4.3.2　滚转-偏航回路

滚转-偏航测量回路的状态矢量和观测矢量为

$$\begin{cases} \boldsymbol{x} = (\varphi \quad \psi \quad b_x \quad d_x \quad b_z \quad d_z \quad \Delta\psi_h)^{\mathrm{T}} \\ \boldsymbol{y} = (\varphi_h \quad m_\varphi \quad m_\psi)^{\mathrm{T}} \end{cases} \tag{4-113}$$

状态方程为

$$\dot{\boldsymbol{x}}_{xz} = \boldsymbol{F}_{xz}\boldsymbol{x}_{xz} + \boldsymbol{G}_{xz} + \boldsymbol{W}_{xz} \tag{4-114}$$

式中，

$$
F_{xz}=\begin{bmatrix} 0 & -\omega_0 & -1 & 0 & -1 & 0 & 0 \\ -\omega_0 & 0 & 0 & -1 & 0 & -1 & 0 \\ 0 & 0 & 0 & 0 & 0 & 0 & 0 \\ 0 & 0 & 0 & 0 & 0 & 0 & 0 \\ 0 & 0 & 0 & 0 & \dfrac{1}{\tau_x} & 0 & 0 \\ 0 & 0 & 0 & 0 & 0 & -\dfrac{1}{\tau_x} & 0 \\ 0 & 0 & 0 & 0 & 0 & 0 & 0 \end{bmatrix} \tag{4-115}
$$

$$
G_y=[g_x \quad g_z \quad 0 \quad 0 \quad 0 \quad 0 \quad 0]^{\mathrm{T}} \tag{4-116}
$$

$$
W_y=[n_x \quad n_z \quad n_{bx} \quad n_{bz} \quad n_{dx} \quad n_{dz} \quad 0]^{\mathrm{T}} \tag{4-117}
$$

噪声 $W_{xz}(t)$ 一般设为平稳的白噪声过程，即

$$
E\{W_{xz}(t)\}=\mathbf{0}, E\{W_{xz}(t)W_{xz}^{\mathrm{T}}(\tau)\}=Q_{xz}\delta(t-\tau) \tag{4-118}
$$

观测方程为

$$
z=h_{xz}(x,t)+V_{xz} \tag{4-119}
$$

式中，

$$
h_{xz}(x,t)=\begin{bmatrix} \varphi+\Delta\varphi_h \\ \dfrac{-\psi S_{ox}+S_{oy}+\varphi S_{oz}}{\theta S_{ox}-\varphi S_{oy}+S_{oz}} \\ \dfrac{S_{ox}+\psi S_{oy}-\theta S_{oz}}{-\psi S_{ox}+S_{oy}+\varphi S_{oz}} \end{bmatrix} \tag{4-120}
$$

$$
V_{xz}=\begin{bmatrix} V_h \\ V_s \\ V_s \end{bmatrix} \tag{4-121}
$$

测量噪声 V_{xz} 一般设为平稳的白噪声过程，即

$$
E\{V_{xz}(t)\}=\mathbf{0}, E\{V_{xz}(t)V_{xz}^{\mathrm{T}}(\tau)\}=R_{xz}\delta(t-\tau) \tag{4-122}
$$

与俯仰回路类似，在标称值 $x=\mathbf{0}$ 处线性化并取一阶线性项，得

$$
z=h_{xz}(\mathbf{0},t)+H_{xz}(\mathbf{0},t)x+V_{xz} \tag{4-123}
$$

式中，

$$
H_{xz}(\mathbf{0},t)=\left.\frac{\partial h_{xz}(x,t)}{\partial x}\right|_{x=0} \tag{4-124}
$$

可设计如下卡尔曼滤波器

$$
\dot{\hat{x}}=F_{xz}\hat{x}+G_{xz}+K(t)[z-h_{xz}(\hat{x},t)] \tag{4-125}
$$

式中，

$$
K(t)=PH_{xz}^{\mathrm{T}}R_{xz}^{-1} \tag{4-126}
$$

$$
\dot{P}=PF_{xz}^{\mathrm{T}}+F_{xz}P-PH_{xz}^{\mathrm{T}}R_{xz}^{-1}H_{xz}P+Q_{xz}^{\mathrm{T}} \tag{4-127}
$$

采用较好的陀螺，此系统的姿态精度与太阳敏感器精度相当，能够有效消除红外地平仪系统误差的影响。

思　考　题

1. 比较航天器姿态敏感器的应用情况和优缺点。
2. 分析太阳方向航天器姿态参考测量的原理。
3. 在姿态敏感器故障的时候，自旋航天器如何进行姿态确定？
4. 自旋航天器和三轴稳定航天器姿态确定的几何方式有何区别？
5. 阐述航天器需进行姿态确定的理由。
6. 解释航天器姿态确定状态估计的原理。
7. 进行三轴稳定航天器姿态确定双矢量方式的精度估计。
8. 基于 WT901BLE5.0C 姿态角度传感器信息，将得到的角速度数据进行滤波处理，得到转台转速。

程　　序

1. 程序

```
%*****************************************************************
%Description:
%基于姿态角度传感器信息,将得到的角速度数据进行滤波处理
%输入:姿态角度传感器信息 data,629×6 矩阵,内容为每时刻三轴姿态角
%及角速度
%输出:滤波前后角速度随时间的变化图像
%*****************************************************************
clear
clc

%%观测数据
T=0.1;
N=629;
X=zeros(6,N);  %thetax,thetay,thetaz,wx,wy,wz
R=(0.0001* pi/180/T)^2* eye(3);  %观测噪声协方差
F=[1,0,0,T,0,0;
0,1,0,0,T,0;
0,0,1,0,0,T;
0,0,0,1,0,0;
0,0,0,0,1,0;
0,0,0,0,0,1];
Z=zeros(3,N);  %观测量为 3* N 的矩阵
```

```
X = data';  %角速度数据
w = X(1:3,:);
Z = w;  %真实的观测角速度
H = zeros(3,6);  %观测矩阵初始化

%%观测矩阵
H(1,1) =0;H(1,2) =0;H(1,3) =0;H(1,4) =1;H(1,5) =0;H(1,6) =0;
H(2,1) =0;H(2,2) =0;H(2,3) =0;H(2,4) =0;H(2,5) =1;H(2,6) =0;
H(3,1) =0;H(3,2) =0;H(3,3) =0;H(3,4) =0;H(3,5) =0;H(3,6) =1;

%%KF 滤波
Xekf = zeros(6,N);  %初始化 %wx,wy,wz,thetax,thetay,thetaz
Xekf(:,1) =X(:,1);  %thetax thetay thetaz wx,wy,wz
P0 = diag([(0.5* pi/180/T)^2,(0.5* pi/180/T)^2,(0.5* pi/180/T)^
2,...
    (0.5* pi/180)^2,(0.5* pi/180)^2,(0.5* pi/180)^2]);  %协方差矩阵
%更新过程
for i =2:N
    Xn = F* Xekf(:,i -1);
    P1 = F* P0* F';  %一步预测协方差阵
    creal = zeros(3,N);
    creal(1:3,i) = Xn(1:3,:);
    K = P1* H'/(H* P1* H' +R);  %滤波增益矩阵
    Xekf(:,i) = Xn + K* (Z(:,i) - creal(:,i));  %Xekf 为 6* 1 矩阵
    P0 = (eye(6) - K* H)* P1;
end

%%画图
figure(1)
plot(Xekf(1,:));
xlabel('t/s');
ylabel('w_x/(deg/s)');

figure(2)
plot(Xekf(2,:));
xlabel('t/s');
ylabel('w_y/(deg/s)');

figure(3)
```

```
plot(Xekf(3,:));
xlabel('t/s');
ylabel('w_z/(deg/s)');
```

2. 结果

通过传感器数据得到的角速度变化曲线如图 4 – 19 所示。

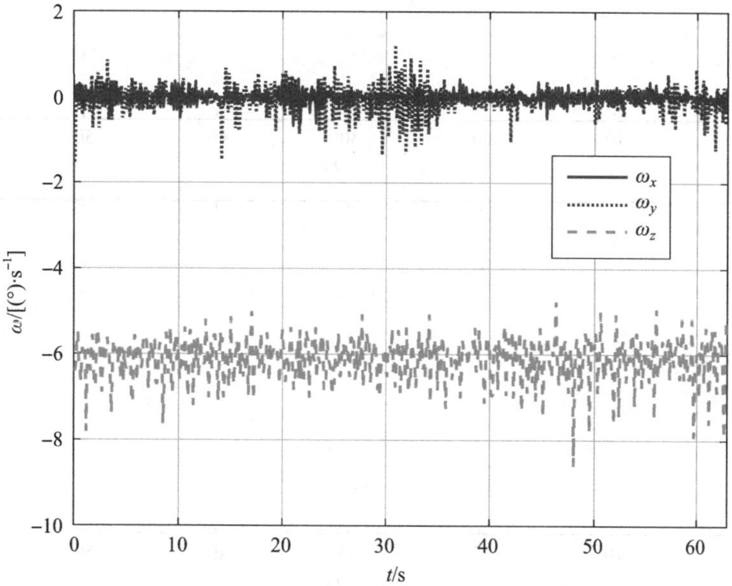

图 4 – 19　通过传感器数据得到的角速度变化曲线

通过滤波得到的角速度变化曲线如图 4 – 20 所示。

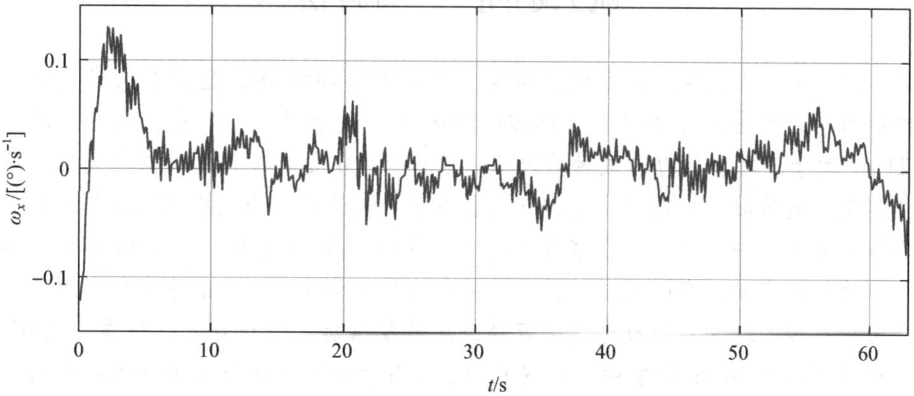

图 4 – 20　通过滤波得到的角速度变化曲线

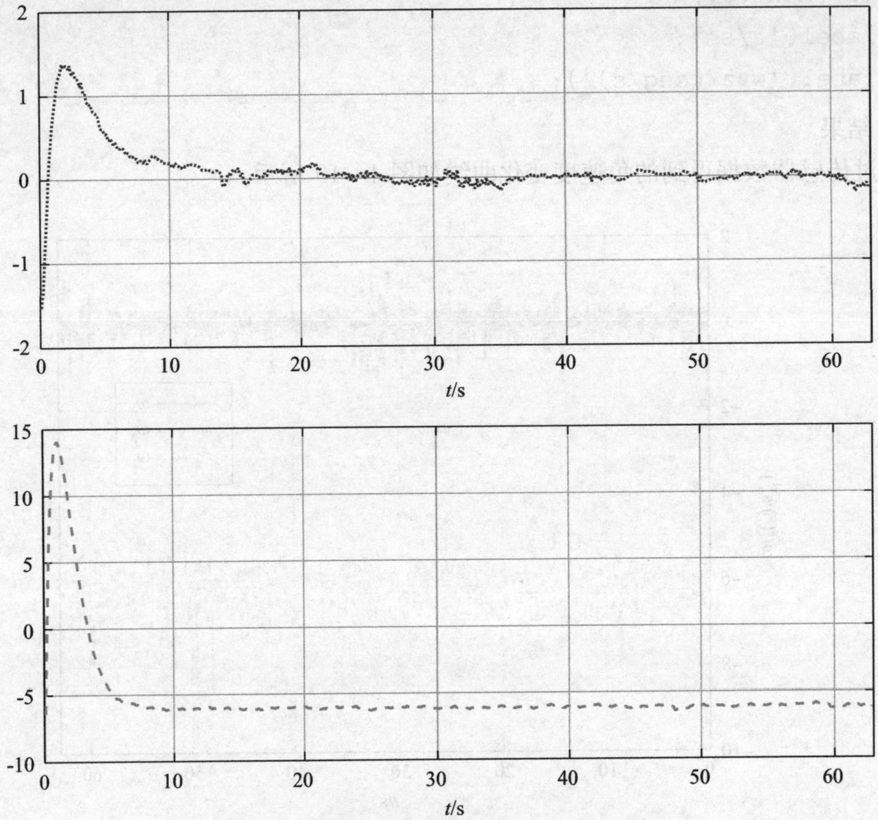

图 4-20　通过滤波得到的角速度变化曲线（续）

航天趣闻——傅科摆

几百年前，科学家已经知道地球在旋转，但是直到 1851 年，还没有人证明它。一个叫来昂·傅科的年轻的法国物理学家（1819—1868 年）展示了一个单摆，能一直改变摇摆面（图 4-21）。由于没有旋转力造成轴的改变，他猜想一定是钟摆下的地球在旋转。这个灵感来自一个实验，他拨动一根在车床上旋转的长钢杆。他注意到当它在车床上持续旋转时，其振动轴保持在相同的平面内。他在家里用一个带 5 kg 铜球（悬锤）的 2 m 长的金属丝尝试了他的第一次钟摆实验。实验成功了，于是他将金属丝增长到 11 m 并将它搬到了巴黎天文台。由于公众兴趣的增长，他被邀请在万神殿对巴黎所有人进行展示，他在一根 67 m 长的金属丝上悬挂了一个 28 kg 的摆锤。有权威的目击者看到了钟摆随着每一次摆动而缓慢地沿顺时针转动摆面，这就证明了地球是逆时针旋转的。

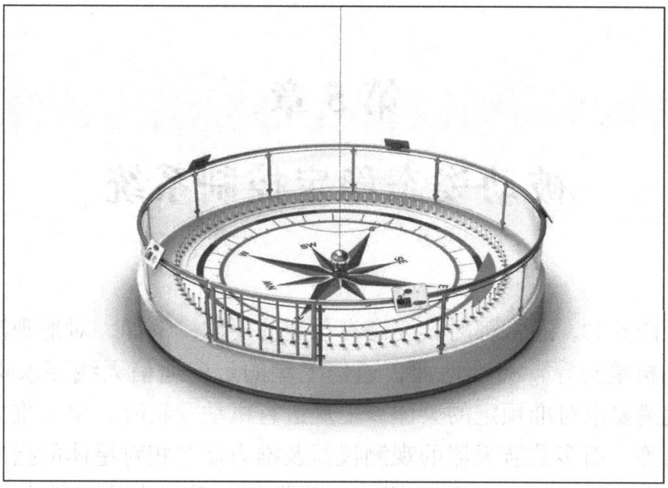

图 4－21　傅科摆

第 5 章

被动姿态稳定控制系统

航天器在执行任务时，通常都对其姿态有预定的要求，例如，对地观测的卫星要把星上的遥感仪器（照相机镜头等）对准地面，通信卫星的定向通信天线要求指向地面，观测天体的星上天文望远镜要求对准预定的天体，卫星进行机动变轨时，星上推力器的推力应在空间中有预定的方向等，而多数航天器的观测仪器及推力器等相对星体的指向是固定的，这就要求航天器对某参考物体（地球、天体等，也可称参考系）有给定的方位或指向，而描述这种方位的物理量就是航天器姿态。

5.1 刚体自旋卫星被动姿态稳定系统

人造卫星的构造一般非常复杂，其中包含许多刚度不同的构件、电缆、推进剂工质、仪器仪表等，但是在对其姿态运动进行研究特别是初步研究时，常常可以把整个卫星当作刚体，这就是说，即使是简单的刚体模型，往往也能相当好地代表真实卫星的运动特性。对于另外一些刚性较小，如具有大型挠性结构的卫星，刚体模型的研究结果也可以作为对更为复杂的模型进行研究的基础。自旋卫星的姿态动力学就是经典力学中刚体绕定点转动的问题，在许多理论力学书中有详细的论述。为了便于说明自旋卫星姿态运动的特点以及姿态控制中的一些问题，有必要阐述刚体自旋运动的一些基本特性。

5.1.1 轴对称刚体的自由运动

将卫星视为刚体后，就可以通过刚体绕定点转动的经典理论来讨论刚体的自由运动，即不受外力矩作用的刚体的旋转运动特性。若将卫星本体坐标系 $Oxyz$ 的原点取在卫星质心上，三个坐标轴与卫星惯性主轴一致，则卫星的姿态动力学方程就是欧拉方程。

由于外力矩 $M_x = M_y = M_z = 0$，由欧拉方程，推导有

$$\left.\begin{aligned} I_x\dot{\omega}_x - (I_y - I_z)\omega_y\omega_z = 0 \\ I_y\dot{\omega}_y - (I_z - I_x)\omega_z\omega_x = 0 \\ I_z\dot{\omega}_z - (I_x - I_y)\omega_x\omega_y = 0 \end{aligned}\right\} \tag{5-1}$$

式中，ω_x、ω_y、ω_z 都是刚体相对参考坐标系的转速 ω_b 在本体坐标系中的分量。分析单旋刚体自由运动的特性，需要从式（5-1）的微分方程中求解出 ω_x、ω_y、ω_z。

下面讨论刚体对某个自旋轴轴对称时刚体的运动性质。如果卫星有两个主惯量相等，不妨设 $I_x = I_y = I$，则称刚体对自旋轴 Oz 轴对称，由式（5-1），可得

$$\left.\begin{aligned}\dot{\omega}_x + \Omega_n\omega_y &= 0\\ \dot{\omega}_y - \Omega_n\omega_x &= 0\\ \dot{\omega}_z &= 0\end{aligned}\right\} \tag{5-2}$$

式中，$\Omega_n = \left(\frac{I_z}{I} - 1\right)\omega_z$，$\frac{I_z}{I}$ 称为惯量比。

从式（5－2）第三个等式可知 ω_z 为常值，说明轴对称自旋卫星的自旋运动与横向运动之间没有耦合。假设初始条件为 $\omega_x(0) = \omega_0\cos\varphi$，$\omega_y(0) = \omega_0\sin\varphi$，$\omega_z(0) = \omega_{z0}$，则式（5－2）的解为

$$\begin{bmatrix}\omega_x\\ \omega_y\\ \omega_z\end{bmatrix} = \begin{bmatrix}\omega_0\cos(\Omega_n t + \varphi)\\ \omega_0\sin(\Omega_n t + \varphi)\\ \omega_{z0}\end{bmatrix} \tag{5-3}$$

从式（5－3）可以看出轴对称自旋卫星姿态运动的特点：在卫星本体坐标系中，角速率分量 ω_x、ω_y 呈周期性变化，周期为$\frac{2\pi}{\Omega_n}$，而自旋转速始终保持 ω_{z0} 不变。将式（5－3）写成矢量的形式

$$\begin{aligned}\boldsymbol{\omega}_b &= \omega_0\cos(\Omega_n t + \varphi)\boldsymbol{e}_x + \omega_0\sin(\Omega_n t + \varphi)\boldsymbol{e}_y + \omega_{z0}\boldsymbol{e}_z\\ &= \boldsymbol{\omega}_t + \omega_{z0}\boldsymbol{e}_z\end{aligned} \tag{5-4}$$

式中，$\boldsymbol{\omega}_t$ 是 ω_x、ω_y 的合成角速率矢量，如图 5－1 所示，由于 $\boldsymbol{\omega}_t$ 始终处于和自旋轴垂直的平面内，因此，称之为横向角速率，其幅值为 ω_0。由于 ω_x、ω_y 呈周期变化且始终在 Oxy 平面内，横向角速率 $\boldsymbol{\omega}_t$ 绕 Oz 轴旋转，转速为 Ω_n，因此卫星的瞬时转速 $\boldsymbol{\omega}_b$ 绕自旋轴做圆锥运动。当 $\frac{I_z}{I} > 1$ 时，称为扁粗形自旋卫星，此时 $\Omega_n > 0$，卫星的转速 $\boldsymbol{\omega}_b$ 绕自旋轴做圆锥运动的方向和自旋轴同向；当 $\frac{I_z}{I} < 1$ 时，称为细长形自旋卫星，此时 $\Omega_n < 0$，卫星的转速 $\boldsymbol{\omega}_b$ 绕自旋轴做圆锥运动的方向和自旋轴反向。

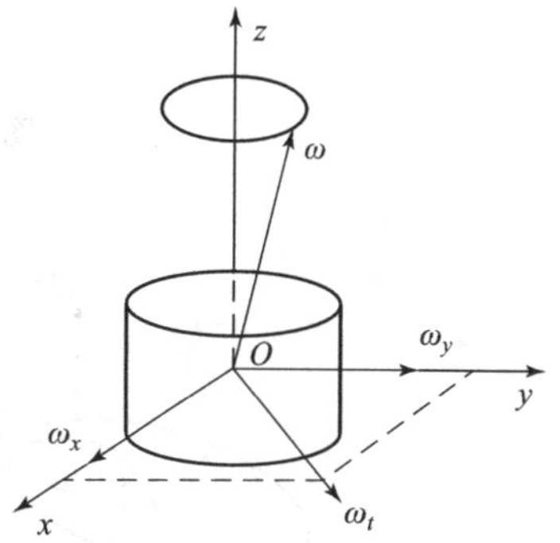

图 5－1　本体坐标系中的卫星角速度

为进一步说明星体自旋轴的运动规律，利用在空间中固定的角动量矢量 $\boldsymbol{H}$ 作为基准，此矢量在星体坐标中可以表示成

$$\begin{aligned}\boldsymbol{H} &= I_x\omega_x\boldsymbol{e}_x + I_y\omega_y\boldsymbol{e}_y + I_z\omega_z\boldsymbol{e}_z\\ &= I\boldsymbol{\omega}_t + \omega_{z0}\boldsymbol{e}_z\end{aligned} \tag{5-5}$$

从式（5－5）可看出，角动量矢量 $\boldsymbol{H}$ 由横向、轴向两部分组成，由于横向角速率 $\boldsymbol{\omega}_t$ 绕自旋轴旋转，因此，自旋轴也做圆锥运动，使这两部分旋转着的矢量的合成矢量 $\boldsymbol{H}$ 在空间中定向。比较式（5－4）与式（5－5），可将瞬时转速矢量 $\boldsymbol{\omega}_b$ 表示为

$$\boldsymbol{\omega}_b = \frac{1}{I}\boldsymbol{H} + \left(-\frac{I_z}{I} + 1\right)\omega_z\boldsymbol{e}_z = \frac{H}{I}\boldsymbol{e}_h - \Omega_n\boldsymbol{e}_z \tag{5-6}$$

$\boldsymbol{e}_h$ 为沿角动量方向的单位矢量，式（5－6）可以看作从空间中观察 $\boldsymbol{\omega}_b$ 的结果，并且能从中得出一个重要结论：角动量 $\boldsymbol{H}$、瞬时转速 $\boldsymbol{\omega}_b$、自旋轴 Oz 三个矢量必定在同一平面内，

如图 5-2 所示。此平面绕矢量 $\boldsymbol{H}$ 旋转，这是因为 $\boldsymbol{\omega}_b$ 绕 Oz 做圆锥运动，所以 $\boldsymbol{\omega}_b$ 将同时做两种圆锥运动（图 5-3）：一种是绕星体主惯量轴 Oz 的圆锥运动，转速为 Ω_n，这个转速称为本体章动速率；另一种是绕角动量 $\boldsymbol{H}$ 的圆锥运动，转速是 H/I，这个转速称为空间章动速率。转速 $\boldsymbol{\omega}_b$ 绕 Oz 轴的圆锥称为本体锥，而绕 $\boldsymbol{H}$ 的圆锥称为空间锥。显然，此空间锥在空间中是固定的，整个星体的姿态运动是星体绕自旋轴旋转，同时，本体锥在空间锥上滚动。此两圆锥的切线就是转速矢量的方向，在此瞬时，星体内沿此切线方向上的质点都处在静止状态。由于本体锥在空间锥上滚动，星体的自旋轴 Oz 也绕角动量 $\boldsymbol{H}$ 做圆锥运动，根据 $\boldsymbol{H}$、$\boldsymbol{\omega}_b$、Oz 共面的性质，Oz 绕 $\boldsymbol{H}$ 做圆锥运动的速度就等于空间章动速率 $\Omega = H/I$，而 Oz 与 $\boldsymbol{H}$ 之间的夹角 θ 称为章动角。

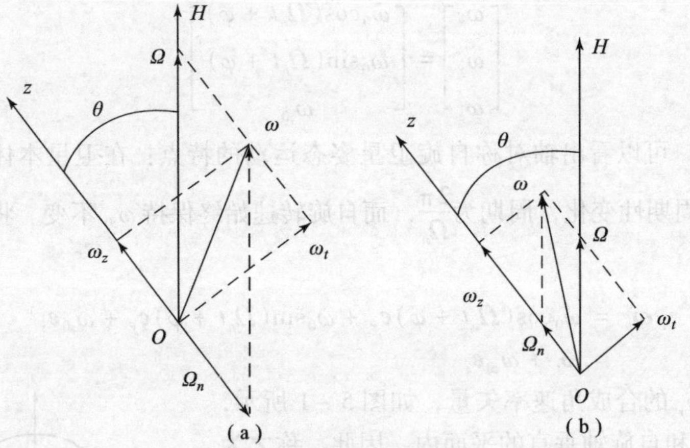

图 5-2　$\boldsymbol{H}$、$\boldsymbol{\omega}_b$ 和 Oz 的矢量关系

(a) $I_z > I_t$；(b) $I_z < I_t$

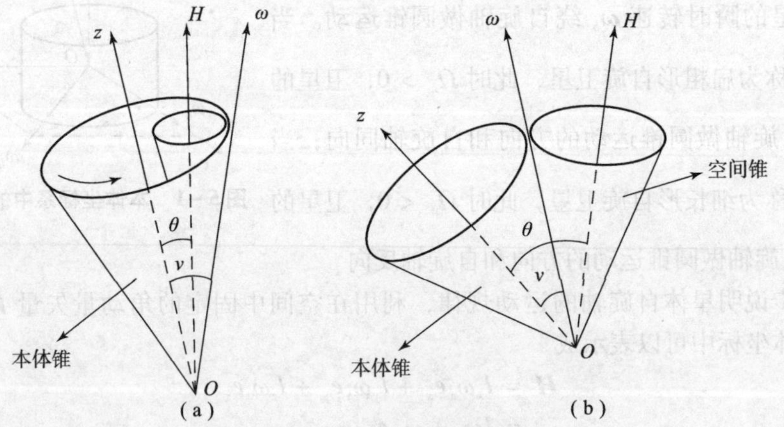

图 5-3　$\boldsymbol{\omega}_b$ 的两种圆锥运动

(a) $I_z > I_t$；(b) $I_z < I_t$

根据式（5-5）可得章动角的计算公式为

$$\theta = \arccos\left(\frac{\boldsymbol{H} \cdot \boldsymbol{e}_z}{H}\right) = \arccos\left(\frac{I_z \omega_z}{H}\right) \tag{5-7}$$

上式表明，轴对称自旋卫星的章动角是常数。

矢量 $\boldsymbol{H}$、$\boldsymbol{\omega}_b$、Oz 之间的几何关系与星体的轴惯量 I_z 和横惯量 I 之比有关。角动量由轴向

角动量 $I_z\omega_z$ 和横向角动量 $I\omega_t$ 两部分组成，它们之间的比值等于章动角的正切值 $\tan\theta = \dfrac{I\omega_t}{I_z\omega_z}$。角速率也由自旋角速率和横向角速率组成，它们之间的比值等于 ω_b 和 Oz 之间的夹角 γ 的正切值 $\tan\gamma = \dfrac{\omega_t}{\omega_z}$，因此，有

$$\tan\theta = \frac{I}{I_z}\tan\gamma$$

对于粗扁形卫星，它的轴向惯量大于横向惯量，因此 $\theta < \gamma$，角动量 $\boldsymbol{H}$ 处于 $\boldsymbol{\omega}_b$ 和 Oz 之间，所以，空间锥在本体锥内，又因为 $\Omega_n > 0$，所以本体锥的旋转方向和自旋方向同向。当 θ 较小时，ω_b 矢量端点做圆锥运动的速度近似等于星体自旋速率和本体章动速率之和，即 $\Omega \approx \omega_z + \Omega_n$，此时 Oz 绕 $\boldsymbol{H}$ 做圆锥运动的空间章动速率大于星体自身的自旋速率。

对于细长形卫星，它的轴向惯量小于横向惯量，因此 $\theta > \gamma$，角动量 $\boldsymbol{H}$ 处于 $\boldsymbol{\omega}_b$ 和 Oz 之间，所以，空间锥在本体锥外，又因为 $\Omega_n < 0$，所以本体锥的旋转方向和自旋方向相反。因此，自旋轴绕角动量方向做圆锥运动的空间章动速率近似等于星体自旋速率 $\boldsymbol{\omega}_b$ 与本体章动速率之差，即 $\Omega \approx \omega_z + \Omega_n$（$\Omega_n < 0$），此时空间章动速率小于星体自身的自旋速率。

不同性质的惯量比引起的差别对卫星的稳定性有很大影响。根据章动角 θ 和本体章动速率 Ω_n 的公式，可得

$$\cos\theta = \frac{I_z\omega_z}{H} = \frac{I_t}{H}(\omega_z + \Omega_n)$$

因此，有

$$\Omega\cos\theta = \frac{H}{I}\cos\theta = \omega_z + \Omega_n = \frac{I_z}{I}\omega_z$$

$$\Omega_n = \frac{I_z - I}{I_z}\Omega\cos\theta \tag{5-8}$$

为了进一步说明卫星在章动时的情况，通过角动量 $\boldsymbol{H}$ 的端点作一垂直于 $\boldsymbol{H}$ 的空间固定平面，设自旋轴和转速矢量在该平面上的投影分别为 z 和 ω_b，F 和 R 分别表示空间中的某参考点和固连在星体上的某参考点在该平面上的投影。分析星体章动时，这些投影点在空间固定平面上移动的轨迹将有助于理解星体章动的特性，图 5-4（a）和图 5-4（b）分别是惯量比大于 1 和小于 1 时星体的运动情况，两者的自转速率相同，但本体章动速率和空间章动速率都不同。

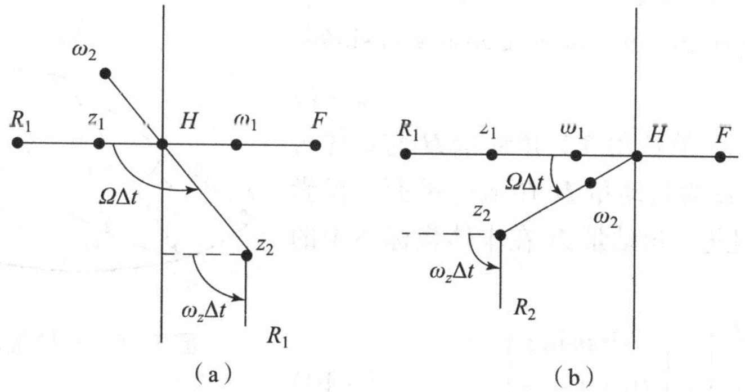

图 5-4 从空间观察星体的章动轨迹

(a) $I_z > I_t$；(b) $I_z < I_t$

为不失一般性，假定在 t 时刻 H、F、z_1、ω_1、R_1 都位于一条直线上，到 t_2 时刻（$t_2 = t_2 + \Delta t$），空间章动使 z_1H 直线在空间中转过 $\Omega\Delta t$ 角，自旋轴和转速从 z_1、ω_1 变为 z_2、ω_2，星体自旋使 R_1z_1 线在空间中相对于 z_1H 线转过 $\omega_z\Delta t$，参考点从 R_1 转到 R_2。在图 5 - 4（a）上，由于空间章动速率大于自旋速率，参考点 R 在空间将不断地滞后于 z，显示出 R 在后退。相反，在图 5 - 4（b）上，参考点 R 不断地超前于 z。

以上是从空间观察星体的章动情况。用类似的方法可以从星体上观察角动量端点 H 和空间参考点 F 的运动。

图 5 - 5 所示的平面垂直于 z 轴并固定在星体上。

图 5 - 5（a）上，本体章动使 $\omega_1 z$ 相对于 zR 顺着自旋方向转过 $\Omega_n\Delta t$ 角，角动量和转速从 H_1、ω_1 转到 H_2、ω_2。

图 5 - 5（b）上，本体章动使 $\omega_1 z$ 相对 zR 逆着自旋方向转过 $\Omega_n\Delta t$ 角，而星体自旋却使两者的 F_1H_1 线相对于 zR 线反方向转过 $\omega_z\Delta t$ 角，空间参考点从 F_1 转到 F_2。

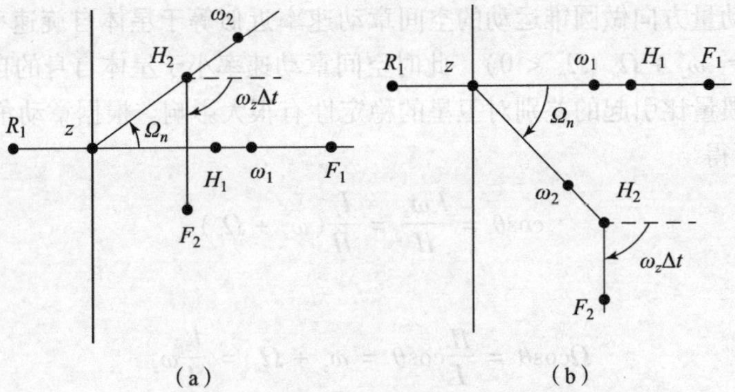

图 5 - 5　从星体观察星体的章动轨迹

(a) $I_z > I_t$；(b) $I_z < I_t$

下面通过引用欧拉角和欧拉角运动方程说明星体在空间的章动运动。取角动量 $\boldsymbol{H}$ 矢量为参考坐标的 z 轴。按 3 - 1 - 3 欧拉转动顺序（ϕ, θ, φ），欧拉姿态角方程

$$\begin{bmatrix} \dot{\phi} \\ \dot{\theta} \\ \dot{\varphi} \end{bmatrix} = \frac{1}{\sin\theta}\begin{bmatrix} \omega_x\sin\varphi + \omega_y\cos\varphi \\ \omega_x\cos\varphi\sin\theta - \omega_y\sin\varphi\sin\theta \\ -\omega_x\sin\varphi\cos\theta - \omega_y\cos\varphi\cos\theta + \omega_z\sin\theta \end{bmatrix} \tag{5-9}$$

如图 5 - 6 所示，欧拉角 θ 为角动量 $\boldsymbol{H}$ 与星体 z_b 轴的夹角，欧拉角 φ 为角动量 $\boldsymbol{H}$ 在 x_by_b 平面上投影与 y_b 轴的夹角。因此，角动量 $\boldsymbol{H}$ 在本体坐标系中的分量为

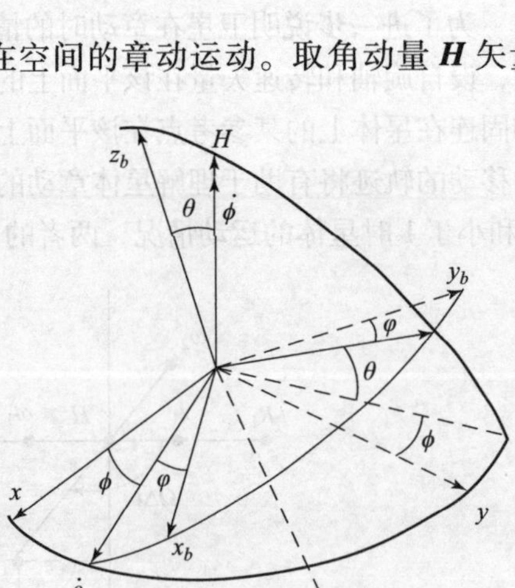

图 5 - 6　欧拉角 3 - 1 - 3 转动

$$\begin{bmatrix} H_x \\ H_y \\ H_z \end{bmatrix} = \begin{bmatrix} H\sin\theta\sin\varphi \\ H\sin\theta\cos\varphi \\ H\cos\theta \end{bmatrix} \tag{5-10}$$

如果卫星惯量积为零，则角动量又可列为

$$\begin{bmatrix} H_x \\ H_y \\ H_z \end{bmatrix} = \begin{bmatrix} I_x\omega_x \\ I_y\omega_y \\ I_z\omega_z \end{bmatrix} \tag{5-11}$$

由式（5－10）和式（5－11）得姿态角的微分方程

$$\dot{\phi} = H\left(\frac{\sin^2\varphi}{I_x} + \frac{\cos^2\varphi}{I_y}\right)$$

$$\dot{\varphi} = H\left[\frac{1}{I_z} - \left(\frac{\sin^2\varphi}{I_x} + \frac{\cos^2\varphi}{I_y}\right)\right]\cos\theta$$

$$\dot{\theta} = H\left(\frac{1}{I_z} - \frac{1}{I_y}\right)\sin\theta\sin\varphi\cos\varphi$$

如果卫星的横向惯量相等，则由上式可得 $\dot{\phi} = \dfrac{H}{I}$，$\dot{\varphi} = -\dfrac{I_z - I}{I}\omega_z$，$\dot{\theta} = 0$。

即卫星的章动角为常数，自转轴 z_b 绕角动量 $\boldsymbol{H}$ 做圆锥运动的节线转动速率 $\dot{\phi}$ 也为常数，其矢量 $\dot{\boldsymbol{\phi}}$ 与 $\boldsymbol{H}$ 重合，在空间是固定的；与星体固连的转速矢量 $\dot{\boldsymbol{\varphi}}$ 和星体同进动（称为本体进动速率），对于粗扁形卫星，$\dot{\boldsymbol{\varphi}}$ 与 $\dot{\phi}$ 反向，称为逆进动，对于细长形卫星，$\dot{\boldsymbol{\varphi}}$ 与 $\dot{\boldsymbol{\phi}}$ 同向，称为顺进动。以欧拉转动分析，星体相对空间的转动运动是 $\dot{\boldsymbol{\varphi}}$ 与 $\dot{\boldsymbol{\phi}}$ 的合成

$$\boldsymbol{\omega} = \dot{\boldsymbol{\varphi}} + \dot{\boldsymbol{\phi}}$$

当 $\dot{\theta} = 0$ 时，由式（3－40），得

$$\omega = \sqrt{\omega_x^2 + \omega_y^2 + \omega_z^2} = \sqrt{\dot{\phi}^2 + \dot{\varphi}^2 + 2\dot{\phi}\dot{\varphi}\cos\theta}$$

上面两个式子是等价的，星体的转速矢量由两个非正交矢量组成，联立式（5－1）和式（5－9）求解可得姿态的变化过程。

5.1.2　非轴对称刚体的自由运动

当刚体的三个主惯量互不相等时，称刚体为非轴对称刚体，此时刚体的轴向转动与横向转动不再解耦，自旋速率不再是常数，主惯量轴的圆锥运动在空间中会表现出更为复杂的情况。

为方便讨论，假设 $I_x > I_y > I_z$，并定义平均惯性矩 I_n 为

$$I_n = \frac{H^2}{2T} \tag{5-12}$$

式中，刚体动能 T 为常数，表达式如下

$$T = \frac{I_x\omega_x^2 + I_y\omega_y^2 + I_z\omega_z^2}{2} \tag{5-13}$$

显然，$I_x > I_n > I_z$，下面根据 I_n 和 I_y 的相对大小可以得到式（5－1）的三个解：

①当 $I_y > I_n$ 时，有 $2TI_y > H^2$，这时式（5－1）的解为

$$\left.\begin{aligned}\omega_x &= \sqrt{\frac{H^2-2TI_z}{I_x(I_x-I_z)}}\operatorname{cn}(\tau,k)\\ \omega_y &= \sqrt{\frac{H^2-2TI_z}{I_y(I_y-I_z)}}\operatorname{sn}(\tau,k)\\ \omega_z &= \sqrt{\frac{2TI_x-H^2}{I_z(I_x-I_z)}}\operatorname{dn}(\tau,k)\end{aligned}\right\} \tag{5-14}$$

式中

$$\tau = \sqrt{\frac{(I_y-I_z)(2TI_x-H^2)}{I_xI_yI_z}}(t-t_0)$$

$$k = \sqrt{\frac{H^2-2TI_z}{2TI_x-H^2}\cdot\frac{I_x-I_y}{I_y-I_z}}$$

在式（5－14）中，$\operatorname{cn}(\tau,k)$、$\operatorname{sn}(\tau,k)$、$\operatorname{dn}(\tau,k)$ 是 Jacobi 椭圆函数，其中，$\operatorname{cn}(\tau,k)$ 和 $\operatorname{sn}(\tau,k)$ 的周期为 $4K$，$\operatorname{dn}(\tau,k)$ 周期为 $2K$，K 是第一类完全椭圆积分：

$$K(k) = \int_0^1 \frac{\mathrm{d}\xi}{\sqrt{(1-\xi)^2(1-k^2\xi^2)}} = \int_0^{\frac{\pi}{2}} \frac{\mathrm{d}\phi}{\sqrt{1-\sin^2\alpha\sin^2\phi}},\ (\sin\alpha = k) \tag{5-15}$$

当 $k=\dfrac{1}{\sqrt{2}}$ 时，函数 $\operatorname{sn}\tau$、$\operatorname{cn}\tau$、$\operatorname{dn}\tau$ 的曲线如图 5－7 所示，这时 $K(k)\approx 1.854$。

当 $k=0$ 时，$\operatorname{sn}(\tau,0)=\sin\tau$，$\operatorname{cn}(\tau,0)=\cos\tau$，$\operatorname{dn}(\tau,0)=1$。

当 $k=1$ 时，$\operatorname{sn}(\tau,1)=\tanh\tau$，$\operatorname{cn}(\tau,1)=\operatorname{dn}(\tau,1)=\operatorname{sech}\tau$。

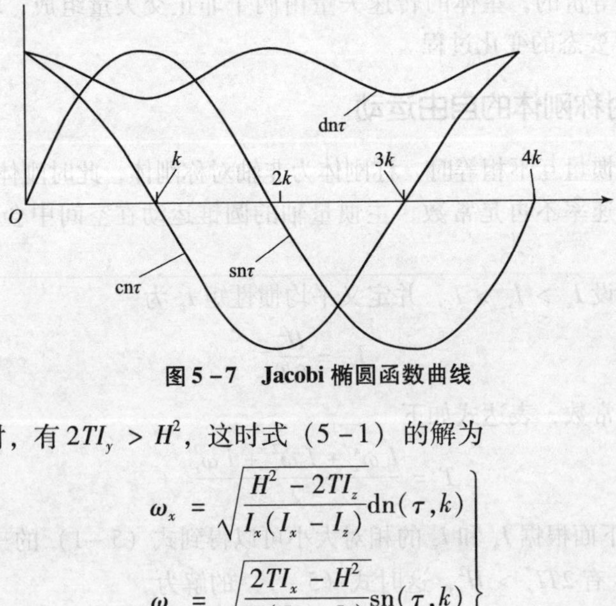

图 5－7 Jacobi 椭圆函数曲线

②当 $I_y < I_n$ 时，有 $2TI_y > H^2$，这时式（5－1）的解为

$$\left.\begin{aligned}\omega_x &= \sqrt{\frac{H^2-2TI_z}{I_x(I_x-I_z)}}\operatorname{dn}(\tau,k)\\ \omega_y &= \sqrt{\frac{2TI_x-H^2}{I_y(I_x-I_y)}}\operatorname{sn}(\tau,k)\\ \omega_z &= \sqrt{\frac{2TI_x-H^2}{I_z(I_x-I_z)}}\operatorname{cn}(\tau,k)\end{aligned}\right\} \tag{5-16}$$

式中

$$\tau = \sqrt{\frac{(I_x - I_y)(H^2 - 2TI_z)}{I_x I_y I_z}}(t - t_0)$$

$$k = \sqrt{\frac{2TI_x - H^2}{H^2 - 2TI_z} \cdot \frac{I_y - I_z}{I_x - I_y}}$$

③当 $I_y = I_n$ 时，有 $2TI_y > H^2$，这时式（5-1）的解为

$$\left.\begin{aligned} \omega_x &= \sqrt{\frac{2T(I_y - I_z)}{I_x(I_x - I_z)}}\operatorname{sech}\tau \\ \omega_y &= \sqrt{\frac{2T}{I_y}}\tanh\tau \\ \omega_z &= \sqrt{\frac{2T(I_x - I_y)}{I_z(I_x - I_z)}}\operatorname{sech}\tau \end{aligned}\right\} \tag{5-17}$$

式中，

$$\tau = \sqrt{\frac{2T(I_x - I_y)(I_y - I_z)}{I_x I_y I_z}}(t - t_0)$$

5.1.3 能量椭球、动量矩椭球和极迹线

式（5-13）的刚体动能可以改写成

$$\frac{\omega_x^2}{2T/I_x} + \frac{\omega_y^2}{2T/I_y} + \frac{\omega_z^2}{2T/I_z} = 1 \tag{5-18}$$

这就是以 ω_x、ω_y、ω_z 为坐标的能量椭球方程，该能量椭球的三个半轴长度为

$$a = \sqrt{2T/I_x},\ b = \sqrt{2T/I_y},\ c = \sqrt{2T/I_z}$$

刚体的动量矩方程为

$$H^2 = I_x^2\omega_x^2 + I_y^2\omega_y^2 + I_z^2\omega_z^2 \tag{5-19}$$

同样，可以将其改写为以 ω_x、ω_y、ω_z 为坐标的动量矩椭球方程

$$\left(\frac{\omega_x}{H/I_x}\right)^2 + \left(\frac{\omega_y}{H/I_y}\right)^2 + \left(\frac{\omega_z}{H/I_z}\right)^2 = 1 \tag{5-20}$$

该椭球的三个半轴长度分别为

$$a = H/I_x,\ b = H/I_y,\ c = H/I_z$$

比较两个椭球的半轴长度可知，动量矩椭球较为细长，而能力椭球较为粗扁。在刚体自由转动的过程中，ω_x、ω_y、ω_z 随时间变化，但它们必须同时满足动量矩守恒和能量守恒，换而言之，点 $P[\omega_x(t), \omega_y(t), \omega_z(t)]$ 必须同时在动量矩椭球和能量椭球上，所以，在星本体主轴坐标系中，角速度矢量 $\boldsymbol{\omega} = \boldsymbol{OP}$ 的端点必须在动量矩椭球和能量椭球的相交曲线上连续地移动，如图5-8所示。该相交曲线称为极迹线。

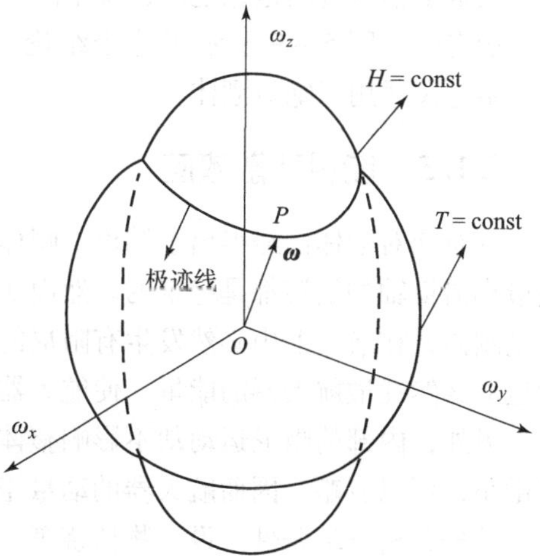

图5-8 动量矩椭球、能量椭球和极迹线

5.1.4 旋转稳定条件

设刚体的初始状态为

$$\omega_x = \omega_y = 0,\ \omega_z = \omega_0$$

受到微小扰动后的角速度变为

$$\omega_x = \Delta\omega_x,\ \omega_y = \Delta\omega_y,\ \omega_z = \omega_0 + \Delta\omega_z$$

现在研究具有主惯性距 I_x、I_y、I_z 的刚体在受扰后的旋转稳定性，把上述扰动后的角速度代入刚体的欧拉方程中，并忽略高阶小量，有

$$\left.\begin{aligned} &\Delta\dot{\omega}_x - \left(\frac{I_y - I_z}{I_x}\right)\omega_0\Delta\omega_y = 0 \\ &\Delta\dot{\omega}_y - \left(\frac{I_z - I_x}{I_y}\right)\omega_0\Delta\omega_x = 0 \\ &\Delta\dot{\omega}_z = 0 \end{aligned}\right\} \tag{5-21}$$

上式中的第三个式子表明系统对 $\Delta\omega_z$ 的扰动是中立稳定的，而前两个微分方程的特征方程为

$$\Delta(s) = \begin{vmatrix} s & -\dfrac{I_y - I_z}{I_x}\omega_0 \\ -\dfrac{I_z - I_x}{I_y}\omega_0 & s \end{vmatrix} = s^2 + \frac{(I_y - I_z)(I_x - I_z)}{I_x I_y}\omega_0^2 = 0 \tag{5-22}$$

由稳定性条件，得

$$(I_y - I_z)(I_x - I_z) > 0 \tag{5-23}$$

以下两种情况都能满足此条件：

①当 $I_y > I_z$ 且 $I_x > I_z$ 时，即 I_z 是最小的主惯性距。

②当 $I_y < I_z$ 且 $I_x < I_z$ 时，即 I_z 是最大的主惯性距。

因此，可以得到如下结论：刚体绕最大惯量主轴或最小惯量主轴的转动是稳定的；绕中间惯量主轴的转动是不稳定的。图 5-9 显示了这个结论。但是要注意，这个结论仅适用于绝对刚体。

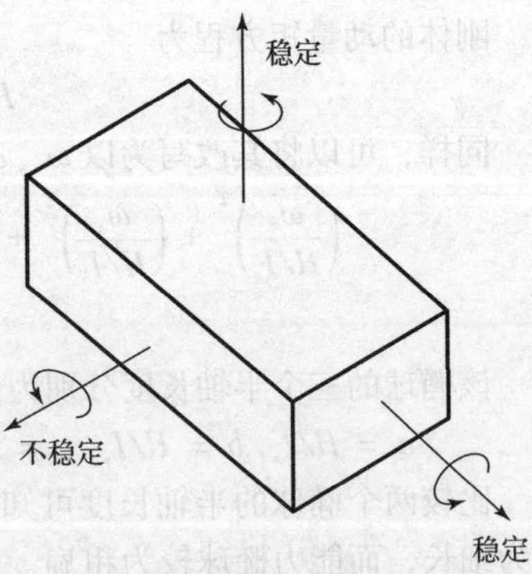

图 5-9　刚体的旋转稳定性

5.1.5 能量耗散效应

针对绝对刚体已经得出了结论：刚体绕最大惯量轴或最小惯量轴的旋转都是稳定的。然而实际的航天器并不是刚体，在航天器中必然发生有阻尼的变形运动，这种运动必然耗散航天器的能量，使航天器的动能逐渐减小。

另外，内部的阻尼运动却不影响整体的动量矩，由空气动力、太阳光压等造成的外力矩极微小，可以忽略，因而航天器的动量矩保持常数。这种状况会影响航天器的旋转稳定性。

首先分析终端条件。设：物体绕第 i 个主惯性轴旋转的角速度为 ω_i，则其动量矩 H 和动能 T 为

$$\left.\begin{aligned} H &= I_i\omega_i \\ T &= \frac{1}{2}I_i\omega_i^2 \end{aligned}\right\},(i=1,2,3) \tag{5-24}$$

由此，有

$$T = \frac{1}{2}\frac{H^2}{I_i} \tag{5-25}$$

为了叙述方便，仍设 $I_x > I_y > I_z$。由式（5-25）可知，在动量矩为一定时，绕最小惯量主轴（即 z 轴）旋转的动能最大，绕最大惯量主轴（即 x 轴）旋转的动能最小。

设物体的初始状态是绕小惯量主轴（即 z 轴）旋转，具有动量矩 $H = I_z\omega$ 和动能

$$T = \frac{1}{2}I_z\omega^2 = \frac{1}{2}\frac{H^2}{I_z} \tag{5-26}$$

由于能量耗散，动能逐渐减少，$T < T_0$，绕 z 轴的旋转就不能维持，因而旋转轴逐渐变化。直到最后，当旋转轴转移到 x 轴时，具有的动能已达到最小值

$$T_{\min} = \frac{1}{2}\frac{H^2}{I_x} \tag{5-27}$$

动能已不可能再减少了，因而旋转轴就稳定在 x 轴，而且以后不再发生耗散能量的变形运动。当然，旋转轴由 z 轴转移到 x 轴的过程是很缓慢的，要经历很长的时间才完成。

如果航天器的初始状态是绕最大惯量主轴（即 x 轴）的旋转，内部不发生阻尼变形运动，动能不耗散，旋转是稳定的。

结论：如果考虑能量耗散，在长时间内考察，则航天器绕大惯量主轴的旋转是稳定的，绕小惯量主轴的旋转是不稳定的，至于绕中惯量主轴的旋转，则即使对于刚体也是不稳定的。为了说明旋转轴由小惯量主轴到大惯量主轴的转移过程，最好利用极迹曲线族（见第 5.2 节），由于 H 不变，动量矩椭球是唯一的，由于 T 是变化的，不同的 T 对应于不同的能量椭球，它们与动量矩椭球相交成不同的极迹曲线，每一条极迹曲线代表一个能量水平，这样就形成极迹曲线族，如图 5-10（a）所示。

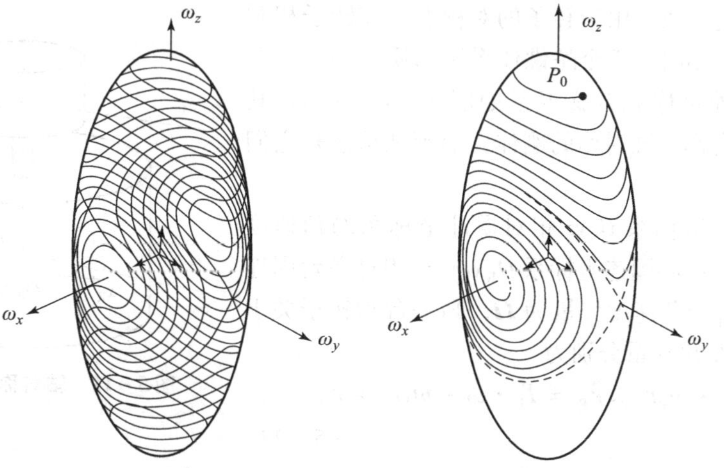

（a）　　（b）

图 5-10　角速度矢量 ω 的变化过程

设航天器初始 $\boldsymbol{\omega}$ 矢量对应下动量矩椭球上的点 P_0［图 5-10（b）］，当 T 连续地减小时，$\boldsymbol{\omega}$ 矢量端点在动量矩椭球上连续地移动，每瞬时的矢量端点在当时的动能 T 所对应的极迹曲线上。最后移动到大惯量主轴上。

以上规律可以归结成“大惯量主轴律”：无论初始条件如何，实际物体的任何旋转运动最终都转变成绕大惯量主轴的简单旋转。

1953 年发射的美国第一颗卫星“探测者 1 号”（Explorer 1）原来打算是依靠绕对称轴（纵轴）自旋来保证姿态稳定，但是在发射后几个小时发现，它翻滚了，变成绕横轴旋转，这是事先没预料到的。后来科学家解释了这个现象：该卫星的对称轴是小惯量主轴，而侧面的四根鞭状天线是结构能量耗散的来源，因此这种旋转是不稳定的。“探测者 1 号”的失败提供了深刻的教训，也促进了有关自旋稳定化的科学和技术的发展。

5.2 双自旋刚体卫星被动姿态稳定系统

单自旋卫星的优点是其旋转轴在惯性空间中具有定向性；缺点是装在自旋卫星的有效载荷，如天线或观测仪器等，随着星体自旋，无法实现对某个天体或固定方向定向的目的。为了充分利用单自旋卫星的优点，同时实现卫星定向需求，在自旋卫星基础上又发展了双自旋卫星。双自旋航天器是在同一旋转轴上安装两个以不同转速转动的部分，其主体部分是旋转的（称为转子），主要作用是使星体获得必要的单轴姿态稳定性；另一部分称为消旋平台，用于安装天线或观测仪器等有效载荷，作用是对地球或惯性空间固定定向。转子与平台之间用消旋轴承来连接，消旋轴承与自旋轴一致。由于双自旋航天器兼有自旋稳定和三轴稳定的优点，在航天领域尤其是商用卫星或科学探测器中长期得到广泛的应用。

5.2.1 双自旋卫星姿态动力学

理想的双自旋卫星由一个平台和一个转子组成惯性主轴与转轴方向一致，由于转子的对称性，在转子相对平台进行相对转动时，整个陀螺体系统的质心和惯性并非是不变的，轴对称双自旋卫星如图 5-11 所示，其中，转子和平台都是轴对称的刚体，消旋轴承就是它们共同的对称轴。

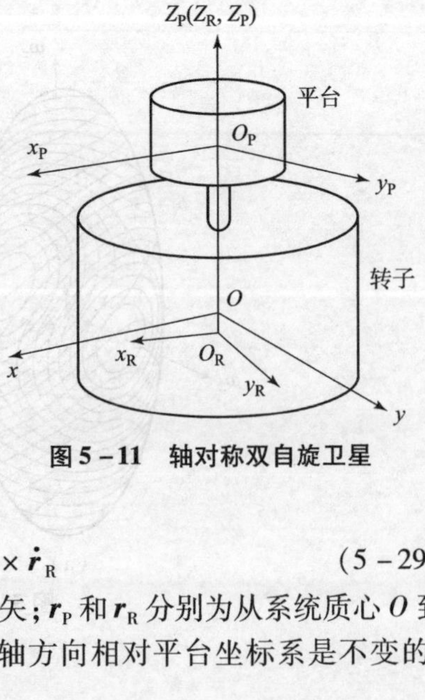

图 5-11　轴对称双自旋卫星

设系统质心坐标系 $Oxyz$ 相对惯性坐标系的角速度矢量为 $\boldsymbol{\omega}$，转子质心固连坐标系 $O_Rx_Ry_Rz_R$ 相对平台固连坐标系 $O_Px_Py_Pz_P$ 的角速度矢量为 $\boldsymbol{\Omega}$，则平台和转子关于系统质心 O 的视角动量分别为

$$\boldsymbol{H}_P^O = \boldsymbol{H}_P^C + m_P\boldsymbol{r}_P \times \dot{\boldsymbol{r}}_P = \boldsymbol{I}_P^C \cdot \boldsymbol{\omega} + \boldsymbol{m}_P\boldsymbol{r}_P \times \dot{\boldsymbol{r}}_P \tag{5-28}$$

$$\boldsymbol{H}_R^O = \boldsymbol{I}_R^C \cdot (\boldsymbol{\omega} + \boldsymbol{\Omega}) + m_R\boldsymbol{r}_R \times \dot{\boldsymbol{r}}_R \tag{5-29}$$

式中，$\boldsymbol{I}_P^C$ 和 $\boldsymbol{I}_R^C$ 分别为平台和转子关于其自身质心的惯性并矢；$\boldsymbol{r}_P$ 和 $\boldsymbol{r}_R$ 分别为从系统质心 O 到平台质心 O_P 及转子质心 O_R 的位置矢量。考虑到转子转轴方向相对平台坐标系是不变的，

因此，平台质心、转子质心在系统质心坐标系中的坐标是不变的，即 $\boldsymbol{r}_{\mathrm{P}}$ 和 $\boldsymbol{r}_{\mathrm{R}}$ 为固连在系统质心坐标系中的矢量，随系统质心坐标系的旋转而变化，则轴对称双自旋卫星关于系统质心的视角动量为

$$\boldsymbol{H}_{\Sigma}^{O} = [(\boldsymbol{I}_{\mathrm{P}}^{C} + \boldsymbol{I}_{\mathrm{R}}^{C}) + m_{\mathrm{P}}(\boldsymbol{r}_{\mathrm{P}} \cdot \boldsymbol{r}_{\mathrm{P}}\boldsymbol{E} - \boldsymbol{r}_{\mathrm{P}}\boldsymbol{r}_{\mathrm{P}}) + m_{\mathrm{R}}(\boldsymbol{r}_{\mathrm{R}} \cdot \boldsymbol{r}_{\mathrm{R}}\boldsymbol{E} - \boldsymbol{r}_{\mathrm{R}}\boldsymbol{r}_{\mathrm{R}})] \cdot \boldsymbol{\omega} + \boldsymbol{I}_{\mathrm{R}}^{C} \cdot \boldsymbol{\Omega} \tag{5-30}$$

由于 $\boldsymbol{I} = (\boldsymbol{I}_{\mathrm{P}}^{C} + \boldsymbol{I}_{\mathrm{R}}^{C}) + m_{\mathrm{P}}(\boldsymbol{r}_{\mathrm{P}} \cdot \boldsymbol{r}_{\mathrm{P}}\boldsymbol{E} - \boldsymbol{r}_{\mathrm{P}}\boldsymbol{r}_{\mathrm{P}}) + m_{\mathrm{R}}(\boldsymbol{r}_{\mathrm{R}} \cdot \boldsymbol{r}_{\mathrm{R}}\boldsymbol{E} - \boldsymbol{r}_{\mathrm{R}}\boldsymbol{r}_{\mathrm{R}})$ 为一个常量，该方程可写为

$$\boldsymbol{H}_{\Sigma}^{O} = \boldsymbol{I} \cdot \boldsymbol{\omega} + \boldsymbol{I}_{\mathrm{R}}^{C} \cdot \boldsymbol{\Omega} \tag{5-31}$$

式中，$\boldsymbol{I}_{\mathrm{R}}^{C} \cdot \boldsymbol{\Omega}$ 在转子质心固连坐标系中可表示为

$$(\boldsymbol{I}_{\mathrm{R}}^{C} \cdot \boldsymbol{\Omega})_{\mathrm{R}} = \begin{bmatrix} I_{\mathrm{R}t} & 0 & 0 \\ 0 & I_{\mathrm{R}t} & 0 \\ 0 & 0 & I_{\mathrm{R}} \end{bmatrix} \begin{bmatrix} 0 \\ 0 \\ \Omega \end{bmatrix} \tag{5-32}$$

根据坐标变换原理，$\boldsymbol{I}_{\mathrm{R}}^{C} \cdot \boldsymbol{\Omega}$ 可表示为

$$\boldsymbol{I}_{\mathrm{R}}^{C} \cdot \boldsymbol{\Omega} = \boldsymbol{f}^{\mathrm{T}}[\boldsymbol{C}_{\mathrm{SR}}(\boldsymbol{I}_{\mathrm{R}}^{C} \cdot \boldsymbol{\Omega})_{\mathrm{R}}] = \boldsymbol{I}_{\mathrm{R}}\boldsymbol{\Omega}\boldsymbol{k} \tag{5-33}$$

代入欧拉方程，得

$$\boldsymbol{I} \cdot \dot{\boldsymbol{\omega}} + I_{\mathrm{R}}\dot{\Omega}\boldsymbol{k} + \boldsymbol{\omega} \times (\boldsymbol{I} \cdot \boldsymbol{\omega} + I_{\mathrm{R}}\Omega\boldsymbol{k}) = \boldsymbol{T}_{\Sigma}^{O} \tag{5-34}$$

考虑一般性情况，假设消旋平台不是旋转体，但其惯性主轴方向与系统质心坐标系一致，则双自旋航天器的系统转动惯量可写为

$$\boldsymbol{I}_{\mathrm{S}} = \begin{bmatrix} I_x & 0 & 0 \\ 0 & I_y & 0 \\ 0 & 0 & I_z \end{bmatrix} \tag{5-35}$$

$$\begin{cases} I_x = I_{\mathrm{P}x} + I_{\mathrm{R}t} + r_{\mathrm{P}}^2 m_{\mathrm{P}} + r_{\mathrm{R}}^2 m_{\mathrm{R}} \\ I_y = I_{\mathrm{P}y} + I_{\mathrm{R}t} + r_{\mathrm{P}}^2 m_{\mathrm{P}} + r_{\mathrm{R}}^2 m_{\mathrm{R}} \\ I_z = I_{\mathrm{P}z} + I_{\mathrm{R}} \end{cases} \tag{5-36}$$

式中，$I_{\mathrm{P}x}$、$I_{\mathrm{P}y}$、$I_{\mathrm{P}z}$ 分别为消旋平台的 3 个主转动惯量；$I_{\mathrm{R}t}$、I_{R} 分别为转子的横向转动惯量和纵向转动惯量。则式（5-34）的分量式为

$$\begin{cases} I_x\dot{\omega}_x - (I_y - I_z)\omega_y\omega_z + \omega_y I_{\mathrm{R}}\Omega = T_x \\ I_y\dot{\omega}_y - (I_y - I_x)\omega_x\omega_z - \omega_x I_{\mathrm{R}}\Omega = T_y \\ I_z\dot{\omega}_z - (I_x - I_y)\omega_x\omega_y + I_{\mathrm{R}}\dot{\Omega} = T_z \end{cases} \tag{5-37}$$

式中，$I_{\mathrm{R}}\dot{\Omega}$ 是消旋轴承中的电机对转子施加的力矩；T_x、T_y、T_z 分别是外力矩 $\boldsymbol{T}_{\Sigma}^{O}$ 在系统质心坐标系中的分量。

当 $\omega_x = \omega_y = 0, \omega_z =$ 常数，$\dot{\Omega} = 0$ 时，式（5-37）为双自旋卫星的姿态运动的一个特解，或者说平衡位置。此时，当 $\omega_z = 0$ 时，平台对惯性空间定向；当 ω_z 等于轨道角速度时，平台对中心天体定向。

5.2.2　双自旋刚体卫星的运动稳定性

单自旋稳定航天器的自转轴在空间中具有定向性，且结构简单，但无法实现对某个天体

或固定方向定向的目的。为了充分利用单自旋航天器的优点，同时，实现航天器上的通信天线或观测仪器对天体（主要是地球）进行定向，在自旋航天器基础上又发展了双自旋稳定航天器，如图 5－12 所示。这种航天器具有自旋和消旋两部分，这两部分总动量矩不为零。在同一旋转轴上安装两个以不同转速转动的部分，其主体部分称为转子，使航天器获得单轴姿态稳定性；另一部分称为消旋平台，用于安装天线或观测仪器等有效载荷，作用是对地球或惯性空间固定定向。转子与平台之间用消旋轴承来连接，消旋轴承轴与自转轴一致。

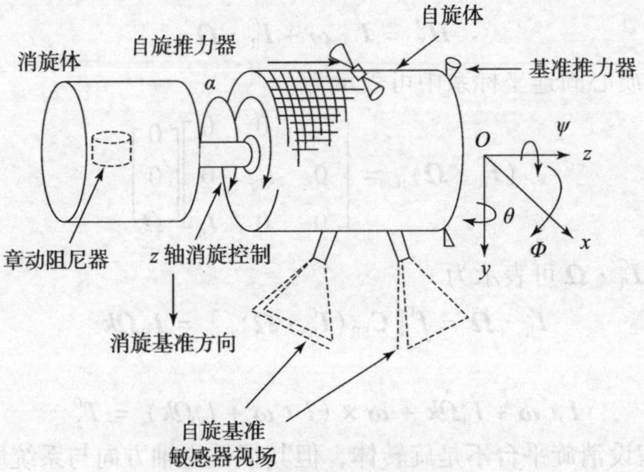

图 5－12　双自旋稳定航天器

由于双自旋航天器兼有自旋稳定和三轴稳定的优点，在航天领域尤其是商用卫星或科学探测器中长期得到广泛的应用。第一颗双自旋卫星是国际通信卫星Ⅲ号，从 1968 年以后国际通信卫星都是双自旋的。

对于理想的轴对称双自旋航天器，其惯性主轴与转轴方向一致，整个系统的质心和惯性并矢不变。设航天器相对于自转轴 Ox_b 轴对称，平台和转子相对于自转轴的惯量为 I_{x1} 和 I_{x2}，其和为 I_x。在无外力矩的情况下，考虑自旋体恒速自旋，运动欧拉动力学方程线性化可得

$$\begin{cases} I_{x1}\omega_x = 0 \\ \dot{\omega}_y + \Omega'\omega_z = 0 \\ \dot{\omega}_z - \Omega'\omega_y = 0 \end{cases} \tag{5-38}$$

式中

$$\Omega' = \frac{I_{x1}\omega_x}{I_t} - \omega_x = \frac{h_x}{I_t} - \omega_x \tag{5-39}$$

与单自旋航天器类似，双自旋航天器的自旋运动是独立的，与横向运动之间没有耦合作用。双自旋航天器的横向速率也为恒值 $\omega_{t0} = \sqrt{\omega_{y0}^2 + \omega_{z0}^2}$，$\Omega'$ 代表平台横向速率的角频率，即平台章动频率。双自旋航天器在无外力矩作用时，其动量矩在空间恒定不变，可以表示为

$$H = \sqrt{(I_{x1}\omega_x + I_{x2}\Omega)^2 + (I_t\omega_{t0})^2} \tag{5-40}$$

双自旋卫星的章动角可以表示为

$$\tan\theta = \frac{I_t \omega_{t0}}{I_{x1}\omega_x + I_{x2}\Omega} \tag{5-41}$$

对于单自旋航天器，当存在能量耗散时，绕最大惯量轴自旋是稳定的，而绕最小惯量轴自旋不稳定。对于双自旋航天器，转动能量耗散速率由平台和自旋体的能量耗散率相加得到

$$\dot{E}_k = \dot{E}_{k1} + \dot{E}_{k2} = (I_t \omega_{t0}^2 + I_{x1}\omega_x^2) + I_{x2}\Omega^2 \tag{5-42}$$

又由动量矩守恒，可得

$$I_t^2 \omega_{t0}^2 + (I_{x1}\omega_x + I_{x2}\Omega)^2 = 0 \tag{5-43}$$

联立式（5-42）和式（5-43），可解得双自旋航天器的章动动能的变化率为

$$I_t \omega_{t0}^2 = \lambda_0 \left(\frac{\dot{E}_{k1}}{\lambda_1} + \frac{\dot{E}_{k2}}{\lambda_2} \right) \tag{5-44}$$

式中

$$\lambda_0 = \frac{I_{x1}\omega_x + I_{x2}\Omega}{I_t} \tag{5-45}$$

$$\lambda_1 = \frac{I_{x1}\omega_x + I_{x2}\Omega}{I_t} - \omega_x \tag{5-46}$$

$$\lambda_2 = \frac{I_{x1}\omega_x + I_{x2}\Omega}{I_t} - \Omega \tag{5-47}$$

由于 $\lambda_0 > 0$，双自旋航天器稳定的判据为

$$\frac{\dot{E}_{k1}}{\lambda_1} + \frac{\dot{E}_{k2}}{\lambda_2} < 0 \tag{5-48}$$

当航天器平台是消旋平台时，ω_x 可以忽略或约等于轨道角速度。这时平台和转子的章动频率近似为

$$\lambda_1 \approx \lambda_0 \tag{5-49}$$

$$\lambda_2 = \left(\frac{I_{x2}}{I_t} - 1 \right) \Omega \tag{5-50}$$

此时双自旋航天器稳定判据为

$$\frac{\dot{E}_{k1}}{\dfrac{I_{x2}}{I_t}} + \frac{\dot{E}_{k2}}{\dfrac{I_{x2}}{I_t} - 1} < 0 \tag{5-51}$$

由于 $\dot{E}_{k1}$ 和 $\dot{E}_{k2}$ 小于零，当满足 $I_{x2} > I_t$ 时，航天器系统稳定，阻尼器可以配置在平台和转子的任一方上。当 $I_{x2} < I_t$ 时，式（5-51）左边第一项为负，第二项为正，可以在平台配置一个大型能量耗散器去克服转子的不稳定因素。

若将惯量比定义为 $\dfrac{I_{x2}}{I_t}$，双自旋航天器可以得到和单自旋航天器类似的结论：

短粗体双自旋航天器的自旋运动是稳定的，设计准则与单自旋航天器的相同；细长体双自旋航天器的消旋部分引起的能量耗散足够快，其运动也是稳定，因此，需要安装章动阻尼器。

5.2.3　被动章动阻尼

考虑图 5-13 所示的双自旋卫星，不对称的平台 P 安装在轴对称的转子 R 上。假定平

台上安装了一个章动阻尼器，该阻尼器具有弹簧－质量－阻尼件的形式。转子以 Oz 轴为中心，只允许绕该轴旋转。假设平台阻尼器的中心位于星体 Ox 轴上，活动质量的运动轨迹平行于 Ox 轴，并且与 Ox 轴的距离为 b。弹簧具有弹簧系数 k，阻尼件的阻尼常数为 c。当活动质量的位移 $\eta=0$ 时，整个航天器（包括转子和平台）的质心位于点 O 上，此时整个卫星的主转动惯量为 I_x、I_y、I_z。

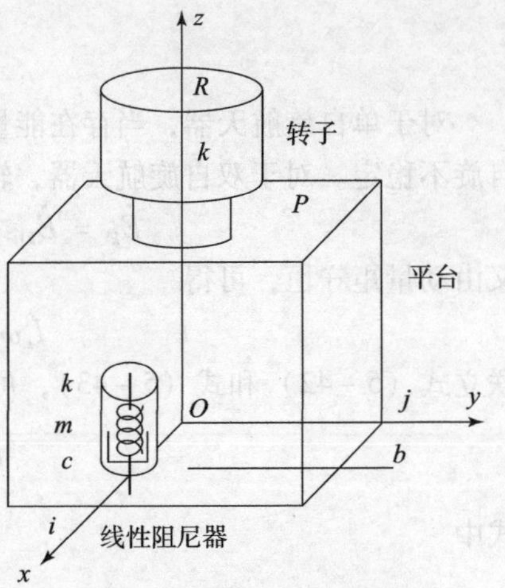

图 5－13　具有平台阻尼器的双自旋卫星

当活动质量的位移 $\eta\neq0$ 时，整个卫星的转动惯量为

$$\boldsymbol{I}_S=\begin{bmatrix} I_x+m\eta^2 & 0 & mb\eta \\ 0 & I_y+m\eta^2 & 0 \\ -mb\eta & 0 & I_z \end{bmatrix} \tag{5-52}$$

选择点 O 为基准点，则关于此基准点的卫星整体视角动量为

$$\boldsymbol{H}^O=\omega\boldsymbol{i}-mb\dot{\eta}\boldsymbol{j}+I_{\mathrm{R}}\Omega\boldsymbol{k} \tag{5-53}$$

卫星系统质心相对点 O 的位移为

$$\boldsymbol{r}_O=\mu\eta\boldsymbol{k} \tag{5-54}$$

式中

$$\mu=\frac{m}{m+m_{\mathrm{P}}+m_{\mathrm{R}}} \tag{5-55}$$

则卫星关于基准点的静矩为

$$\boldsymbol{S}_O=(m+m_{\mathrm{P}}+m_{\mathrm{R}})\boldsymbol{r}_O=m\eta\boldsymbol{k} \tag{5-56}$$

系统质心相对基准点的绝对加速度为

$$\ddot{\boldsymbol{r}}_O=\mu\frac{\mathrm{d}^2}{\mathrm{d}t^2}(\eta\boldsymbol{k}) \tag{5-57}$$

考虑卫星自由运动时，基于基准点的欧拉方程为

$$\begin{cases} I_x\dot{\omega}_x-(I_y-I_z)\omega_y\omega_z+\omega_yI_{\mathrm{R}}\Omega+m(1-\mu)\dot{\omega}_x\eta^2-m(1-\mu)\omega_y\omega_z\eta^2+ \\ 2m(1-\mu)\omega_x\eta\dot{\eta}-mb\dot{\omega}_z\eta-mb\omega_y\omega_x\eta=0 \\ I_y\dot{\omega}_y-(I_z-I_x)\omega_x\omega_z-\omega_xI_{\mathrm{R}}\Omega+m(1-\mu)\dot{\omega}_y\eta^2+m(1-\mu)\omega_x\omega_z\eta^2+ \\ 2m(1-\mu)\omega_y\eta\dot{\eta}-mb\ddot{\eta}+mb\omega_x^2\eta-mb\omega_z^2\eta=0 \\ I_z\dot{\omega}_z-(I_x-I_y)\omega_x\omega_y+I_{\mathrm{R}}\dot{\Omega}+mb\omega_y\omega_x\eta-2mb\omega_x\dot{\eta}-mb\dot{\omega}_x\eta=0 \end{cases} \tag{5-58}$$

为求解方程，需要再增加两个有关飞轮力矩及阻尼器力平衡的关系式。若忽略转子轴承摩擦，根据转子动力学，可得到转子力矩平衡关系式，即

$$I_{\mathrm{R}}(\dot{\Omega}+\dot{\omega}_z)=T_{\mathrm{R}} \tag{5-59}$$

式中，T_{R}为关于转子轴的外力矩。

根据阻尼器质量块在其运动方向的加速度－力平衡关系，可得

$$m(1-\mu)\ddot{\eta}+c\dot{\eta}+k\eta-m(1-\mu)(\omega_x^2+\omega_y^2)\eta+mb\omega_x\omega_z-mb\dot{\omega}_y=0 \tag{5-60}$$

式（5－58）~式（5－60）完整地描述了这类双自旋卫星的姿态运动。对于典型的双自

旋卫星，考虑到其在轨道上的标准指向和运行情况，存在一个具有实际应用意义的特解，即

$$\begin{cases}\omega_z = \omega_{\mathrm{P}} = \mathrm{const} \\ \Omega = \mathrm{const} \\ \omega_x = \omega_y = \eta = 0 \\ T_{\mathrm{R}} = 0\end{cases} \tag{5-61}$$

当 ω_{P} 等于圆轨道的轨道角速度或平均运动时，在此特解情况下，双自旋卫星的平台部分可实现持续地对地定向。以下采用扰动分析方法分析此标称解下的运动稳定性。首先在此特解附近对上述方程组进行线性化，然后用线性系统的稳定性判断准则对其运动稳定性进行分析，从而找到此类双自旋卫星的稳定性条件。

设在标称解附近，该双自旋卫星的姿态运动变量可表示为

$$\begin{cases}\omega_x = \delta\omega_x \\ \omega_y = \delta\omega_y \\ \omega_z = \omega_{\mathrm{P}} + \delta\omega_{\mathrm{P}} \\ \eta = \delta\eta \\ \Omega = \Omega_{\mathrm{R}} + \delta\Omega\end{cases} \tag{5-62}$$

代入上述方程组，略去二阶小量，可得到一组关于受摄变量的线性方程组，即

$$\begin{cases}I_x\delta\dot{\omega}_x - \delta\omega_y[(I_y - I_z)\omega_{\mathrm{P}} - I_{\mathrm{R}}\Omega_{\mathrm{R}}] = 0 \\ I_y\delta\dot{\omega}_y - \delta\omega_x[(I_z - I_x)\omega_{\mathrm{P}} + I_{\mathrm{R}}\Omega_{\mathrm{R}}] - mb\delta\ddot{\eta} - mb\omega_{\mathrm{P}}^2\eta = 0 \\ I_z\delta\dot{\omega}_{\mathrm{P}} + I_{\mathrm{R}}\delta\dot{\Omega}_{\mathrm{R}} = 0 \\ I_{\mathrm{R}}[\delta\dot{\omega}_{\mathrm{P}} + \delta\dot{\Omega}_{\mathrm{R}}] = 0 \\ m(1-\mu)\delta\ddot{\eta} + c\delta\dot{\eta} + k\delta\eta + mb\omega_{\mathrm{P}}\delta\omega_x - mb\delta\dot{\omega}_y = 0\end{cases} \tag{5-63}$$

在分析双自旋卫星姿态运动稳定性时，主要关心横向的运动，因此，式（5-63）中的第三个和第四个方程式可略去。为简化方程表达式，定义

$$\lambda_1 = \frac{(I_z - I_y)\omega_{\mathrm{P}} + I_{\mathrm{R}}\Omega_{\mathrm{R}}}{I_x} = \frac{I_z^{\mathrm{P}}\omega_{\mathrm{P}} + I_z^{\mathrm{R}}\omega_{\mathrm{R}} - I_y\omega_{\mathrm{P}}}{I_x} \tag{5-64}$$

$$\lambda_2 = \frac{(I_z - I_x)\omega_{\mathrm{P}} + I_{\mathrm{R}}\Omega_{\mathrm{R}}}{I_y} = \frac{I_z^{\mathrm{P}}\omega_{\mathrm{P}} + I_z^{\mathrm{R}}\omega_{\mathrm{R}} - I_x\omega_{\mathrm{P}}}{I_y} \tag{5-65}$$

式中，$\omega_{\mathrm{R}} = \Omega_{\mathrm{R}} + \omega_{\mathrm{P}}$；$I_z^{\mathrm{P}}$ 为平台绕转子轴的转动惯量。设卫星在转轴方向的角动量标称值为 H，则有

$$H = I_z^{\mathrm{P}}\omega_{\mathrm{P}} + I_z^{\mathrm{R}}\omega_{\mathrm{R}} \tag{5-66}$$

同时，为方便起见，定义

$$\begin{cases}p = \sqrt{\dfrac{k}{m}} \\ \beta = \dfrac{c}{m} \\ \zeta = \dfrac{\eta}{b} \\ \xi = \dfrac{mb^2}{I_y}\end{cases} \tag{5-67}$$

将其代入线性化后的方程组（5－63）中的第一式、第二式和最后一个公式，则有

$$\begin{cases}\delta\dot{\omega}_x+\lambda_1\delta\omega_y=0\\ \delta\dot{\omega}_y-\lambda_2\delta\omega_x-\xi\ddot{\zeta}-\xi\zeta\omega_P^2=0\\ (1-\mu)\ddot{\zeta}+\beta\dot{\zeta}+p^2\zeta+\omega_P\delta\omega_x-\delta\dot{\omega}_y=0\end{cases}\tag{5-68}$$

拉氏变换得

$$\begin{bmatrix} s & \lambda_1 & 0\\ -\lambda_2 & s & -\xi s^2-\xi\omega_P^2\\ \omega_P & -s & (1-\mu)s^2+\beta s+p^2\end{bmatrix}\begin{bmatrix}\delta\omega_x(s)\\ \delta\omega_y(s)\\ \delta\zeta(s)\end{bmatrix}=\begin{bmatrix}0\\0\\0\end{bmatrix}\tag{5-69}$$

上述线性系统的特征方程为

$$\begin{aligned}&s^4(1-\mu-\xi)+s^3[p^2-\xi\omega_P^2+\lambda_1\lambda_2(1-\mu)-\lambda_1\xi\omega_P]+\\ &s\beta\lambda_1\lambda_2+(\lambda_1\lambda_2p^2-\lambda_1\xi\omega_P^3)=0\end{aligned}\tag{5-70}$$

采用 Routh 判据对式（5－70）进行稳定性分析，可得到此类双自旋卫星渐近稳定的充分必要条件为

$$\begin{cases}\lambda_1\lambda_2>0\\ 1-\mu-\xi>0\\ \beta>0\\ p^2-\xi\omega_P^2+\lambda_1\lambda_2-\lambda_1\omega_P>0\\ \lambda_1(\omega_P-\lambda_2)(\omega_P^2-\lambda_1\lambda_2)>0\\ \lambda_1\lambda_2p^2-\lambda_1\xi\omega_P^3>0\end{cases}\tag{5-71}$$

当 m 非常小时，则稳定的充要条件变为

$$\begin{cases}\lambda_1\lambda_2>0\\ \lambda_1H>0\end{cases}\tag{5-72}$$

根据上述分析可知，使系统方程组（5－68）渐近稳定，或者说使此类双自旋卫星稳定的充分必要条件是 λ_1、λ_2、H 同号。

下面对几种情况进行讨论：

对于平台完全消旋的情况，即 $\omega_P=0$，则 λ_1、λ_2、H 三者符号相同，故系统总是稳定的。注意，这个结论没有规定任何惯量关系。这样对于所讨论的具体系统，严格证明了其稳定性。

对于转子完全消旋的情况，即 $\omega_R=0$，则稳定性条件为

$$\begin{cases}I_z^P>I_y\\ I_z^P>I_x\end{cases}\tag{5-73}$$

这个条件表示的是双自旋卫星的最大轴原理与单自旋卫星的最大轴原理近似，不同之处在于 I_z^P 是平台部分纵向惯量矩（转动部分），而 I_x、I_y 则是卫星整体的横向惯量矩。

如果转子和平台以不同的速率旋转，则稳定条件变为

$$\begin{cases}I_z^P\omega_R+\omega_P(I_z^P-I_y)>0\\ I_z^P\omega_R+\omega_P(I_z^P-I_x)>0\end{cases}\tag{5-74}$$

这说明，只要转子转速足够大，总能使 λ_1、λ_2、H 三者同号。在此情况下，即使满足式（5 - 73）所列的最大轴条件，但若转子和平台的旋转方向不一致，则也可能是不稳定的。当不满足式（5 - 73）的条件时，则要求转子和平台的旋转方向相同，且转子的转速比平台更快。根据这一原理实现的姿态稳定称为超自旋稳定，这个原理在国际通信卫星 - Ⅵ的转移轨道飞行控制中得到了实际应用。

5.3　重力梯度被动姿态稳定系统

在重力场中，航天器各部分所受的引力不同，对其质心产生的重力梯度矩也将随其质量分布的几何尺度及其在引力场中的角位置等的不同而不同。在本章中，中心天体的非球形和遥远天体的影响以及其他环境力矩忽略不计。利用此重力场，航天器各部分产生不同的重力和离心力形成恢复力矩，能够使航天器的某个本体系坐标轴对地球或其他天体姿态定向，重力梯度被动姿态稳定系统寿命长、功耗低，但精度低，且需要天平动阻尼。

5.3.1　重力梯度稳定系统

5.3.1.1　稳定原理

假设航天器绕地球运行的某时刻到地心的矢量为 $\boldsymbol{R}$，航天器质心为 O，质量为 m，地球的引力常数为 μ。取航天器上任一质量元 $\mathrm{d}m$，O 到 $\mathrm{d}m$ 的矢量为 $\boldsymbol{\rho}$，则从地球中心到该质量元的矢量为

$$\boldsymbol{r} = \boldsymbol{R} + \boldsymbol{\rho} \tag{5-75}$$

该质量元在重力场受到的力为

$$\mathrm{d}\boldsymbol{F}_g = -\frac{\mu \mathrm{d}m}{r^3}\boldsymbol{r} \tag{5-76}$$

力矩为

$$\mathrm{d}\boldsymbol{M}_g = \boldsymbol{\rho} \times \mathrm{d}\boldsymbol{F}_g \tag{5-77}$$

将 $\boldsymbol{r}$ 二次项展开并忽略高阶项可得

$$\frac{1}{r_3} = \frac{1}{R^3}\left(1 - \frac{3\boldsymbol{R}\cdot\boldsymbol{\rho}}{R^2}\right) \tag{5-78}$$

代入式（5 - 77）并积分得重力梯度力矩，可表示为

$$\begin{cases} M_{gx} = \dfrac{3\mu}{R^5}(I_z - I_y)R_yR_z \\ M_{gy} = \dfrac{3\mu}{R^5}(I_x - I_z)R_xR_z \\ M_{gz} = \dfrac{3\mu}{R^5}(I_y - I_x)R_xR_y \end{cases} \tag{5-79}$$

从式（5 - 79）可得，重力梯度力矩与航天器的轨道高度及质量分布有关，轨道高度越高，重力梯度力矩越小；转动惯量差越大，重力梯度力矩越大，重力梯度被动姿态稳定系统就需要用长杆把航天器各部分质量拉开尽可能大的距离。此外，重力梯度力矩与航天器的角位置也有关，当航天器的任一惯量主轴与铅垂线重合时，此位置为引力梯度力矩的零位置，重力梯度被动姿态稳定系统就是利用重力梯度力矩的这一性质使航天器保持对天体定向。

以哑铃式结构为例，此哑铃结构由两个质点及中间相连的轻质杆构成，两个质点质量相等，系统质心在轻杆中心，如图 5－14 所示。令质点质量为 m，轻杆长度为 $2L$，靠近地球的质点所受重力更大，力臂也更大，产生的净力矩为

$$M_g = F_g L - F'_g L' \tag{5-80}$$

由几何关系

$$RL = R'L' \tag{5-81}$$

对于俯仰方向，除了重力导致的静力矩外，两个质点的离心力也会产生力矩

$$M_c = m\omega_0^2 RL \tag{5-82}$$

$$M'_c = m\omega_0^2 R'L' \tag{5-83}$$

在俯仰平面内，离心力矩相互抵消，恢复力矩仅由重力产生。

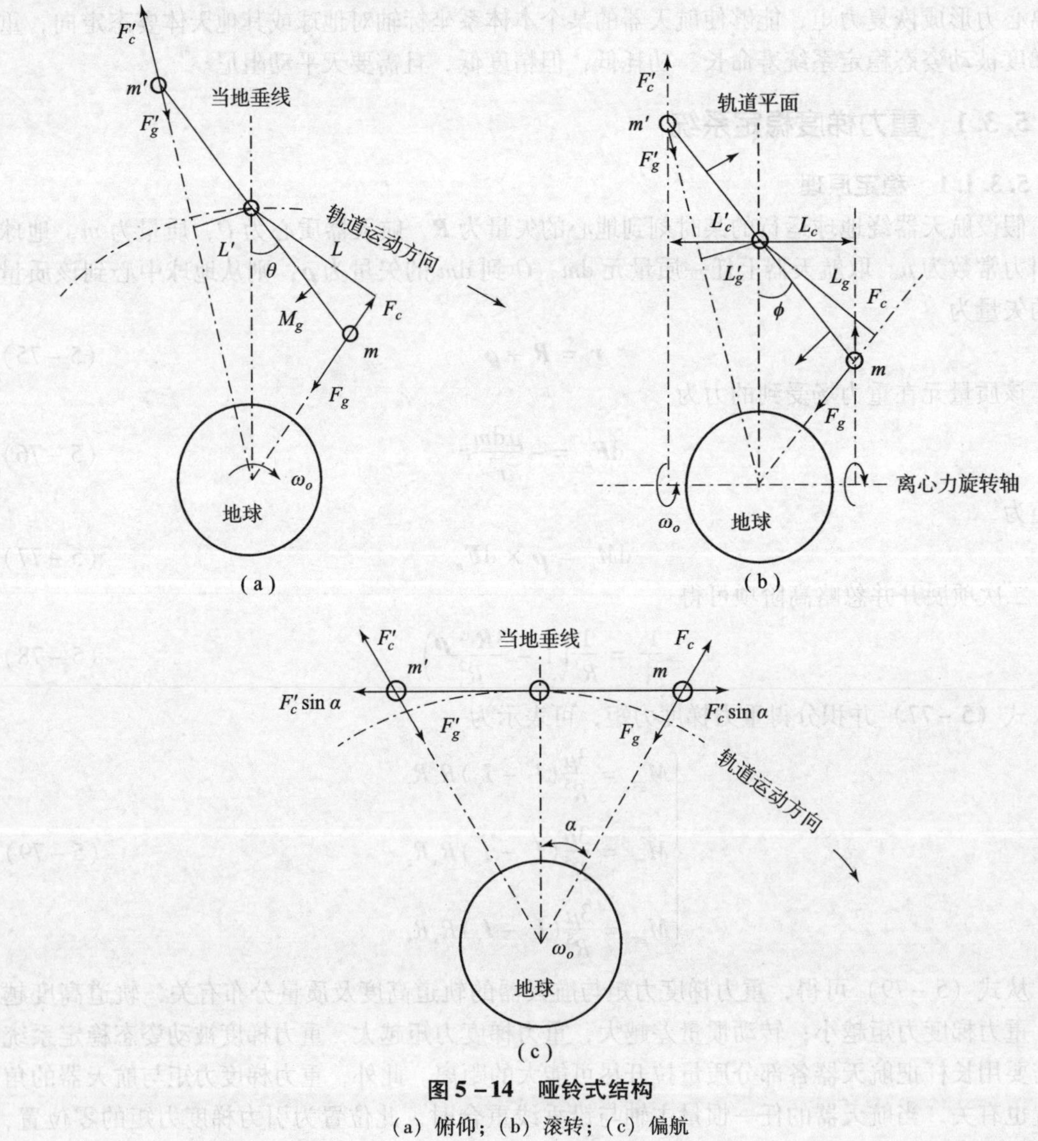

图 5－14　哑铃式结构

(a) 俯仰；(b) 滚转；(c) 偏航

对于滚转方向，除了重力导致的静力矩外，由于两个质点与旋转中心距离不一样，其离心力产生的净力矩为

$$M_c = (F'_c - F_c)L_c \tag{5-84}$$

离心净力矩与重力净力矩方向相同，因此，在滚转平面内，恢复力矩由重力和离心力共同产生，比俯仰方向恢复力矩大。

对于偏航方向，重力导致的静力矩为零，在偏航平面内，恢复力矩仅由离心力所产生。

航天器重力梯度被动稳定的原理与哑铃式结构的类似。

5.3.1.2　稳定性分析

采用扰动分析法对刚体航天器在平衡位置附近运动时的稳定性进行分析，取姿态角（ψ, θ, φ）作为姿态参数描述航天器本体坐标系相对于轨道坐标系的状态。假设航天器的本体轴与惯性主轴重合，运行在圆轨道上，且只受重力梯度力矩的作用，航天器的姿态动力学为

$$\begin{cases} I_x\ddot{\varphi} + (I_y - I_z - I_x)\omega_0\dot{\psi} + (I_y - I_z)\omega_0^2\varphi = M_x \\ I_y\ddot{\theta} = M_y \\ I_x\ddot{\psi} - (I_y - I_z - I_x)\omega_0\dot{\varphi} + (I_y - I_z)\omega_0^2\psi = M_z \end{cases} \tag{5-85}$$

假设系统在平衡位置附近满足小角度假设，则上式可化简得

$$\begin{cases} I_x\ddot{\varphi} + (I_y - I_z - I_x)\omega_0\dot{\psi} + 4(I_y - I_z)\omega_0^2\varphi = 0 \\ I_y\ddot{\theta} + 3(I_x - I_z)\omega_0^2\theta = 0 \\ I_x\ddot{\psi} - (I_y - I_z - I_x)\omega_0\dot{\varphi} + (I_y - I_z)\omega_0^2\psi = 0 \end{cases} \tag{5-86}$$

式中，俯仰通道是独立的，俯仰运动的稳定条件为

$$I_x > I_z \tag{5-87}$$

对相互耦合的偏航和滚转方向方程式进行拉式变换，得

$$\begin{bmatrix} s^2 + 4K_x\omega_0^2 & (K_x - 1)\omega_0 s \\ (1 - K_x)\omega_0 s & s^2 + K_z\omega_0^2 \end{bmatrix}\begin{bmatrix} \varphi(s) \\ \psi(s) \end{bmatrix} = \begin{bmatrix} 0 \\ 0 \end{bmatrix} \tag{5-88}$$

式中

$$K_x = \frac{I_x - I_z}{I_x} \tag{5-89}$$

$$K_z = \frac{I_y - I_x}{I_z} \tag{5-90}$$

特征方程为

$$s^4 + (1 + 3K_x + K_xK_z)\omega_0^2 s^2 + 4K_xK_z\omega_0^4 = 0 \tag{5-91}$$

由霍尔维茨判据可得航天器在重力梯度力矩的作用下，其最终稳定条件为最小主惯量轴沿着航天器质心与地心的连线，最大主惯量轴垂直于轨道平面，而次大主惯量轴则处于轨道平面内。

为提供足够大的重力梯度稳定力矩，常使用重力梯度伸展杆为重力梯度稳定航天器提供要求的结构型状和惯量分布。重力梯度伸展杆在发射前收卷储存在伸杆机构里，入轨后由伸杆机构把它伸展出来。为正确完成姿态指向，要求伸杆后航天器摆角不能过大，即天平动不能太大，而伸杆前后航天器惯量矩的改变越大，天平动幅度就越大。因此，应选择适当的重

力梯度杆和末端质量，提供比其他环境干扰力矩至少大几倍的能满足特定指向要求的重力梯度恢复力矩，并且选择适当的天平动阻尼方式，以保证重力梯度稳定系统的指向精度。

5.3.2 天平动阻尼

当航天器偏航和滚动通道为弱耦合时，式（5-86）可化简为

$$
\begin{cases}
I_x\ddot{\varphi} + 4(I_y - I_z)\omega_0^2\varphi = 0 \\
I_y\ddot{\theta} + 3(I_x - I_z)\omega_0^2\theta = 0 \\
I_x\ddot{\psi} + (I_y - I_z)\omega_0^2\psi = 0
\end{cases} \tag{5-92}
$$

此时各通道的姿态运动在平衡状态附近无阻尼振荡，称之为天平动。若航天器指向地球，则必须进行阻尼，消耗天平动能量。天平动阻尼根据是否使用能源，分为三种：被动阻尼、半被动阻尼和主动阻尼。其中，被动阻尼有棒状阻尼器、球形阻尼器、管中球阻尼器和机械损耗弹簧阻尼器等，以球形阻尼器为例，磁黏性流体阻尼器如图5-15所示，涡流阻尼器如图5-16所示。

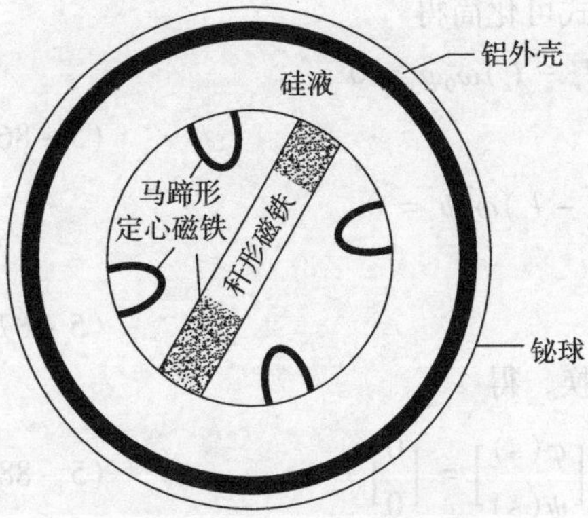

图5-15 磁黏性流体阻尼器

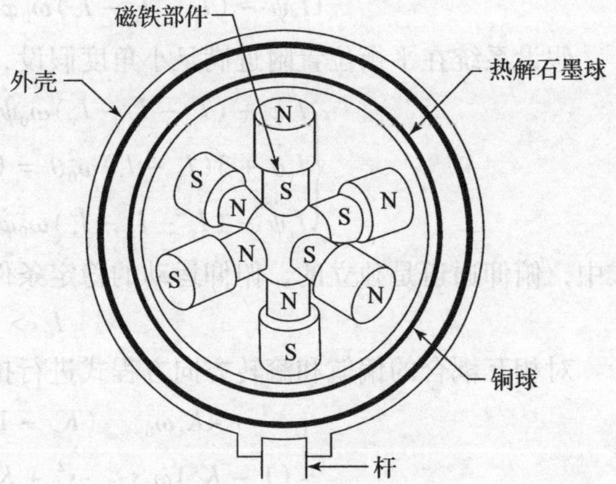

图5-16 涡流阻尼器

磁黏性流体阻尼器外球与航天器固连，内球中有永久磁铁，会跟踪地磁场，受到重力梯度力矩的作用随天平动运动，因此，内外球会产生相对运动。内外球之间镶有一层热解石墨，使得内球悬浮在阻尼器中间，缝隙中充满一种黏性流体，在内外球相对运动时，因黏性流体产生的剪切作用导致能量耗散，产生阻尼效果。涡流阻尼器使用一个铜球来代替黏性流体，在内外球相对运动时，因涡流导致能量耗散，产生阻尼效果。这两种阻尼器尺寸小、质量小、结构简单，磁黏性流体阻尼器阻尼系数大，但必须保持完整，破损易失效；涡流阻尼器受温度影响较小，适用于对阻尼系数要求不大的航天器。

除了利用重力梯度力矩作为稳定力矩的形式外，还可利用其他环境力矩进行航天器姿态的被动稳定。

太阳辐射压力稳定使航天器对太阳定向，而气动稳定可使航天器沿轨道速度方向定向，其定向精度中等。根据磁力矩也可实现磁稳定，使航天器的姿态在轨道上沿地磁场方向稳定。

思　考　题

1. 证明航天器的自旋稳定原理，分析航天器绕最大惯量轴旋转不稳定的原因。

2. 从动力学方程出发，分析证明章动的运动特性和形式。

3. 与单自旋航天器相比，双自旋航天器的主要优缺点是什么？双自旋稳定原理如何？

4. 在仅有重力梯度力矩作用下，分析航天器在轨的稳定姿态条件。

5. 编写重力梯度杆在轨展开仿真程序，将单杆简化为只有两端质量 m_1、m_2 的轻质杆，初始长度为 $l=0.000\ 1$ m，展开速度为 $\dot{l}=0.02$ m/s，杆的长度 $l=1.2$ m 时视为完全展开，长度不再变化。重力梯度杆与重力方向初始夹角和角速度为 $\theta=30°$，$\dot{\theta}=0$，轨道高度为 500 km 的圆轨道，仿真时间为一个轨道周期。

程　　序

1. 主程序

```
%*****************************************************************
%Description:
%重力梯度杆在轨展开仿真,单杆简化为只有两端质量的轻质杆
%输入:杆的质量、初始长度和姿态,轨道高度
%输出:杆长度、杆伸长速度、杆角度、杆角速度随时间变化曲线
%*****************************************************************
clear
clc

%初始值
global H
H=500000;  %初始高度(m)
miu=3.9860044e+14;  %单位m^3/s^2
Re=6378145;  %地球半径(m)
R=Re+H;  %系统质心和地心距离
w=sqrt(miu/R^3);  %轨道角速度
T=2*pi/w;

s0=0.0001;  %初始杆长
vs0=0.02;  %初始杆伸长速度
theta0=30*pi/180;  %初始杆姿态角
```

```
vtheta0 =0;  %初始杆姿态角速度
x0 =[s0;vs0;theta0;vtheta0];  %初始杆长,速度

%积分时间(秒)
t0 =0;
tf =60;  %杆伸长阶段
tf =T;  %杆轨道运动
tspan =[t0,tf];
%积分
option =odeset('RelTol',1e -4);  %相对误差设为 1e -4
%[t,x] =ode45('dangan_ltheta_lglr',tspan,x0,option);  %积分解出 t,
x(q;v),设置小误差
[t,x] =ode45('dangan_ltheta_lglr_guidao',tspan,x0,option);

%%画图
figure
plot(t,x(:,1));
ylabel('杆长度(m)');
xlabel('时间(s)');
grid on

figure
plot(t,x(:,2));
ylabel('杆伸长速度(m/s)');
xlabel('时间(s)');
grid on

figure
plot(t,x(:,3)/pi* 180);
ylabel('杆角度(度)');
xlabel('时间(s)');
grid on

figure
plot(t,x(:,4)/pi* 180);
ylabel('杆角速度(度/s)');
xlabel('时间(s)');
grid on
```

2. 函数

```
function dx = dangan_ltheta_lglr_guidao(t,x)

%常数
miu = 3.9860044e +14;  %单位 m^3/s^2
Re = 6378145;  %地球半径(m)

global H  %初始高度(m)
R = Re + H;  %系统质心和地心距离
w = sqrt(miu/R^3);  %轨道角速度

%未知数
s = x(1);  %广义坐标,杆的长度

%方程
if s <1.2
        vs = x(2);  %杆伸长的速度
        theta = x(3);  %杆角度
        vtheta = x(4);  %杆角度变化率
        ds = vs;
        dvs = (vtheta - w)^2* s - miu/R^3* (1 - 3* (cos(theta))^2)* s;
        dtheta = vtheta;
        dvtheta = -3* miu/2/R^3* sin(2* theta) -2* (vtheta - w)* vs/s;
else
        s = 1.2;
        vs = 0;
        theta = x(3);  %杆角度
        vtheta = x(4);  %杆角度变化率
        ds = vs;
        dvs = (vtheta - w)^2* s - miu/R^3* (1 - 3* (cos(theta))^2)* s;
        dtheta = vtheta;
        dvtheta = -3* miu/2/R^3* sin(2* theta);
end

%输出
dx = [ds;dvs;dtheta;dvtheta];
```

3. 结果

伸长阶段杆长度、伸长速度、角度、角速度随时间变化曲线如图 5 – 17 所示。

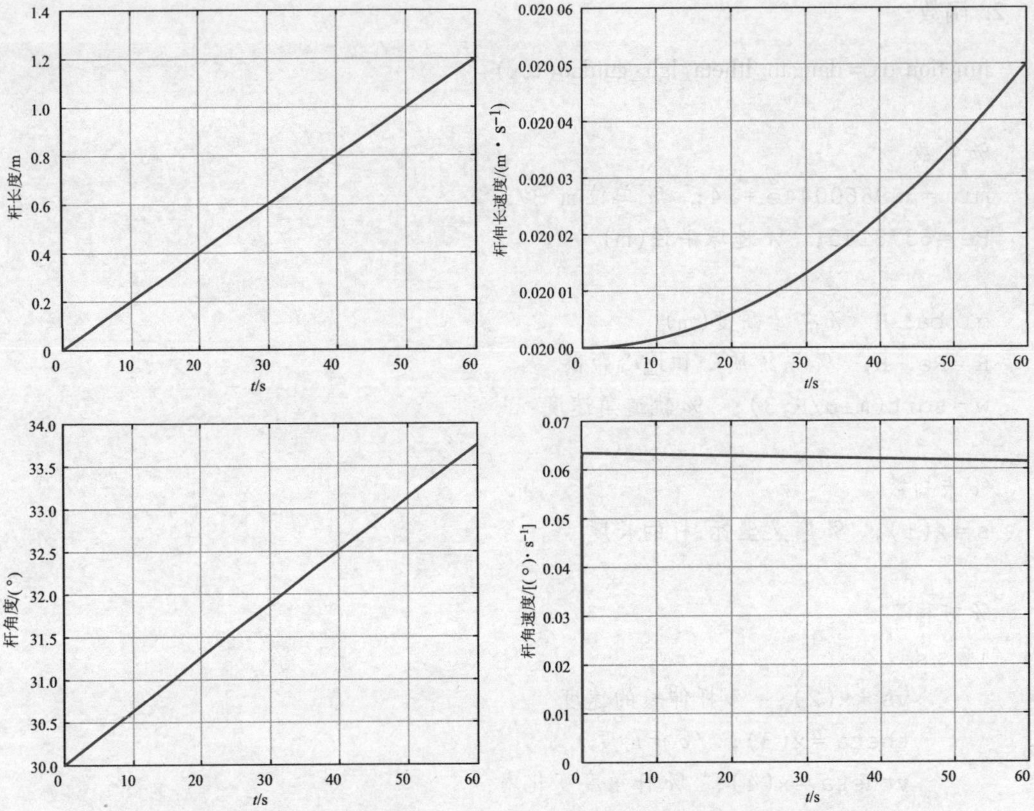

图 5-17　伸长阶段杆长度、伸长速度、角度、角速度随时间变化曲线

一个轨道周期内重力梯度杆的姿态角和姿态角速度随时间变化曲线如图 5-18 所示。

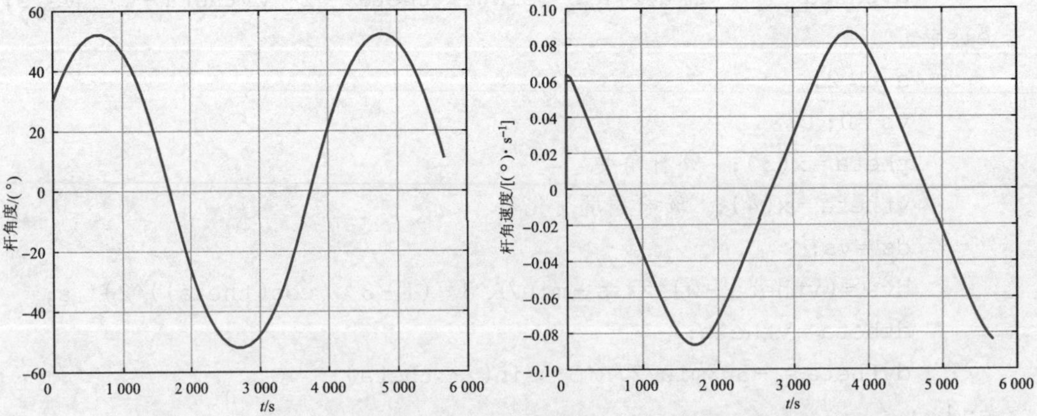

图 5-18　一个轨道周期内重力梯度杆的姿态角和姿态角速度随时间变化曲线

航天趣闻——"探险者一号"事件与最大轴原则

分析欧拉情形刚体定点运动的永久转动稳定性，得出结论：刚体绕最大和最小惯性矩主轴的永久转动稳定，绕中间值惯性矩主轴的永久转动不稳定。两个世纪以来，经典力学的这一结论从未被怀疑过。但1958年1月31日，美国发射的第一颗人造卫星“探险者一号”的倾覆事件却动摇了这一结论。“探险者一号”是一个细长的轴对称体，也带有四根天线，如图5－19所示。卫星旋转轴的极惯性矩远小于赤道惯性矩，是最小惯性矩主轴。按照上述经典力学结论，绕最小或最大惯性矩主轴的永久转动都应该稳定。但出人意料，发射升空数小时后，卫星的旋转轴在轨道坐标系内逐渐翻转90°，最终转变为绕赤道轴，也就是绕卫星的最大惯性矩主轴旋转。倾覆后的卫星因无法正常工作而失效。这一意外事故的发生似乎颠覆了经典力学的结论。如何解释这一现象成为当时物理学和力学界的热门话题，各种分析和解释的论文不断涌现。经过认真的讨论终于找到了原因。“探险者一号”失稳的原因来自所携带的四根柔软的天线。经典力学的结论并无错误，但仅适用于绝对不变形的刚体。由于天线弹性变形的材料内阻尼因素，其总机械能将不断衰减。在动量矩保持不变的条件下，绕最小惯性矩主轴转动的动能为最大值；反之，绕最大惯性矩主轴转动的动能为最小值。当动能随时间不断减小时，绕最小惯性矩主轴的转动必逐渐向绕最大惯性矩主轴的转动趋近。“探险者一号”失稳现象就有了合理的解释。

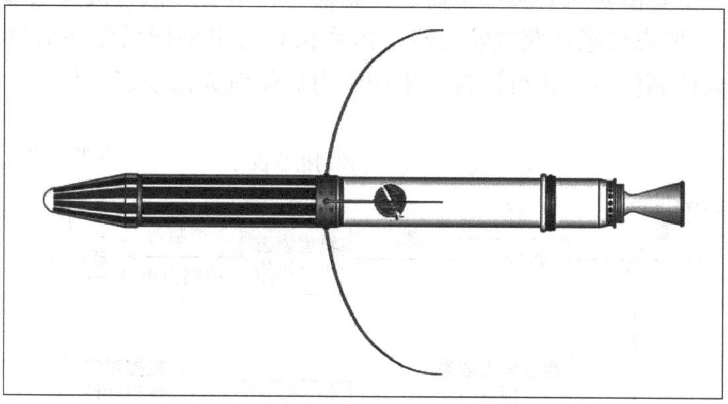

图5－19　“探险者一号”航天器

第6章
主动姿态稳定控制系统

6.1 航天器姿态控制系统

姿态控制是航天器达到或保持期望姿态的过程，包括姿态稳定和姿态机动两种形式。姿态稳定是指通过控制使航天器的姿态保持在期望的姿态，而姿态机动是指通过控制使航天器从一种姿态变换到另一种姿态的过程。航天器的姿态控制通过航天器姿态控制系统实现，航天器姿态控制系统主要由轨道姿态敏感器、控制器和轨道姿态执行机构三部分组成，结构如图6－1所示。基于姿态敏感器获取航天器本体系相对特定坐标系姿态信息，控制器根据预定的控制规律形成控制信号，执行机构产生控制力矩使航天器姿态变化。

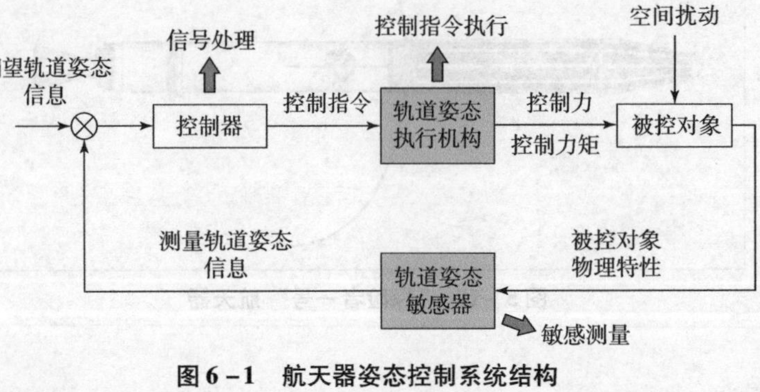

图6－1 航天器姿态控制系统结构

6.1.1 执行机构

6.1.1.1 推力器

推力器可以通过喷射质量产生推力，既可以作为轨道控制执行机构，也可以作为姿态控制执行机构。当推力方向不过航天器的质心时，会产生相对航天器质心的力矩，成为姿态控制执行机构。根据产生推力所需能源的形式不同，质量推力器可以分为冷气推力器、热气推力器和电推力器。其中，冷气推力器和热气推力器消耗燃料，无法在轨补充；电推力器消耗电能，可以通过太阳能电池在轨补充，工作寿命长。

6.1.1.2 飞轮

安装在航天器上的飞轮高速旋转，如果改变其角动量，根据动量矩守恒定理，可以产生与飞轮角动量变化率成正比的控制力矩，使航天器动量矩相应变化，从而进行航天器的姿态控制。

飞轮的能源是电能，可以通过太阳能电池在轨补充，因而适合寿命末期的航天器离轨时使用；飞轮提供的控制力矩可以连续变化，能够实现精确的线性姿态控制；飞轮控制系统特别适用于克服周期性扰动。但飞轮是高速旋转的物体，其对轴承的寿命和可靠性要求很高；另外，飞轮存在饱和问题，达到饱和转速后，不能继续提供控制力矩，需要外力矩进行卸载。

根据对角动量调整方式的不同，飞轮可以分为惯性轮、控制力矩陀螺和框架动量轮三种类型。

1. 惯性轮

惯性轮的飞轮动量矩方向相对于航天器本体系方向保持不变，转速可变。当平均飞轮动量矩为零时，称为反作用轮；平均飞轮动量矩为非零常值时，称为动量轮或偏置动量轮。

2. 控制力矩陀螺

控制力矩陀螺的框架可以相对于航天器本体系转动，即飞轮动量矩的大小恒定不变而方向可变。根据框架数量的不同，可分为单框架控制力矩陀螺和双框架控制力矩陀螺，后者动量矩的方向变化范围更大，但结构更加复杂、可靠性低。

3. 框架动量轮

框架动量轮的动量矩的大小和方向均可变化，也有单框架和双框架之分。比较常用的是磁悬浮微框架动量轮，是一种具有三轴力矩输出能力的新型磁悬浮惯性执行机构，单个磁悬浮微框架动量轮便可以实现航天器姿态小角度范围内的三轴稳定控制。

6.1.1.3 磁力矩器

磁力矩器产生的磁矩和地磁场相互作用，产生控制航天器姿态的磁力矩，其大小为 $\boldsymbol{T}=\boldsymbol{M}\times\boldsymbol{B}$，其中，$\boldsymbol{M}$ 为磁力矩器磁矩矢量，$\boldsymbol{B}$ 为地磁场磁通密度矢量。磁力矩器简单可靠，不消耗燃料，可靠性高，寿命长；但控制精度不高，控制速度慢。

6.1.2 控制器

控制器采集敏感器的姿态数据，实现控制规律或控制对策，输出给执行机构实现航天器的姿态控制。目前，控制器多采用星载计算机，按功能可分为控制计算机、数管计算机、有效载荷计算机等。

星载计算机内部主要由中央处理器、存储器、计算机总线、输入/输出设备、二次电源、机箱和系统软件等部分组成。星载计算机和地面计算机最大的不同在于太空环境恶劣，为适应宇宙射线和太阳辐射等，星载计算机一般选用抗辐射加固电子元器件，并且由多机容错系统构成，以提高星载计算机的可靠性。此外，星载计算机需要满足航天器的基本工作要求，例如质量体积小、功耗低、模块化、标准化等特点。

6.1.3 姿态控制系统的分类

航天器的姿态控制主要分为姿态稳定控制和姿态机动控制。姿态稳定控制通过克服内外干扰力矩使得航天器姿态保持对某参考方位定向，姿态机动控制使航天器从一种姿态转变到另一种姿态或跟踪某一期望姿态。

按照控制力矩来源分类，可将航天器的姿态控制方式分为被动式和主动式两种基本类型。被动式姿态控制方式的控制力矩为自旋产生的力矩或环境力矩，例如，重力梯度力矩、气动力矩、磁力矩、辐射力矩等。此控制方式不需要能源及姿态敏感器、控制逻辑电路，寿命长、结构简单；但对航天器的构型有一定要求，并且不具有机动性，响应速度慢。

自旋稳定利用航天器自旋得到的定轴性使航天器的自转轴方向在惯性空间定向，但是由于干扰，将造成自转轴的进动与动量矩矢量的漂移，会造成定向精度下降，不适用于长期任务。

环境力矩稳定需要根据轨道高度设计航天器的构型，使得作为控制力矩的环境力矩的值远大于其余的环境力矩的值，根据环境力矩的性质，可组成对地球定向的重力梯度稳定系统、对轨道速度定向的气动力稳定系统、对太阳定向的太阳辐射压力稳定系统、对地磁场定向的地磁稳定系统等。

航天器主动控制系统使用来自航天器的能源作为控制力矩，属于闭环系统，如以飞轮为主的三轴姿态控制系统、喷气姿态控制系统和地磁力矩器控制系统等。

由于单一稳定方式存在局限性，将被动式和主动式两种姿态控制方式结合起来，得到半被动式、半主动式和混合式姿态控制方式。

根据航天器是否为自旋航天器，可将姿态稳定方式分为自旋稳定和三轴稳定两种。自旋稳定航天器分为单自旋航天器和双自旋航天器，双自旋航天器采用消旋平台以延长航天器姿态稳定时间和精度。自旋稳定航天器简单，成本低，但稳定条件要求高，对某些有效载荷存在一定限制。三轴稳定航天器是利用执行机构使航天器相互垂直的三个轴在空间相对于某个参考系具有预期方向的一种姿态稳定方式，例如，以飞轮为主的三轴稳定系统、纯喷气的三轴稳定系统等。三轴稳定航天器构型要求不高，可以安装大型的附件，精度高，但易受到干扰。

6.2 基于喷气推力器的姿态控制系统

航天器的姿态控制任务主要分为姿态稳定控制和姿态机动控制。克服内外干扰力矩使得航天器姿态保持对某参考方位定向的控制任务称为姿态稳定控制。航天器从未知姿态转变到已知姿态，一种姿态转变到另一种姿态或跟踪某一期望的变化姿态称为姿态机动控制。对于姿态稳定，除了采用上一节叙述的各种被动稳定方案以外，也可以利用控制系统实现对航天器姿态的主动稳定控制。

喷气控制系统是一种反作用控制系统，由喷气推进系统的喷管排出质量而产生推力，如果推力方向不穿过航天器质心，则产生控制力矩。喷气推力器可在轨道上的任何位置工作，不受外界其他因素的影响；沿航天器本体轴产生的控制力矩大，可以实现三轴解耦姿态稳定控制，控制逻辑简单灵活，系统过渡过程时间短，响应快；适用于非周期性大干扰力矩的场合。但喷气推力器消耗航天器上能源，因此，比较适用于工作寿命比较短的航天器。

6.2.1 自旋航天器喷气姿态控制

喷气推力器可以产生章动控制力矩，适用于需要快速章动阻尼的场合直接消除横向角速度。假设航天器轴对称，并且反作用推力方向与自转轴平行，根据姿态动力学方程，喷气控制引起航天器姿态的运动为

$$\begin{cases}\dfrac{\mathrm{d}\omega_x}{\mathrm{d}t}=0\\ \dfrac{\mathrm{d}\omega_y}{\mathrm{d}t}+\omega_{x0}\omega_z\dfrac{I_x-I_t}{I_t}=\dfrac{T_y}{I_t}\\ \dfrac{\mathrm{d}\omega_z}{\mathrm{d}t}-\omega_{x0}\omega_y\dfrac{I_x-I_t}{I_t}=\dfrac{T_z}{I_t}\end{cases}\tag{6-1}$$

式中，T_y 和 T_z 为横向控制力矩 $\boldsymbol{T}$ 的分量；ω_y 和 ω_z 为被控的横向角速率，可合并为一个复数变量 $\bar{\omega}_t=\omega_y+\mathrm{i}\omega_z$，动力学方程可以写成复数方程

$$\dot{\bar{\omega}}_t-\mathrm{i}\Omega_n\bar{\omega}_t=\bar{\alpha}\tag{6-2}$$

式中

$$\Omega_n=\frac{I_x-I_t}{I_t}\omega_{x0}\tag{6-3}$$

$$\bar{\alpha}=\alpha\mathrm{e}^{\mathrm{i}\gamma}\tag{6-4}$$

式中，α 为控制力矩产生的角加速度；γ 为控制力矩在横向平面内的相位，取决于推力器的位置。假设 t_0 时，横向角速率沿实轴方向，t_1 时推力器喷气，则推力器作用的解为

$$\bar{\omega}_t(t)=\bar{\omega}_t(t_1)\mathrm{e}^{\mathrm{i}\Omega_n(t-t_1)}+\frac{2\alpha}{\Omega_n}\sin\left(\Omega_n\frac{t-t_1}{2}\right)\mathrm{e}^{\mathrm{i}\left(\gamma+\Omega_n\frac{t-t_1}{2}\right)}\tag{6-5}$$

横向角速率由自由章动和推力器力矩产生两部分组成，为了有效消除初始章动角，应选择合适的喷气起始时刻，使推力器产生的横向角速率在终止时刻 t_1 与自由章动的方向相反，通过主动控制使航天器姿态稳定。

采用这种方法虽然能够有效消除章动角，但也会引起航天器角动量的进动，改变角动量方向。此外，因变轨操作任务或空间观测的要求，需调整航天器自转轴在空间的方向，进行姿态机动。通常，喷气章动控制和喷气进动控制相互结合，通过合理规划使航天器角动量发生期望进动，同时消除章动。

在航天器自旋至某相位角前后 $\Delta t/2$ 时间内，推力器控制产生的角动量增量为

$$\Delta H=T\Delta t\frac{\sin(\omega_{x0}\Delta t/2)}{\omega_{x0}\Delta t/2}\tag{6-6}$$

$\Delta\boldsymbol{H}$ 的方向垂直于初始角动量 $\boldsymbol{H}_0$，在控制力矩作用下，角动量从初始状态沿弧线进动到 $\boldsymbol{H}$。当采用脉冲喷气推力器时，$\Delta t\approx0$，此时角动量增量为

$$\Delta\boldsymbol{H}=\boldsymbol{T}\Delta t\tag{6-7}$$

此时，角动量从初始状态沿直线跃变进动到 $\boldsymbol{H}$，每次跃变进动过程中都会产生章动，在章动阻尼的作用下恢复稳定，达到期望姿态。

6.2.2　三轴稳定航天器喷气姿态控制

假设三轴稳定航天器为刚体，本体系坐标轴与惯性主轴重合，同时满足小角度假设并忽略三轴耦合项，则其简化的姿态动力学方程为

$$\begin{cases}I_x\ddot{\varphi}=T_{cx}+T_{dx}\\ I_y\ddot{\theta}=T_{cy}+T_{dy}\\ I_x\ddot{\psi}=T_{cz}+T_{dz}\end{cases}\tag{6-8}$$

式中，T_{cx}、T_{cy}、T_{cz} 为三轴控制力矩；T_{dx}、T_{dy}、T_{dz} 为三轴扰动力矩。

最简单的姿态控制律可写为

$$\begin{cases} T_{cx} = K_{px}\varphi_e + K_{dx}\dot{\varphi}_e \\ T_{cy} = K_{py}\theta_e + K_{dy}\dot{\theta}_e \\ T_{cz} = K_{pz}\psi_e + K_{dz}\dot{\psi}_e \end{cases} \tag{6-9}$$

式中，下标 e 表示误差角和误差角速度；控制参数 K_{px}、K_{py}、K_{pz} 是姿态控制律设计的目的，以满足期望的动态特性。

当不满足小角度假设时，即考虑大角度姿态机动控制时，一阶导和耦合项等不能忽略。推力器可近似为继电环节，即可将喷气姿态控制系统视为开关控制的非线性系统。控制方程为

$$u = \begin{cases} +1, e > 0 \\ -1, e < 0 \end{cases} \tag{6-10}$$

式中，e 为姿态角误差。

1. 相平面控制

相平面是以航天器某姿态通道的姿态角为横坐标、姿态角速度为纵坐标的平面。相平面上任意一点表示航天器姿态的一个状态，由连续的点连成的轨迹为相轨迹。以俯仰通道为例，其喷气控制动力学方程为

$$\begin{cases} I_y\ddot{\theta} = T_{cy} + T_{dy} \\ \theta(0) = \theta_0 \\ \dot{\theta}(0) = \dot{\theta}_0 \end{cases} \tag{6-11}$$

忽略航天器受到的干扰力矩，当控制力矩为常值时，相轨迹曲线如图 6－2 所示，相平面方程为

$$\begin{cases} \dot{\theta}^2 = 2\alpha_{y0}(\theta - \theta_0) + \dot{\theta}_0^2, & T_{y0} > 0 \\ \dot{\theta}^2 = -2\alpha_{y0}(\theta - \theta_0) + \dot{\theta}_0^2, & T_{y0} < 0 \\ \theta = \theta_0 + \dot{\theta}t, & T_{y0} = 0 \end{cases} \tag{6-12}$$

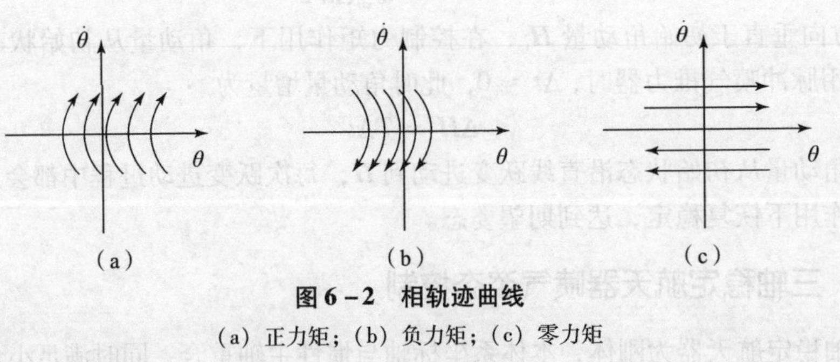

图 6－2　相轨迹曲线

(a) 正力矩；(b) 负力矩；(c) 零力矩

采用理想继电控制器的单通道喷气姿态控制系统框图如图 6－3 所示，相轨迹曲线如图 6－4 所示。该相轨迹曲线封闭，即姿态角的时域运动规律为不衰减的周期振荡，但由于实际系统存在惯性，相轨迹曲线可能发散，如虚线所示，使系统不稳定；并且推力器一直开启，浪费能源。

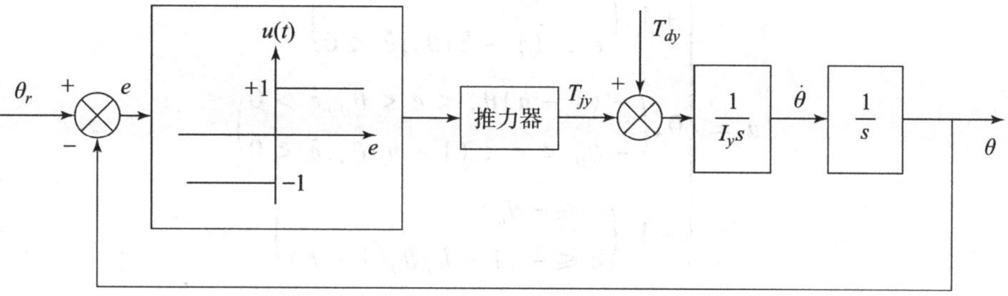

图6－3　理想继电控制器的单通道喷气姿态控制系统框图

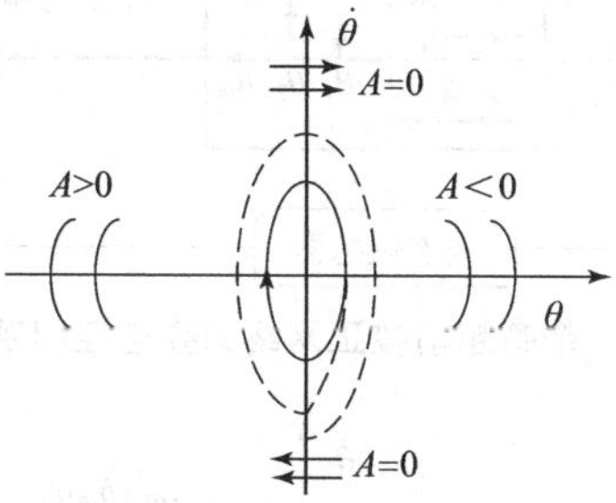

图6－4　理想继电控制器的相轨迹曲线

为此，在控制器中加入死区，如下式，在死区中推力器停止工作，相轨迹曲线如图6－5所示，此时极限环称为双边极限环。受到常值干扰时，会出现单边极限环。

$$u=\begin{cases}+1, & e>\theta_D \\ 0, & -\theta_D<e<\theta_D \\ -1, & e\leqslant-\theta_D\end{cases} \tag{6-13}$$

式中，θ_D 为给定死区。

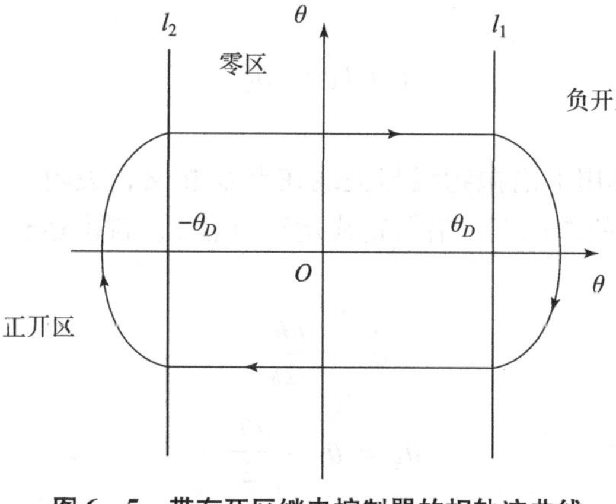

图6－5　带有死区继电控制器的相轨迹曲线

采用超前校正网络与施密特触发器组合进行俯仰轴姿态控制的系统框图如图6－6所示，相轨迹曲线如图6－7所示。其中，施密特触发器控制律为

$$u=\begin{cases}+1,\begin{pmatrix}e>\theta_D\\ e>(1-h)\theta_D,\dot{e}<0\end{pmatrix}\\ 0,\begin{pmatrix}-(1-h)\theta_D<e<\theta_D,\dot{e}>0\\ -\theta_D<e<(1-h)\theta_D,\dot{e}<0\end{pmatrix}\\ -1,\begin{pmatrix}e\leqslant-\theta_D\\ e\leqslant-(1-h)\theta_D(1-h)\end{pmatrix}\end{cases}\tag{6-14}$$

式中，h 为滞环宽度比。

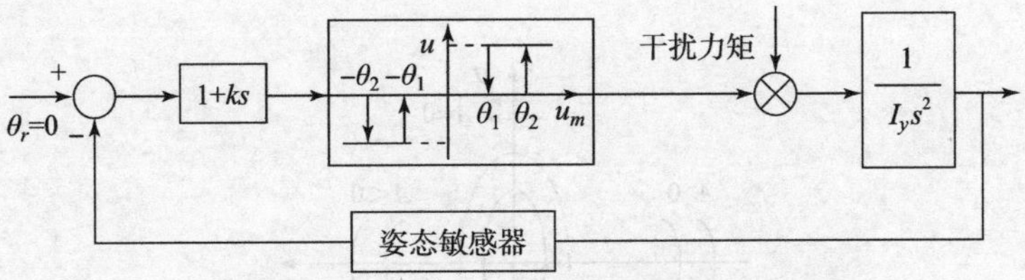

图 6-6　带有超前校正网络的姿态控制系统框图

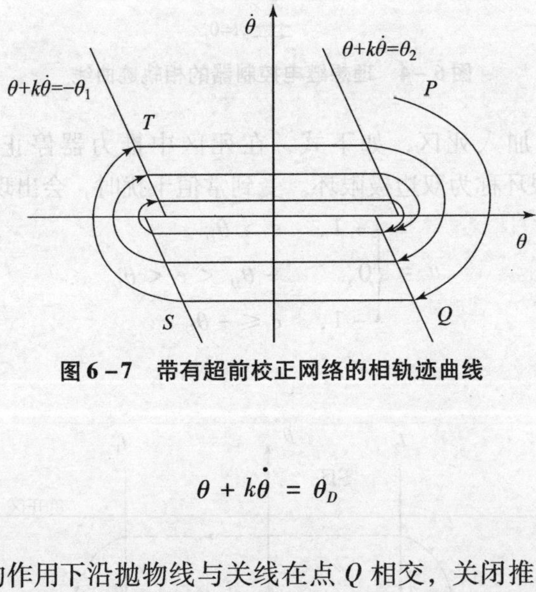

图 6-7　带有超前校正网络的相轨迹曲线

开关方程为

$$\theta+k\dot{\theta}=\theta_D\tag{6-15}$$

式中，k 为微分增益。

点 P 在负推力器的作用下沿抛物线与关线在点 Q 相交，关闭推力器自由运行，与开线相交于点 S，在正推力器的作用下，沿抛物线运行至点 T，自由运行得到稳定的极限环。其高度与宽度为

$$\dot{\theta}_R=\frac{h\theta_D}{2k}\tag{6-16}$$

$$\theta_R=\theta_D-\frac{h\theta_D}{2}\tag{6-17}$$

极限环越扁，耗气越少，但会增加测量噪声的影响，导致频繁开关现象，因此，要适当折中。

2. 准线性控制

有一类喷气控制器，其数学模型可近似用线性关系描述，故称为准线性喷气控制器，典型的有伪速率增量反馈控制器、PWPF 脉冲调制器、PWM 脉宽调制器等。

超前校正网络为系统提供对输入误差信号的微分作用，因此能够提供系统阻尼作用，但是它对输入信号中的噪声有放大作用，因而抗干扰能力较差，并且不能获得很小的极限环速度。而伪速率增量反馈控制器由相位滞后环节和施密特触发器组成，能在产生对输入信号微分作用的同时使系统具有较强的抗干扰能力，还能获得稳定的单边极限环。以俯仰通道为例，采用伪速率控制器的喷气姿态控制器系统框图如图 6 – 8 所示。

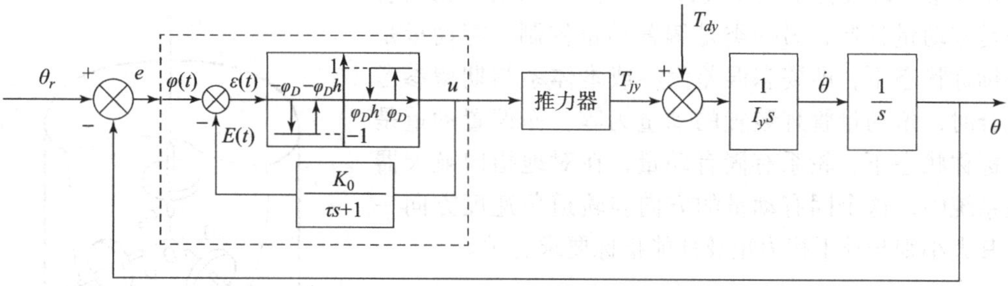

图 6 – 8 采用伪速率控制器的喷气姿态控制器系统框图

伪速率控制器是一个脉冲调制器，其输出脉冲的宽度和相邻脉冲的间隔时间随输入信号而改变，可计算为

$$T_{\mathrm{on}} = T_m \ln\left[\frac{K_m + \theta_D - \theta + \dot{\theta} t_{\mathrm{on}}}{K_m + (1-h)\theta_D - \theta}\right] \tag{6-18}$$

$$T_{\mathrm{off}} = T_m \ln\left[\frac{\theta - (1-h)\theta_D}{\theta - \theta_D + \dot{\theta} t_{\mathrm{off}}}\right] \tag{6-19}$$

对应的输出脉冲列的平均值为

$$N_a = \frac{1}{K_m}\left(\theta - \theta_D + \frac{h\theta_D}{2} + \dot{\theta} T_m\right) \tag{6-20}$$

由于推力小，喷气时延小，因此采用伪速率控制器的小推力系统可以获得很小的极限环速度。当常值输入 $\theta = \theta_D$ 时，姿态控制系统可以被等效为一个二阶线性系统，可以求得其最小脉宽和等效阻尼为

$$T_{\mathrm{on}} \approx \frac{1}{K_m} h T_m \theta_D \tag{6-21}$$

$$\zeta = \sqrt{\frac{a_c T_m^2}{4K_m}} \tag{6-22}$$

式中，推力器加速度幅值 $a_c = T_m/I_y$。

6.3 基于角动量管理装置的三轴姿态控制系统

角动量管理装置飞轮，包括固定安装的惯性轮系统、控制力矩陀螺（CMG）以及框架动量轮。惯性轮系统只能改变角动量的大小，加速时产生对航天器的反作用力矩即控制力矩。控制力矩陀螺通过框架运动改变角动量矢量的方向，产生作用于航天器的陀螺反作用力矩，即控制力矩。框架动量轮既可以改变角动量大小，又可以改变角动量矢量方向，产生对航天的控制力矩。飞轮三轴姿态稳定系统的工作原理就是动量矩定理，当外力矩矢量和为零时，航天器总动量矩守恒，通过改变飞轮的动量矩矢量，可以吸收航天器其余部分多余的动量矩矢量，从而达到航天器姿态控制的目的。与喷气推力器三轴姿态稳定系统相比，飞轮可以进行线性控制，控制精度更高；所需能源可以通过太阳能电池在轨补充，寿命更长；特别适用于克服周期性扰动，应用广泛。但飞轮存在饱和问题，并且转动部件的寿命和可靠性受到限制。

角动量管理装置系统按设计原理来分，包括两大类：一类是零动量控制，另一类是偏置动量控制。零动量是指在标称状态下，即姿态误差为零或本体系与期望参考系重合时，角动量管理装置的动量为零。而偏置动量是指在标称状态下，轮系有固有动量，在对地指向航天器姿控系统中，这个固有动量的方向与轨道角速度方向一致，其大小则与外干扰力矩及性能指标要求有关。

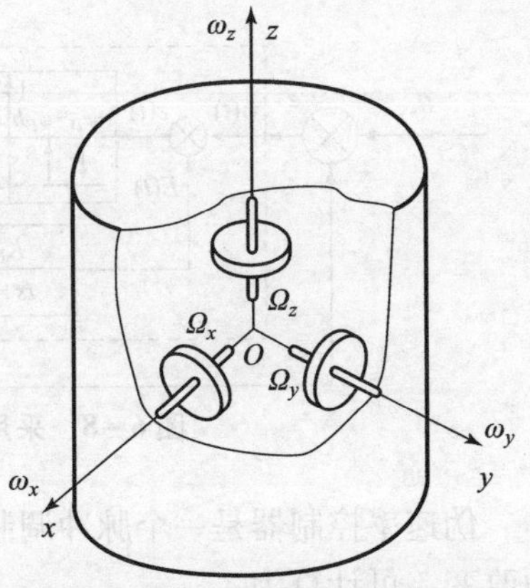

图 6-9　零动量三轴姿态稳定系统

6.3.1　零动量控制

一般零动量三轴姿态稳定系统是在航天器的三个主惯量轴上各装一个飞轮，如图 6-9 所示，系统框图如图 6-10 所示。

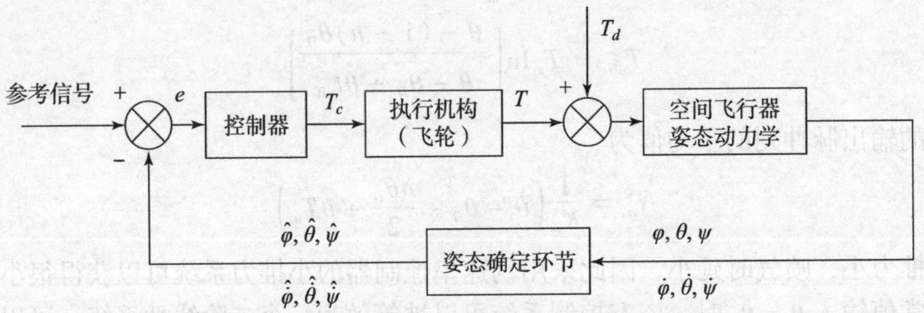

图 6-10　零动量三轴姿态稳定系统框图

设飞轮绕其转轴的惯量为 I，相对于本体的旋转角速度分别为 Ω_x、Ω_y、Ω_z，航天器总动量矩在本体坐标系中可表示为

$$\begin{cases} h_x = I_x\omega_x + I\Omega_x \\ h_y = I_y\omega_y + I\Omega_y \\ h_z = I_z\omega_z + I\Omega_z \end{cases} \tag{6-23}$$

代入欧拉方程可得零动量飞轮三轴姿态稳定航天器的欧拉动力学方程为

$$\begin{cases} T_{dx} = I_x\dfrac{d\omega_x}{dt} + \omega_y\omega_z(I_z - I_y) + I(\Omega_x + \Omega_z\omega_y - \Omega_y\omega_z) \\ T_{dy} = I_y\dfrac{d\omega_y}{dt} + \omega_z\omega_x(I_x - I_z) + I(\Omega_y + \Omega_x\omega_z - \Omega_z\omega_x) \\ T_{dz} = I_z\dfrac{d\omega_z}{dt} + \omega_x\omega_y(I_y - I_x) + I(\Omega_z + \Omega_y\omega_x - \Omega_x\omega_y) \end{cases} \tag{6-24}$$

式中，T_{dx}、T_{dy}、T_{dz}分别为三轴扰动力矩。

对于近地航天器，航天器的姿态角速率相比轨道角速度较小，一些项可忽略，式（6-24）可简化为

$$\begin{cases} T_{dx} - \dot{h}_x = I_x\ddot{\varphi} - \omega_0\dot{\psi}(I_x + I_z - I_y) - h_z\omega_0 \\ T_{dy} - \dot{h}_y = I_y\ddot{\theta} \\ T_{dz} - \dot{h}_z = I_z\ddot{\psi} + \omega_0\dot{\varphi}(I_x + I_z - I_y) + h_x\omega_0 \end{cases} \tag{6-25}$$

此时，系统的俯仰通道与其他两个通道解耦，可视为双积分环节，可单独设计；滚转与偏航通道相互耦合，需要另外设计。

对于地球同步轨道或惯性定向的航天器，轨道角速度较小，可进一步忽略，式（6-24）可简化为

$$\begin{cases} T_{dx} - \dot{h}_x = I_x\ddot{\varphi} \\ T_{dy} - \dot{h}_y = I_y\ddot{\theta} \\ T_{dz} - \dot{h}_z = I_z\ddot{\psi} \end{cases} \tag{6-26}$$

此时三个通道均解耦，每个通道都可视为双积分环节。因此，三个正交的零动量飞轮可以根据各自轴上的姿态误差，相互独立地改变自己的转速，实现对各自轴的姿态控制。

航天器姿态控制系统响应通常很慢，可视为慢变系统，对于采用力矩工作模式的飞轮，其时间常数较小，可忽略不计，将其视为系数为1的比例环节；而采用转速模式的飞轮的时间常数不可忽略，可将其视为惯性环节处理。采用力矩模式和转速模式的飞轮简化模型为

$$\frac{sh(s)}{T_c(s)} = \frac{1}{s\left(\dfrac{R}{K}\right) + 1} \tag{6-27}$$

$$\frac{sh(s)}{T_c(s)} = \frac{1}{s\left(\dfrac{R}{K_m K}\right) + 1} \tag{6-28}$$

1. 俯仰通道

考虑近地航天器，采用力矩模式工作的反作用飞轮，暂时将执行机构环节和姿态确定环节忽略不计，此时航天器俯仰通道的数学模型可视为一个双积分环节。由于在实际系统中存在着死区或者其他非线性因素，因此，比例控制系统往往是不稳定的。为此，飞轮控制系统必须引入阻尼才能使系统稳定，这就是说，必须将姿态角速度的信息引入系统中。采用线性比例微分控制，即

$$T_{cy} = -K_p\theta - K_d\dot{\theta} \tag{6-29}$$

式中，K_p 是比例系数；K_d 是微分系数。

代入式（6-25）俯仰通道方程，得

$$\ddot{\theta} + 2\xi\omega_n\dot{\theta} + \omega_n^2\theta = \frac{T_{dy}}{I_y} \tag{6-30}$$

式中，ω_n 为无阻尼自振荡频率；ξ 为阻尼比，可计算为

$$\omega_n = \sqrt{\frac{K_p}{I_y}} \tag{6-31}$$

$$\xi = \frac{K_d}{2\sqrt{I_y K_p}} \tag{6-32}$$

ω_n 和 ξ 的选择决定了系统的稳定性和动态特性。受扰动的航天器由于控制作业，把多余的动量矩存储到飞轮，使飞轮转速获得增量

$$\Delta\Omega_y = \frac{\int_0^t T_{dy}\mathrm{d}t - I_y\dot{\theta}}{I} \tag{6-33}$$

对于脉冲输入 $T_{dy} = D\delta(t)$，飞轮转速增量

$$\Delta\Omega_y = \frac{D}{I} \tag{6-34}$$

对于阶跃输入 $T_{dy} = T_{y0}I(t)$，飞轮转速增量

$$\Delta\Omega_y = \frac{T_{y0}t}{I} \tag{6-35}$$

在控制作用下，飞轮的转速将随时间呈正比增加。当飞轮转速达到最大值时，转速不再增加而进入饱和状态，导致航天器姿态失控。此时需要有相应的卸载系统对其进行卸载。

对于振荡输入 $T_{dy} = T_{y0}\sin\omega_0 t$，飞轮转速增量

$$\Delta\Omega_y \leqslant \frac{2T_{y0}}{\omega_0} + B\omega_0 \tag{6-36}$$

此时存储到飞轮的动量矩存在最大值，即只要设计足够大的极限转速和转动惯量，就可以避免饱和。

2. 滚转－偏航通道

滚转通道和偏航通道相互耦合，可引入动量解耦回路进行解耦，例如

$$\begin{cases} T_{cx} = -K_{px}\varphi - K_{dx}\dot{\varphi} - \omega_0\dot{\psi}(I_x + I_z - I_y) - h_z\omega_0 \\ T_{cz} = -K_{px}\psi - K_{dx}\dot{\psi} + \omega_0\dot{\varphi}(I_x + I_z - I_y) + h_x\omega_0 \end{cases} \tag{6-37}$$

此时系统滚转通道和偏航通道方程为

$$\begin{cases} I_x\ddot{\varphi} + K_{dx}\dot{\varphi} + K_{px}\varphi = T_{dx} \\ I_z\ddot{\psi} + K_{dz}\dot{\psi} + K_{pz}\psi = T_{dz} \end{cases} \tag{6-38}$$

可按照俯仰通道的设计方法进行设计。

通常轮控系统构型要求用数目最少的飞轮获得最大冗余度，同时，控制策略不过分复杂，并优化某些性能指标，如功耗、动量包络、适应性等。对于采用反作用轮组成零动量轮控系统的情况，典型的构型分为如下两种：

（1）正交安装方式：如三正交加一斜装构型方案等。

（2）斜装方式：如四斜装、五斜装、六斜装等构型方案。

6.3.2 偏置动量控制

三轴姿态稳定航天器的偏置动量轮控方案原理与双自旋航天器的近似，转子即为旋转飞轮，消旋平台为整个航天器。偏置动量轮控系统的一个特点是不需要测量偏航姿态角，从而降低了控制系统的复杂性，并提高了可靠性；不再需要三轴姿态测量；只需要滚动和俯仰姿态信息。但是，仅靠偏置角动量的定轴性不足以始终保持角动量方向在空间中的稳定性，需要进行主动控制，以实现精确的姿态稳定控制，使姿态误差在给定的允许范围内。通常可采用推力器、磁力矩器或增加一个小的反作用轮进行控制。

以对地定向三轴稳定航天器为例，飞轮系统的合角动量矢量 **h** 通常在本体坐标系俯仰轴的负方向。假设航天器在近圆轨道上运行，姿态角和姿态角速度均为小量，得到简化姿态动力学方程为

$$\begin{cases} I_x\ddot{\varphi} + [(I_y - I_z)\omega_0^2 + h_B\omega_0]\varphi - [\omega_0(I_x + I_z - I_y) - h_B]\dot{\psi} = \\ T_{dx} + T_{cx} - \dot{h}_x + h_z\omega_0 \\ I_y\ddot{\theta} = \Delta\dot{h}_y + T_{dy} + T_{cy} \\ I_z\ddot{\psi} + [(I_y - I_x)\omega_0^2 + h_B\omega_0]\psi + [\omega_0(I_x + I_z - I_y) - h_B]\dot{\varphi} = \\ T_{dz} + T_{cz} - \dot{h}_z - h_x\omega_0 \end{cases} \tag{6-39}$$

式中，h_B 为飞轮在俯仰轴上的标称角动量大小；Δh_y 为飞轮在标称角动量附近的角动量变化量。

若飞轮的合成角动量只有俯仰轴方向的分量，则滚转通道和偏航通道的简化方程为

$$\begin{cases} I_x\ddot{\varphi} + [(I_y - I_z)\omega_0^2 + h_B\omega_0]\varphi - [\omega_0(I_x + I_z - I_y) - h_B]\dot{\psi} = T_{dx} + T_{cx} \\ I_z\ddot{\psi} + [(I_y - I_x)\omega_0^2 + h_B\omega_0]\psi + [\omega_0(I_x + I_z - I_y) - h_B]\dot{\varphi} = T_{dz} + T_{cz} \end{cases} \tag{6-40}$$

俯仰运动是独立的，与零动量控制系统模型一致，只是在 h_B 附近增加或减少角动量 Δh_y 来产生控制力矩，从而实现俯仰回路控制。滚转和偏航运动则存在强耦合性，该耦合模型开环系统的特性方程式为

$$I_xI_z(s^2 + \omega_0^2)(s^2 + \omega_n^2) = 0 \tag{6-41}$$

式中，

$$\omega_n^2 \approx \frac{h_B^2}{I_xI_z} \tag{6-42}$$

可得航天器的姿态运动包含长周期和短周期两种。长周期运动是航天器沿轨道转动引起的姿态耦合运动，周期是轨道周期；短周期运动是由偏置角动量和航天器转动惯量引起的，即章动周期。这两类运动的周期相差很大，可以分别讨论。

长周期运动解为

$$\begin{cases} \varphi = \varphi_0\cos\omega_0 t + \psi_0\sin\omega_0 t \\ \psi = \psi_0\cos\omega_0 t - \varphi_0\sin\omega_0 t \end{cases} \tag{6-43}$$

短周期运动解为

$$\begin{cases} \varphi(t) = \varphi_0 + \dot{\varphi}_0\dfrac{\sin\omega_n t}{\omega_n} - \dot{\psi}_0\dfrac{I_z}{h}(1 - \cos\omega_n t) \\ \psi(t) = \psi_0 + \dot{\psi}_0\dfrac{\sin\omega_n t}{\omega_n} + \dot{\varphi}_0\dfrac{I_x}{h}(1 - \cos\omega_n t) \end{cases} \tag{6-44}$$

式中，下标 0 表示初始值。

长周期运动以 ω_0 形式慢变，表现为中心在原点的圆，如图 6－11 所示；短周期运动表现为椭圆，当 $I_x = I_z$ 时，表现为圆运动，称为章动圆，航天器俯仰轴沿章动圆运动，此时航天器整体角动量端点在章动圆的圆心，如图 6－12 所示。在一般情况下，二者同时存在，即航天器的姿态运动可以看作轨道圆运动和章动圆运动的叠加。

对于滚转－偏航通道的控制，考虑飞轮仅在俯仰轴上有分量且敏感器能够测量偏航角信息，则简单的比例微分控制律为

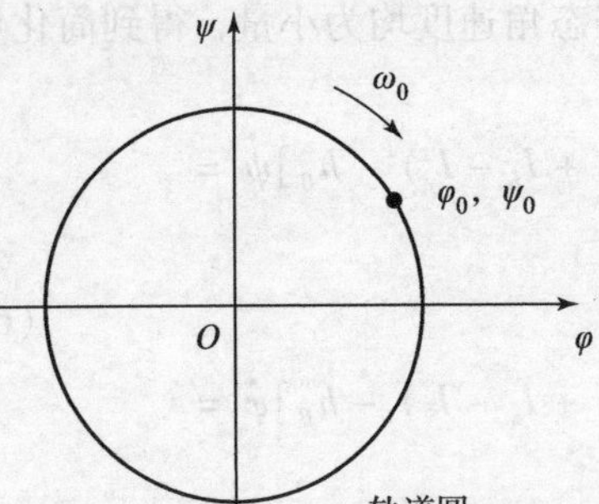

图 6-11　偏置动量航天器长周期运动

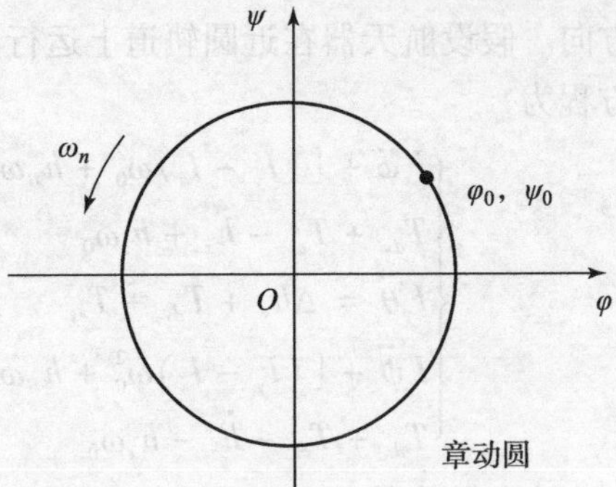

图 6-12　偏置动量航天器短周期运动

$$\begin{cases}T_{cx} = -K_x\varphi - K_{xd}\dot{\varphi} \\ T_{cz} = -K_z\psi - K_{zd}\dot{\psi}\end{cases} \tag{6-45}$$

此时运动方程为

$$\begin{cases}I_x\ddot{\varphi} + h_B\omega_0\varphi + K_x\varphi + K_{xd}\dot{\varphi} = T_{dx} \\ I_z\ddot{\psi} - h_B\omega_0\psi + K_z\psi + K_{zd}\dot{\psi} = T_{dz}\end{cases} \tag{6-46}$$

解为

$$\begin{bmatrix}\varphi(s) \\ \psi(s)\end{bmatrix} = \frac{1}{\Delta(s)}\begin{bmatrix}I_zs^2 + K_{zd}s + K_z + h_B\omega_0 & -h_B \\ h_B & I_xs^2 + K_{xd}s + K_x + h_B\omega_0\end{bmatrix}\begin{bmatrix}T_{dx}(s) \\ T_{dz}(s)\end{bmatrix} \tag{6-47}$$

式中，

$$\begin{aligned}\Delta(s) = {} & I_xI_zs^4 + (K_{xd}I_z + K_{zd}I_x)s^3 + \\ & [I_z(K_x + h_B\omega_0) + I_x(K_z + h_B\omega_0) + K_{xd}K_{zd} + h_B^2]s^2 + \\ & [K_{zd}(K_x + h_B\omega_0) + K_{xd}(K_z + h_B\omega_0)]s + \\ & K_xK_z + (h_B\omega_0)^2 + h_B\omega_0(K_x + K_z)\end{aligned} \tag{6-48}$$

为保证系统的稳定性，其必要条件为式（6-48）中各项系数大于零。此时确定控制参数相对比较麻烦，可以设计解耦控制律，以降低控制系统设计的复杂性，例如

$$\begin{cases}T_{cx}(s) = -(K_x\varphi + K_{xd}s)\varphi(s) + h_Bs\psi(s) \\ T_{cz}(s) = -(K_z\psi + K_{zd}s)\psi(s) - h_Bs\varphi(s)\end{cases} \tag{6-49}$$

此时滚转-偏航通道变为两个单通道二阶系统，系统方程为

$$\begin{cases}(I_xs^2 + h_B\omega_0 + K_{xd}s + K_x)\varphi(s) = T_{dx}(s) \\ (I_zs^2 + h_B\omega_0 + K_{zd}s + K_z)\psi(s) = T_{dz}(s)\end{cases} \tag{6-50}$$

思　考　题

1. 理论分析为什么飞轮适合克服周期性干扰，不适合克服常值干扰。
2. 构想一种半被动姿态稳定系统的结构型式，并叙述其稳定原理。
3. 总结三轴稳定航天器的姿态控制方法。

4. 对于运行在地心距为 7 000 km 的圆轨道上的刚体航天器，假设其转动惯量为 $\begin{cases} I_x = 260\ \text{kg/m}^2 \\ I_y = 260\ \text{kg/m}^2 \\ I_z = 30\ \text{kg/m}^2 \end{cases}$，飞轮绕其转轴的惯量为 $I = 0.5\ \text{kg/m}^2$，航天器的初始欧拉角为 [−10°　20°　30°]，初始欧拉角速度为 [0°/s　0°/s　0°/s]。执行机构采用飞轮，控制律选择 PID，目标欧拉角为 [30°　−30°　0°]，试编写航天器姿态控制系统程序。

程　　序

1. 主程序

```
%*********************************************************
%Description:
%航天器姿态控制系统程序,执行机构采用飞轮,控制律选择 PID,姿态用欧拉角描述
%输入:航天器的质量属性,初始轨道、姿态参数,期望姿态
%输出:姿态角、姿态角速度和飞轮角速度随时间的变化图像
%*********************************************************
clear
clc

%%初值
%转动惯量
global Ix Iy Iz I
Ix=260;
Iy=260;
Iz=30;
I=0.5;

%轨道高度
global miu Ro Wo
miu=398600.44;
Ro=7000;
Wo=sqrt(miu/Ro)/Ro;

%期望姿态
global rad Etheta1 Etheta2 Etheta3
rad=180/pi;
Etheta1=30/rad;
```

```
Etheta2 = -30/rad;
Etheta3 =0/rad;

%PID 参数
global kp1 kd1 kp2 kd2 kp3 kd3
kp1 =4000;
kd1 =4000;
kp2 =9500;
kd2 =9500;
kp3 =8000;
kd3 =8000;

%初值
theta1 = -10/rad;
theta2 =20/rad;
theta3 =30/rad;
w1 =0/rad;
w2 =0/rad;
w3 =0/rad;
state0 =[theta1;theta2;theta3;w1;w2;w3;0;0;0];
tspan =[0.01:0.01:20];
[m,n] =size(tspan);

%%PID 控制
[t,state] =ode45('control',tspan,state0);
ctheta1 =state(:,1);
ctheta2 =state(:,2);
ctheta3 =state(:,3);
cw1 =state(:,4);
cw2 =state(:,5);
cw3 =state(:,6);
cn1 =state(:,7);
cn2 =state(:,8);
cn3 =state(:,9);

%%画图
%欧拉角和角速度
figure
```

```
subplot(2,1,1)
plot(t,th1out* rad,t,th2out* rad,t,th3out* rad);
xlabel('t(s)');
ylabel('姿态角(deg)');
legend('\phi','\theta','\psi');
grid on
subplot(2,1,2)
plot(t,w1* rad,t,w2* rad,t,w3* rad);
legend('\omega_x','\omega_y','\omega_z');
grid on
xlabel('t(s)');
ylabel('姿态角速度(deg/s)');

%飞轮角速度
figure
plot(t,cn1* rad/360,t,cn2* rad/360,t,cn3* rad/360),
xlabel('t(s)');
ylabel('飞轮角速度(n/s)');
legend('n_x','n_y','n_z');
grid on
```

2. 函数

```
function out = control( ~ ,state0)

%%参数
global Ix Iy Iz I Wo Etheta1 Etheta2 Etheta3 kp1 kd1 kp2 kd2 kp3 kd3
%状态量
theta1 = state(1);
theta2 = state(2);
theta3 = state(3);
w1 = state(4);
w2 = state(5);
w3 = state(6);
n1 = state(7);
n2 = state(8);
n3 = state(9);

%%航天器飞轮动力学
```

```
%姿态动力学
theta1dot=w1*cos(theta1)+w3*sin(theta1)+sin(theta3)*Wo;
theta2dot=w2+(w1*sin(theta1)-w3*cos(theta2))*tan(theta1)+Wo*cos(theta3)/cos(theta1);
theta3dot=(-w1*sin(theta2)+w3*cos(theta2))/cos(theta1)-Wo*tan(theta1)*cos(theta3);

w1dot=(Iy-Iz)/Ix*w2*w3+(kp1*(Etheta1-theta1)/I+kd1*(0-(w1*cos(theta1)+w3*sin(theta1)+sin(theta3)*Wo))/I+o3*w2-o2*w3)*I/Ix;
w2dot=(Iz-Ix)/Iy*w3*w1+(kp2*(Etheta2-theta2)/I+kd2*(0-(w2+(w1*sin(theta1)-w3*cos(theta2))*tan(theta1)+Wo*cos(theta3))/cos(theta1))/I+o1*w3-o3*w1)*I/Iy;
w3dot=(Ix-Iy)/Iz*w1*w2+(kp3*(Etheta3-theta3)/I+kd3*(0-((-w1*sin(theta2)+w3*cos(theta2))/cos(theta1)-Wo*tan(theta1)*cos(theta3)))/I+o2*w1-o1*w2)*I/Iz;

%飞轮角速度
n1=kp1*(Etheta1-theta1)/I+kd1*(0-(w1*cos(theta1)+w3*sin(theta1)+sin(theta3)*Wo))/I;
n2=kp2*(Etheta2-theta2)/I+kd2*(0-(w2+(w1*sin(theta1)-w3*cos(theta2))*tan(theta1)+Wo*cos(theta3))/cos(theta1))/I;
n3=kp3*(Etheta3-theta3)/I+kd3*(0-((-w1*sin(theta2)+w3*cos(theta2))/cos(theta1)-Wo*tan(theta1)*cos(theta3)))/I;

%%输出
out=[theta1dot;theta2dot;theta3dot;w1dot;w2dot;w3dot;n1;n2;n3];
```

3. 结果

姿态角、姿态角速度和飞轮角速度随时间的变化关系如图 6-13 所示。

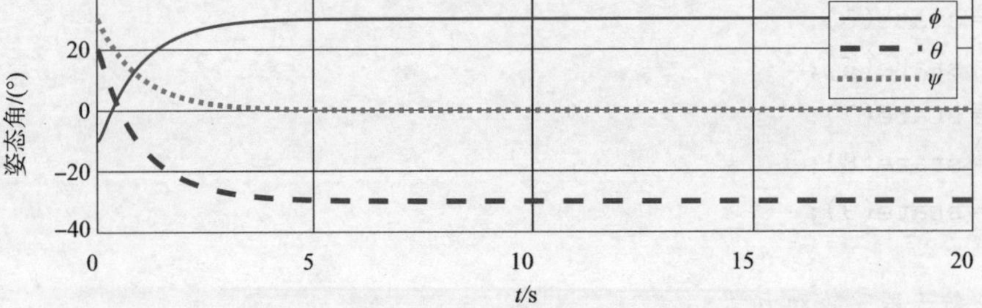

图 6-13　姿态角、姿态角速度和飞轮角速度随时间的变化关系

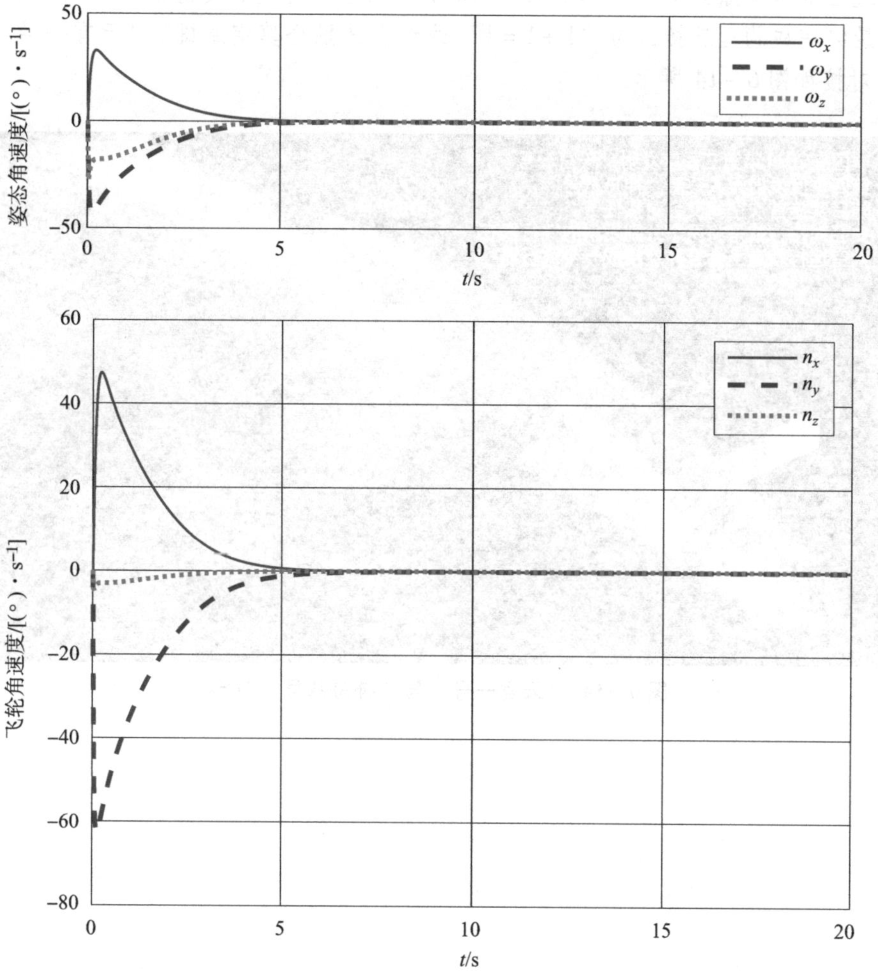

图 6-13　姿态角、姿态角速度和飞轮角速度随时间的变化关系（续）

航天趣闻——“太空之吻”

航天时代的到来给人类带来了飞天梦想实现的机会，各种无人航天器突破天际进入太空、月球甚至太阳系的边缘。载人航天的突破也使“从今去，任东西南北，作个飞仙”的想象成为现实。但还有个大问题：“飞仙”们（宇航员/航天员）如何在太空中相会？它们的“鹊桥”谁来搭建？这就涉及航天领域中称作交会对接的技术，它的发展已有 60 年历史。两个航天器于同一时间、在轨道同一位置、以相同速度和姿态会合并在结构上连为一个整体，被称为交会对接。这是建设中国空间站的关键技术，也是航天器在轨运行中最复杂的技术之一，它分为交会、对接两个阶段。两个航天器做交会对接时，通常都是一个航天器在做被动飞行，另一航天器在控制力的作用下做机动飞行，以不同规律飞向目标航天器。交会的终点就是对接的起点。此时，飞船相对于空间站的横向位置与速度、三轴姿态与角速度都尽可能接近零，只有轴向飞行方向保持预先设计的接近速度，这是一个姿轨一体化控制的过程。对接过程继续消除两个飞行器接触时刻的相对位置、速度、姿态偏差，缓冲并消耗掉撞击能量，最终完成物理连接，为“1+1=1”的组合体融合奠定基础。“天宫一号”与“神舟八号”对接如图6-14所示。

图6-14 “天宫一号”与“神舟八号”对接

第7章

复杂航天器的姿态控制

7.1 挠性航天器的姿态动力学与控制

随着航天技术的快速发展和应用需求增长，带有通信天线、大型太阳能帆板或是机械臂等挠性附件的航天器应用越来越广泛。简单的刚体动力学建模和控制方法在这类挠性航天器的姿态控制中已经难以满足其需求。为此，需要从现代技术和需求角度出发，重新对挠性航天器的动力学与控制问题进行分析，解决当前挠性航天器姿态控制中的热点问题。

7.1.1 挠性航天器姿态动力学建模

挠性航天器模型结构示意如图7-1所示。挠性航天器一般由中心刚体和挠性附件组成。对于航天器姿态三轴稳定状态，通常有如下假设：

（1）航天器系统的惯性加速度为小量；

（2）挠性附件的转动和挠性振动引起的系统质心位移为小量；

（3）中心刚体和挠性附件的转速以及挠性附件的弹性振动位移均为小量。

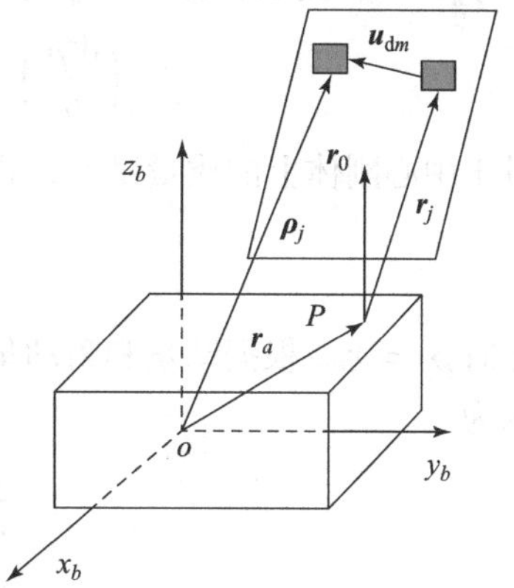

图7-1 挠性航天器模型结构示意

为方便动力学建模，对各坐标系定义如下：

（1）惯性系 $o_ix_iy_iz_i$（简记为“$\mathscr{F}_i$”）原点 o_i 位于地球质心；

（2）中心刚体的本体坐标系 $ox_by_bz_b$（简记为“$\mathscr{F}_b$”）原点 o 位于系统质心；

（3）挠性附件的固连坐标系 $Px_ay_az_a$（简记为“$\mathscr{F}_a$”）原点 P 位于附件与中心体连接处。

本节采用基于角动量原理的欧拉法，建立带有挠性附件航天器的姿态动力学模型。该模型主要包含三个部分：航天器系统姿态转动方程；挠性附件转动方程；挠性附件的振动方程。根据上述坐标系定义，航天器上的质点微元 dm 的位置矢量为

$$\boldsymbol{\rho}_j = \boldsymbol{r}_a + \boldsymbol{r}_j + \boldsymbol{u}_{dm} \tag{7-1}$$

式中，$\boldsymbol{r}_a$ 为点 o 到点 P 的位置矢量；$\boldsymbol{r}_j$ 为 P 到质点微元 dm 的位置矢量；$\boldsymbol{u}_{dm}$ 为微元 dm 所在位置的弹性变形。对于中心刚体，上式右端中的 $\boldsymbol{r}_a$ 和 $\boldsymbol{u}_{dm}$ 均为零。对上式分别求一阶导和二阶导，可得微元 dm 的速度和加速度为

$$\left(\frac{\mathrm{d}\boldsymbol{\rho}_j}{\mathrm{d}t}\right)_i = \boldsymbol{\omega}\times\boldsymbol{r}_a + (\dot{\boldsymbol{r}}_j + \dot{\boldsymbol{u}}_{\mathrm{dm}})_b + \boldsymbol{\omega}\times(\boldsymbol{r}_j + \boldsymbol{u}_{\mathrm{dm}}) \tag{7-2}$$

$$\begin{aligned}\left(\frac{\mathrm{d}^2\boldsymbol{\rho}_j}{\mathrm{d}t^2}\right)_i = {} & \dot{\boldsymbol{\omega}}\times\boldsymbol{r}_a + \boldsymbol{\omega}\times(\boldsymbol{\omega}\times\boldsymbol{r}_a) + (\ddot{\boldsymbol{r}}_j + \ddot{\boldsymbol{u}}_{\mathrm{dm}})_b + \boldsymbol{\omega}\times(\dot{\boldsymbol{r}}_j + \dot{\boldsymbol{u}}_{\mathrm{dm}})_b + \dot{\boldsymbol{\omega}}\times(\boldsymbol{r}_j + \boldsymbol{u}_{\mathrm{dm}}) + \\ & \boldsymbol{\omega}\times[(\dot{\boldsymbol{r}}_j + \dot{\boldsymbol{u}}_{\mathrm{dm}})_b + \boldsymbol{\omega}\times(\boldsymbol{r}_j + \boldsymbol{u}_{\mathrm{dm}})]\end{aligned} \tag{7-3}$$

式中，$\boldsymbol{\omega}$ 为中心刚体相对空间的角速度矢量；$\left(\frac{\mathrm{d}\boldsymbol{\rho}_j}{\mathrm{d}t}\right)_i$ 和 $\left(\frac{\mathrm{d}^2\boldsymbol{\rho}_j}{\mathrm{d}t^2}\right)_i$ 分别为质点微元相对空间的速度和加速度；“$\dot{(\,)}_b$” 表示相对 $\mathscr{F}_b$ 的导数。在 $\mathscr{F}_b$ 坐标系中，附件微元相对 $\mathscr{F}_a$ 坐标系的速度和角速度又可表示为

$$(\dot{\boldsymbol{r}}_j + \dot{\boldsymbol{u}}_{\mathrm{dm}})_b = (\dot{\boldsymbol{r}}_j + \dot{\boldsymbol{u}}_{\mathrm{dm}})_a + \boldsymbol{\omega}_a\times(\boldsymbol{r}_j + \boldsymbol{u}_{\mathrm{dm}}) \tag{7-4}$$

$$\begin{aligned}(\ddot{\boldsymbol{r}}_j + \ddot{\boldsymbol{u}}_{\mathrm{dm}})_b = {} & (\ddot{\boldsymbol{r}}_j + \ddot{\boldsymbol{u}}_{\mathrm{dm}})_a + \boldsymbol{\omega}_a\times(\dot{\boldsymbol{r}}_j + \dot{\boldsymbol{u}}_{\mathrm{dm}})_a + \dot{\boldsymbol{\omega}}_a\times(\boldsymbol{r}_j + \boldsymbol{u}_{\mathrm{dm}}) + \\ & \boldsymbol{\omega}_a\times[(\dot{\boldsymbol{r}}_j + \dot{\boldsymbol{u}}_{\mathrm{dm}})_a + \boldsymbol{\omega}_a\times(\boldsymbol{r}_j + \boldsymbol{u}_{\mathrm{dm}})]\end{aligned} \tag{7-5}$$

式中，$\boldsymbol{\omega}_a$ 为挠性附件相对中心刚体角速度矢量。基于之前的假设和定义，在 $\mathscr{F}_a$ 坐标系中，$(\dot{\boldsymbol{r}}_j)_a = \boldsymbol{0}$，而 $\boldsymbol{\omega}$、$\boldsymbol{\omega}_a$ 和 $\boldsymbol{u}_{\mathrm{dm}}$ 均为小量，因此，可对式（7-3）进行线性化，得

$$\left(\frac{\mathrm{d}^2\boldsymbol{\rho}_j}{\mathrm{d}t^2}\right)_i = (\ddot{\boldsymbol{u}}_{\mathrm{dm}})_a + \dot{\boldsymbol{\omega}}_a\times\boldsymbol{r}_j + \boldsymbol{\omega}\times(\boldsymbol{r}_a + \boldsymbol{r}_j) \tag{7-6}$$

对于中心刚体上的质量微元，式（7-3）可简化为

$$\left(\frac{\mathrm{d}^2\boldsymbol{\rho}_j}{\mathrm{d}t^2}\right)_i = \dot{\boldsymbol{\omega}}\times\boldsymbol{\rho}_j \tag{7-7}$$

此时 $\boldsymbol{\rho}_j = \boldsymbol{r}_j$。根据动量和角动量原理，航天器系统转动方程、附件转动和振动方程可分别表示为

$$\frac{\mathrm{d}}{\mathrm{d}t}\left(\int_{A+B}\boldsymbol{\rho}_j\times\mathrm{d}m\,\frac{\mathrm{d}\boldsymbol{\rho}_j}{\mathrm{d}t}\right)_i = \boldsymbol{T}_b - \boldsymbol{T}_a \tag{7-8}$$

$$\frac{\mathrm{d}}{\mathrm{d}t}\left(\int_{A}(\boldsymbol{r}_j + \boldsymbol{u}_{\mathrm{dm}})\times\mathrm{d}m\,\frac{\mathrm{d}\boldsymbol{\rho}_j}{\mathrm{d}t}\right)_i = \boldsymbol{T}_a \tag{7-9}$$

$$\frac{\mathrm{d}}{\mathrm{d}t}\left(\mathrm{d}m\,\frac{\mathrm{d}\boldsymbol{\rho}_j}{\mathrm{d}t}\right)_i = \boldsymbol{F}_j(j\in A) \tag{7-10}$$

式中，A 和 B 分别表示挠性附件和中心刚体；$\boldsymbol{T}_b$ 为作用于中心刚体的外力矩；$\boldsymbol{T}_a$ 为中心刚体与挠性附件间的相互作用力；$\boldsymbol{F}_j$ 为作用于微元 dm 的弹性应力和阻尼力合力。

式（7-8）包含中心刚体和挠性附件两个部分的转动。对于中心刚体，式（7-8）左端有

$$\int_B\boldsymbol{\rho}_j\times\mathrm{d}m\left(\frac{\mathrm{d}^2\boldsymbol{\rho}_j}{\mathrm{d}t^2}\right)_i = \boldsymbol{I}_b\dot{\boldsymbol{\omega}} \tag{7-11}$$

式中，$\boldsymbol{I}_b = -\int_B\boldsymbol{\rho}_j^{\times}\boldsymbol{\rho}_j^{\times}\mathrm{d}m$ 为中心刚体的转动惯量；$\boldsymbol{\rho}_j^{\times}$ 为矢量 $\boldsymbol{\rho}_j$ 的斜对称矩阵。

对于挠性附件，式（7-8）左端有

$$\begin{aligned}&\int_A \rho_j \times \mathrm{d}m\left(\frac{\mathrm{d}^2\rho_j}{\mathrm{d}t^2}\right)_i \\ &= \boldsymbol{I}_a\dot{\boldsymbol{\omega}} + \sum_A m_j(\boldsymbol{r}_a^{\times}\boldsymbol{A}_{a,b}^{\mathrm{T}} + \boldsymbol{A}_{a,b}^{\mathrm{T}}\boldsymbol{r}_j^{\times})\ddot{\boldsymbol{u}}_j + (m_a\boldsymbol{r}_a^{\times}\boldsymbol{A}_{a,b}^{\mathrm{T}}(\boldsymbol{r}_0^{\times})^{\mathrm{T}} + \boldsymbol{A}_{a,b}^{\mathrm{T}}\hat{\boldsymbol{I}}_a)\boldsymbol{\omega}_a\end{aligned} \tag{7-12}$$

式中，$\boldsymbol{A}_{a,b}$ 为 $\mathscr{F}_b$ 到 $\mathscr{F}_a$ 的旋转矩阵；$\boldsymbol{m}_a$ 为附件质量；$\boldsymbol{r}_0$ 为点 P 到附件质心的矢量；$\boldsymbol{I}_a$ 和 $\hat{\boldsymbol{I}}_a$ 分别为附件相对 $\mathscr{F}_b$ 和 $\mathscr{F}_a$ 的转动惯量，具体表达式为

$$\boldsymbol{I}_a = \int_A (\boldsymbol{r}_a + \boldsymbol{A}_{a,b}^{\mathrm{T}}\boldsymbol{r}_j)^{\times}(\boldsymbol{r}_a + \boldsymbol{A}_{a,b}^{\mathrm{T}}\boldsymbol{r}_j)^{\times}\mathrm{d}m$$

$$\hat{\boldsymbol{I}}_a = \int_A (\boldsymbol{r}_j^{\times})^{\mathrm{T}}(\boldsymbol{r}_j^{\times})^{\mathrm{T}}\mathrm{d}m$$

将式（7－9）的左端展开，可得

$$\begin{aligned}&\frac{\mathrm{d}}{\mathrm{d}t}\left(\int_A (\boldsymbol{r}_j + \boldsymbol{u}_{\mathrm{dm}}) \times \mathrm{d}m\frac{\mathrm{d}\rho_j}{\mathrm{d}t}\right)_i \\ &= \int_A \boldsymbol{r}_j^{\times}\ddot{\boldsymbol{u}}_j\mathrm{d}m + \hat{\boldsymbol{I}}_a\dot{\boldsymbol{\omega}}_a + (m_a\boldsymbol{r}_0^{\times}\boldsymbol{A}_{a,b}(\boldsymbol{r}_a^{\times})^{\mathrm{T}} + \hat{\boldsymbol{I}}_a\boldsymbol{A}_{a,b})\dot{\boldsymbol{\omega}}\end{aligned} \tag{7-13}$$

将式（7－10）的左端展开，可得

$$\frac{\mathrm{d}}{\mathrm{d}t}\left(\mathrm{d}m\frac{\mathrm{d}\rho_j}{\mathrm{d}t}\right)_i = \mathrm{d}m\ddot{\boldsymbol{u}}_{\mathrm{dm}} - \mathrm{d}m\boldsymbol{r}_j^{\times}\dot{\boldsymbol{\omega}}_a - \mathrm{d}m(\boldsymbol{A}_{a,b}\boldsymbol{r}_a^{\times} + \boldsymbol{r}_j^{\times}\boldsymbol{A}_{a,b})\dot{\boldsymbol{\omega}}(j \in A) \tag{7-14}$$

综合式（7－8）~式（7－14），挠性航天器的动力学方程为

$$\boldsymbol{I}_{\mathrm{sys}}\dot{\boldsymbol{\omega}} + \boldsymbol{J}_a\boldsymbol{A}_{a,b}^{\mathrm{T}}\dot{\boldsymbol{\omega}}_a + \int_A (\boldsymbol{r}_a^{\times}\boldsymbol{A}_{a,b}^{\mathrm{T}} + \boldsymbol{A}_{a,b}^{\mathrm{T}}\boldsymbol{r}_j^{\times})\ddot{\boldsymbol{u}}_j\mathrm{d}m = \boldsymbol{T}_b - \boldsymbol{T}_a \tag{7-15}$$

$$\hat{\boldsymbol{I}}_a\dot{\boldsymbol{\omega}}_a + \boldsymbol{A}_{a,b}\boldsymbol{J}_a^{\mathrm{T}}\dot{\boldsymbol{\omega}} + \int_A \boldsymbol{r}_j^{\times}\ddot{\boldsymbol{u}}_{\mathrm{dm}}\mathrm{d}m = \boldsymbol{A}_{a,b}\boldsymbol{T}_a \tag{7-16}$$

$$\mathrm{d}m[\ddot{\boldsymbol{u}}_{\mathrm{dm}} - \boldsymbol{r}_j^{\times}\dot{\boldsymbol{\omega}}_a - (\boldsymbol{A}_{a,b}\boldsymbol{r}_a^{\times} + \boldsymbol{r}_j^{\times}\boldsymbol{A}_{a,b})\dot{\boldsymbol{\omega}}] = \boldsymbol{F}_j \tag{7-17}$$

式中，

$$\boldsymbol{J}_a = -m_a\boldsymbol{r}_a^{\times}\boldsymbol{A}_{a,b}^{\mathrm{T}}\boldsymbol{r}_0^{\times}\boldsymbol{A}_{a,b} + \boldsymbol{A}_{a,b}^{\mathrm{T}}\hat{\boldsymbol{I}}_a\boldsymbol{A}_{a,b}$$

$$\boldsymbol{I}_{\mathrm{sys}} = \boldsymbol{I}_b + \boldsymbol{I}_a$$

7.1.2 挠性航天器简化模型

当卫星的挠性附件结构比较复杂时，用分布参数描述并分析其动力学特性非常困难，在实际工程中，为方便求解动力学方程，往往会对挠性附件进行一些简化。通常的做法是利用有限元软件给出挠性附件的固有振型和频率，将挠性附件动力学方程简化为有限自由度系统。

下面介绍如何结合有限元法建立带有挠性附件的航天器姿态动力学模型。假设挠性附件通过有限元法被离散成 n_i 个节点，第 j 个节点相对 $\mathscr{F}_a$ 的矢量为 $\boldsymbol{r}_j$，其前 N 阶归一化振型已由有限元法求出

$$\boldsymbol{\Phi}_j = [\boldsymbol{\varphi}_1(\boldsymbol{r}_j) \quad \boldsymbol{\varphi}_2(\boldsymbol{r}_j) \quad \cdots \quad \boldsymbol{\varphi}_N(\boldsymbol{r}_j)] \tag{7-18}$$

式中，$\boldsymbol{\varphi}_i(\boldsymbol{r}_j)$（$i=1, 2, \cdots, N$）表示第 j 个节点的第 i 阶固有振型，对应的固有频率依次为

$$\omega_1, \omega_2, \cdots, \omega_N$$

由于 $\boldsymbol{r}_j$ 为 3×1 列向量，因此，$\boldsymbol{\Phi}_j$ 为 $3\times N$ 矩阵。假设第 j 个节点的弹性振动表示为 $\boldsymbol{u}_j$，根据有限元分析的结果，$\boldsymbol{u}_j$ 可表示为

$$\boldsymbol{u}_j = \boldsymbol{\Phi}_j \boldsymbol{q}(t) \tag{7-19}$$

式中，$\boldsymbol{q}(t)$ 表示挠性附件的模态坐标

$$\boldsymbol{q}(t) = [\boldsymbol{q}_1(t) \quad \boldsymbol{q}_2(t) \quad \cdots \quad \boldsymbol{q}_N(t)]^{\mathrm{T}} \tag{7-20}$$

将式（7-19）代入式（7-17）中，可得第 j 个节点的动力学方程

$$m_j \boldsymbol{\Phi}_j \ddot{\boldsymbol{q}}(t) - m_j \boldsymbol{r}_j^{\times} \dot{\boldsymbol{\omega}}_a - m_j (\boldsymbol{A}_{a,b} \boldsymbol{r}_a^{\times} + \boldsymbol{r}_j^{\times} \boldsymbol{A}_{a,b}) \dot{\boldsymbol{\omega}} = \boldsymbol{F}_j \tag{7-21}$$

若不考虑附件上除各节点间弹性力之外的力，则将 $\boldsymbol{F}_j$ 改写为弹性力的形式，并将式（7-21）扩展至附件所有节点

$$\begin{bmatrix} m_1\boldsymbol{\Phi}_1 \\ m_2\boldsymbol{\Phi}_2 \\ \vdots \\ m_{n_i}\boldsymbol{\Phi}_{n_i} \end{bmatrix} \ddot{\boldsymbol{q}}(t) - \begin{bmatrix} m_1\boldsymbol{r}_1^{\times} \\ m_2\boldsymbol{r}_2^{\times} \\ \vdots \\ m_{n_i}\boldsymbol{r}_{n_i}^{\times} \end{bmatrix} \dot{\boldsymbol{\omega}}_a - \begin{bmatrix} m_1(\boldsymbol{A}_{a,b}\boldsymbol{r}_a^{\times} + \boldsymbol{r}_1^{\times}\boldsymbol{A}_{a,b}) \\ m_2(\boldsymbol{A}_{a,b}\boldsymbol{r}_a^{\times} + \boldsymbol{r}_2^{\times}\boldsymbol{A}_{a,b}) \\ \vdots \\ m_{n_i}(\boldsymbol{A}_{a,b}\boldsymbol{r}_a^{\times} + \boldsymbol{r}_{n_i}^{\times}\boldsymbol{A}_{a,b}) \end{bmatrix} \dot{\boldsymbol{\omega}} - \begin{bmatrix} \boldsymbol{K}_1 & & & \\ & \boldsymbol{K}_2 & & \\ & & \ddots & \\ & & & \boldsymbol{K}_{n_i} \end{bmatrix} \begin{bmatrix} \boldsymbol{\Phi}_1 \\ \boldsymbol{\Phi}_2 \\ \vdots \\ \boldsymbol{\Phi}_{n_i} \end{bmatrix} \boldsymbol{q}(t) = 0 \tag{7-22}$$

利用振型函数相互正交的性质，对上式左乘 $[\boldsymbol{\Phi}_1^{\mathrm{T}} \quad \boldsymbol{\Phi}_2^{\mathrm{T}} \quad \cdots \quad \boldsymbol{\Phi}_{n_i}^{\mathrm{T}}]$，可得

$$\ddot{\boldsymbol{q}}(t) - \boldsymbol{\Lambda}^2 \boldsymbol{q}(t) - \boldsymbol{P}\dot{\boldsymbol{\omega}}_a - \boldsymbol{Q}\dot{\boldsymbol{\omega}} = 0 \tag{7-23}$$

式中，

$$\boldsymbol{\Lambda}^2 = \mathrm{diag}[\omega_1^2 \quad \omega_2^2 \quad \cdots \quad \omega_N^2]$$

$$\boldsymbol{P} = [\boldsymbol{\Phi}_1^{\mathrm{T}} \quad \boldsymbol{\Phi}_2^{\mathrm{T}} \quad \cdots \quad \boldsymbol{\Phi}_{n_i}^{\mathrm{T}}] \begin{bmatrix} m_1\boldsymbol{r}_1^{\times} \\ m_2\boldsymbol{r}_2^{\times} \\ \vdots \\ m_{n_i}\boldsymbol{r}_{n_i}^{\times} \end{bmatrix}$$

$$\boldsymbol{Q} = [\boldsymbol{\Phi}_1^{\mathrm{T}} \quad \boldsymbol{\Phi}_2^{\mathrm{T}} \quad \cdots \quad \boldsymbol{\Phi}_{n_i}^{\mathrm{T}}] \begin{bmatrix} m_1(\boldsymbol{A}_{a,b}\boldsymbol{r}_a^{\times} + \boldsymbol{r}_1^{\times}\boldsymbol{A}_{a,b}) \\ m_2(\boldsymbol{A}_{a,b}\boldsymbol{r}_a^{\times} + \boldsymbol{r}_2^{\times}\boldsymbol{A}_{a,b}) \\ \vdots \\ m_{n_i}(\boldsymbol{A}_{a,b}\boldsymbol{r}_a^{\times} + \boldsymbol{r}_{n_i}^{\times}\boldsymbol{A}_{a,b}) \end{bmatrix}$$

类似地，对于式（7-15）和式（7-16），有

$$\boldsymbol{I}_{\mathrm{sys}}\dot{\boldsymbol{\omega}} + \boldsymbol{J}_a\boldsymbol{A}_{a,b}^{\mathrm{T}}\dot{\boldsymbol{\omega}}_a + \boldsymbol{Q}\ddot{\boldsymbol{q}}(t) = \boldsymbol{T}_b - \boldsymbol{T}_a \tag{7-24}$$

$$\hat{\boldsymbol{I}}_a\dot{\boldsymbol{\omega}}_a + \boldsymbol{A}_{a,b}\boldsymbol{J}_a^{\mathrm{T}}\dot{\boldsymbol{\omega}} + \boldsymbol{P}_a\ddot{\boldsymbol{q}}(t) = \boldsymbol{A}_{a,b}\boldsymbol{T}_a \tag{7-25}$$

式中，$\boldsymbol{Q}_a\ddot{\boldsymbol{q}}(t)$ 和 $\boldsymbol{P}_a\ddot{\boldsymbol{q}}(t)$ 分别为附件弹性振动对中心刚体和附件自身转动的耦合项，分别可表示为

$$\boldsymbol{Q}_a = \sum_{j=1}^{n_i} m_j(\boldsymbol{r}_a^{\times}\boldsymbol{A}_{a,b}^{\mathrm{T}} + \boldsymbol{A}_{a,b}^{\mathrm{T}}\boldsymbol{r}_j^{\times})\boldsymbol{\Phi}_j, \qquad \boldsymbol{P}_a = \sum_{j=1}^{n_i} m_j\boldsymbol{r}_j^{\times}\boldsymbol{\Phi}_j$$

7.1.3 控制模型与回路设计分析

航天器姿态控制系统的初步设计通常都是采用经典设计方法，需要基于传递函数建立控

制模型。姿态控制执行机构的力矩为输入，姿态敏感器的测量为输出。航天器的控制模型与姿态敏感器及执行机构的安装位置相关。执行机构与敏感器均位于中心刚体的情况称为共位布局，其余的情况称为非共位布局。由于在非共位布局中执行机构和敏感器之间存在挠性环节，敏感器的测量是中心刚体姿态角和挠性附件相对中心体的姿态角的综合，因此，非共位布局的控制问题比共位的复杂。本节只介绍共位布局的情况。

为简化描述，将中心体的姿态角退化至一维，并设挠性附件角速度 $\omega_a = 0$，将式（7－24）改写为

$$I_{\mathrm{sys}}\ddot{\theta} + \boldsymbol{C}\ddot{\boldsymbol{\eta}} = T \tag{7-26}$$

式中，$\boldsymbol{\eta}$ 为模态坐标；$\boldsymbol{C}$ 为模态耦合系数矩阵（行）（即 $\boldsymbol{C} = (C_1 C_2 \cdots C_N)$）。同理，式（7－25）可改写为

$$\ddot{\boldsymbol{\eta}} + \boldsymbol{\lambda}^2\boldsymbol{\eta} + \boldsymbol{C}^{\mathrm{T}}\ddot{\theta} = 0 \tag{7-27}$$

式中，$\boldsymbol{\lambda}^2$ 为模态频率对角阵，共位布局姿态测量方程一般表示为

$$y = \theta + l\boldsymbol{\psi}\cdot\boldsymbol{\eta} \tag{7-28}$$

式中，l 为观测系数；$\boldsymbol{\psi}$ 为敏感器安装点结构振型阵的行。

将动力学传递过程视为外作用力矩 T 使中心刚体转动，它激励挠性附件振动，模态坐标的拉普拉斯变换为

$$\boldsymbol{\eta}(s) = \begin{bmatrix} \ddots & & \\ & \dfrac{1}{s^2 + \lambda_i^2} & \\ & & \ddots \end{bmatrix} \left[-s^2\theta(s)\boldsymbol{C}^{\mathrm{T}} \right]$$

对式（7－26）进行拉普拉斯变换，可得

$$\theta(s) = \frac{1}{I_{\mathrm{sys}}s^2}\left(1 - \sum_{i=1}^{N}\frac{s^2 k_i}{s^2 + \lambda_i^2}\right)^{-1} T(s) \tag{7-29}$$

式中，$k_i = C_i^2/I_{\mathrm{sys}}$ 为模态耦合系数的平方除以整体的转动惯量，表征模态耦合作用的效果，因此，k_i 称为模态增益，C_i 为行阵 $\boldsymbol{C}$ 的元素。所有模态增益的上限都为挠性惯量与系统惯量之比

$$\sum_i k_i = \frac{I_a}{I_{\mathrm{sys}}}$$

利用上式可以估计模态截断的影响。

比例－微分反馈是控制刚体姿态转动的典型方式。如采用速率陀螺测量姿态速率，可得纯超前环节 $(as+1)$，此零点 $\left(-\dfrac{1}{a}, 0\right)$ 将全部模态极点的闭路根轨迹拉入左半面，绕行进入对应的伴随模态零点，刚体的双零极点的根轨迹围绕比例－微分的零点，如图 7－2 所示。

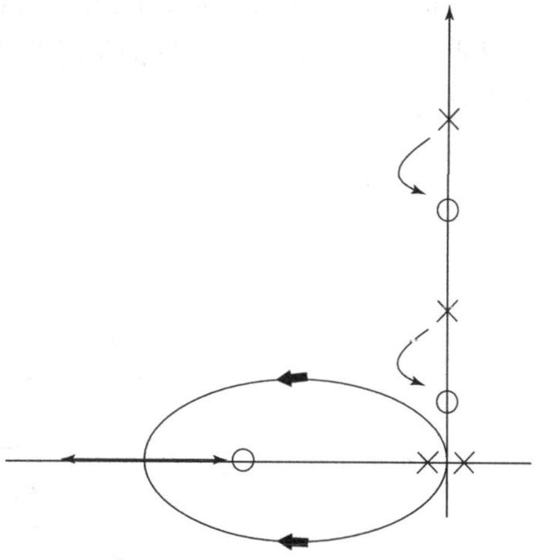

图 7－2　共位布局的根轨迹

7.2 充液航天器的姿态动力学与控制

7.2.1 充液航天器姿态动力学建模

复杂航天器中，推进系统采用的化学推进剂一般都呈液态，这类航天器也被称为充液航天器。其中，推进系统的贮藏箱可以分为有隔膜和无隔膜两种。有隔膜的贮藏箱将液体和供压气体用隔膜隔离，此时液体运动等效于一个质量变化的刚体运动，这类结构相对简单。而无隔膜贮藏箱中的液体在表面张力、推力加速度以及贮藏箱管理装置共同作用下运动，这种运动称为液体晃动。

液体晃动的建模方法一般分为两种：第一种为动力学建模，该方法利用流体力学建立液体运动的偏微分方程，然后求其解析解或是利用计算流体力学方法求其数值解；第二种为等效力学模型建模，将液体晃动等效为弹簧质点模型或是单摆模型，该模型的液固耦合相互作用力和力矩与实际液体晃动在一定范围内具有相似性。第一种方法虽然能够建立精确的液体晃动模型，但需要复杂的数学运算或者大型计算机进行求解，而第二种方法虽然近似程度不一定很高，但是一般呈现与动力学模型一致的形式，模型阶次较低，适用于动力学特性分析和控制器设计。

本节基于等效力学模型方法建立带有充液球形贮藏箱的航天器动力学模型，其结构如图 7 – 3 所示。该系统由两个部分组成：刚体 V_b（不包含液体）和液体 V_f。其中，液体 V_f 等效成一个单摆。为方便描述系统运动，下面给出各坐标系的定义：

（1）惯性系 $o_ix_iy_iz_i$（简记为“$\mathscr{F}_i$”）原点 o_i 位于地球质心。

（2）刚体的本体坐标系 $o_sx_sy_sz_s$（简记为“$\mathscr{F}_s$”）固连于刚体 V_b。

（3）单摆的固连坐标系 $o_px_py_pz_p$（简记为“$\mathscr{F}_p$”）未摆动时与 $\mathscr{F}_s$ 指向一致。

根据上述各坐标系定义，记 o_p 相对于 o_s 的矢量为 $\boldsymbol{r}_p$。刚体 V_b 的质量为 m_b，晃动液体 V_f 的质量，即摆锤点质量为 m_f，航天器的总质量 $m = m_b + m_f$。注意，在充液航天器中，单摆的悬挂点、摆长、摆锤点质量都是时变的，但它们都是慢时变量，因此，在后续推导中忽略其变化速度。

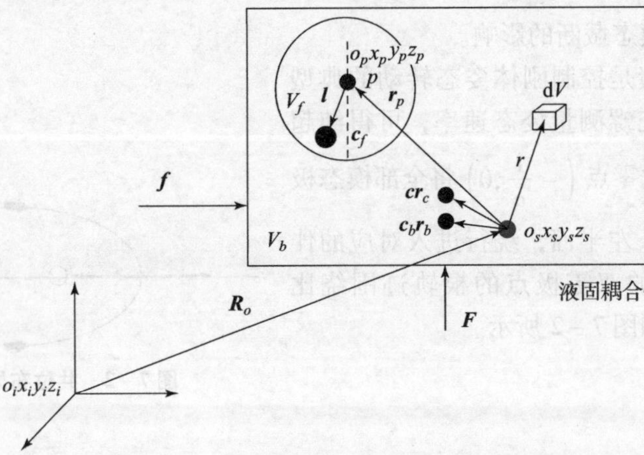

图 7 – 3　充液球形贮藏箱的航天器等效模型

记 $\mathscr{F}_s$ 相对于惯性系的矢量为 $\boldsymbol{R}_0$，充液航天器中质量微元 dm 相对于惯性系的矢量为 $\boldsymbol{R}$，微元相对于 o_s 的矢量为 $\boldsymbol{r}$，因此，微元 dm 相对于惯性系的矢量可表示为

$$\boldsymbol{R} = \boldsymbol{R}_0 + \boldsymbol{r} \tag{7-30}$$

当 $\mathrm{d}m \in V_b$ 时，对上式求导，有

$$\boldsymbol{v} = \boldsymbol{v}_0 + \boldsymbol{\omega} \times \boldsymbol{r}, \boldsymbol{r} \in V_b \tag{7-31}$$

当 $\mathrm{d}m \in V_f$ 时，对上式求导，有

$$\boldsymbol{v} = \boldsymbol{v}_0 + \boldsymbol{\omega} \times (\boldsymbol{r}_p + \boldsymbol{r}_f) + \boldsymbol{\Omega}_f \times \boldsymbol{r}_f, \boldsymbol{r} \in V_f \tag{7-32}$$

式中，$\boldsymbol{v}_0$ 为 $\mathscr{F}_s$ 相对于 $\mathscr{F}_i$ 的速度；$\boldsymbol{\omega}$ 为 $\mathscr{F}_s$ 相对于 $\mathscr{F}_i$ 的角速度；$\boldsymbol{\Omega}_f = \boldsymbol{\omega}_f - \boldsymbol{\omega}$，为 $\mathscr{F}_p$ 相对于 $\mathscr{F}_s$ 的角速度，其中，$\boldsymbol{\omega}_f$ 为 $\mathscr{F}_p$ 相对于 $\mathscr{F}_i$ 的角速度。

V_b 和 V_f 的线动量 $\boldsymbol{p}_b$ 和 $\boldsymbol{p}_f$ 可分别表示为

$$\boldsymbol{p}_b = m_b \boldsymbol{v}_0 - \boldsymbol{S}_b \times \boldsymbol{\omega} \tag{7-33}$$

$$\boldsymbol{p}_f = m_f \boldsymbol{v}_0 - (m_f \boldsymbol{r}_p + \boldsymbol{c}_f) \times \boldsymbol{\omega} - \boldsymbol{c}_f \times \boldsymbol{\Omega}_f \tag{7-34}$$

式中，$\boldsymbol{S}_b$ 为 V_b 相对于 o_s 的静矩；$\boldsymbol{c}_f$ 为 V_f 相对于 o_p 的静矩，具体为

$$\boldsymbol{S}_b = \int_{V_b} \boldsymbol{r} \mathrm{d}m = m_b \boldsymbol{r}_b \tag{7-35}$$

$$\boldsymbol{c}_f = \int_{V_f} \boldsymbol{r}_f \mathrm{d}m = m_f \boldsymbol{l} \tag{7-36}$$

式中，$\boldsymbol{r}_b$ 为 o_s 到 V_b 质心的矢量；$\boldsymbol{l}$ 为 o_p 到摆点的矢量。系统的总线动量 $\boldsymbol{p}$ 为

$$\boldsymbol{p} = \boldsymbol{p}_b + \boldsymbol{p}_f = m\boldsymbol{v}_0 - \boldsymbol{c} \times \boldsymbol{\omega} - \boldsymbol{c}_f \times \boldsymbol{\Omega}_f \tag{7-37}$$

式中，

$$\boldsymbol{c} = \boldsymbol{c}_b + \boldsymbol{c}_f + m_f \boldsymbol{r}_p$$

类似地，也可以给出各部分的角动量和系统角动量

$$\boldsymbol{h}_b = \boldsymbol{c}_b \times \boldsymbol{v}_0 + \boldsymbol{J}_b \cdot \boldsymbol{\omega} \tag{7-38}$$

$$\boldsymbol{h}_f = \boldsymbol{c}_f \times \boldsymbol{v}_0 + \boldsymbol{J}_{fb} \cdot \boldsymbol{\omega} + \boldsymbol{J}_f \cdot \boldsymbol{\Omega}_f \tag{7-39}$$

$$\boldsymbol{h} = \boldsymbol{h}_b + \boldsymbol{h}_f + \boldsymbol{r}_p \times \boldsymbol{p}_f = \boldsymbol{c} \times \boldsymbol{v}_0 + \boldsymbol{J} \cdot \boldsymbol{\omega} + \boldsymbol{J}_{bf} \cdot \boldsymbol{\Omega}_f \tag{7-40}$$

式中，$\boldsymbol{J}_b$ 和 $\boldsymbol{J}_f$ 分别为 V_b 相对于 o_s 和 V_f 相对于 o_p 的转动惯量；$\boldsymbol{J}$ 为系统相对于 o_s 的转动惯量；$\boldsymbol{J}_{fb}$ 和 $\boldsymbol{J}_{bf}$ 为混合转动惯量。各自具体表达式如下

$$\boldsymbol{J}_b = \int_{V_b} (|\boldsymbol{r}|^2 \boldsymbol{I} - \boldsymbol{r}\boldsymbol{r}) \mathrm{d}m$$

$$\boldsymbol{J}_f = \int_{V_f} (|\boldsymbol{r}_f|^2 \boldsymbol{I} - \boldsymbol{r}_f \boldsymbol{r}_f) \mathrm{d}m = (|\boldsymbol{l}|^2 \boldsymbol{I} - \boldsymbol{l}\boldsymbol{l}) m_f$$

$$\begin{aligned}\boldsymbol{J} &= \boldsymbol{J}_b + \int_{V_f} [|\boldsymbol{r}_p + \boldsymbol{r}_f|^2 \boldsymbol{I} - (\boldsymbol{r}_p + \boldsymbol{r}_f)(\boldsymbol{r}_p + \boldsymbol{r}_f)] \mathrm{d}m \\ &= \boldsymbol{J}_b + \boldsymbol{J}_p + \boldsymbol{J}_f + (2\boldsymbol{r}_p \cdot \boldsymbol{c}_f \boldsymbol{I} - \boldsymbol{r}_p \boldsymbol{c}_f - \boldsymbol{c}_f \boldsymbol{r}_p)\end{aligned}$$

$$\boldsymbol{J}_p = m_f (|\boldsymbol{r}_p|^2 \boldsymbol{I} - \boldsymbol{r}_p \boldsymbol{r}_p)$$

$$\begin{aligned}\boldsymbol{J}_{bf} &= \int_{V_f} [\boldsymbol{r}_f \cdot (\boldsymbol{r}_p + \boldsymbol{r}_f) \boldsymbol{I} - \boldsymbol{r}_f (\boldsymbol{r}_p + \boldsymbol{r}_f)] \mathrm{d}m \\ &= \boldsymbol{J}_f + [(\boldsymbol{c}_f \cdot \boldsymbol{r}_p) \boldsymbol{I} - \boldsymbol{c}_f \boldsymbol{r}_p]\end{aligned}$$

$$\begin{aligned}\boldsymbol{J}_{fb} &= \int_{V_f} [(\boldsymbol{r}_p + \boldsymbol{r}_f) \cdot \boldsymbol{r}_f \boldsymbol{I} - (\boldsymbol{r}_p + \boldsymbol{r}_f) \boldsymbol{r}_f] \mathrm{d}m \\ &= \boldsymbol{J}_f + [(\boldsymbol{r}_p \cdot \boldsymbol{c}_f) \boldsymbol{I} - \boldsymbol{r}_p \boldsymbol{c}_f]\end{aligned}$$

现对 V_b 和 V_f 进行受力分析，分别如图 7－4 和图 7－5 所示。其中，作用于 V_b 的外力主要包含三个部分：发动机推力 $\boldsymbol{F}$、姿态控制推力器推力 $\boldsymbol{f}$、地球引力 $m_b\boldsymbol{g}$。对于 V_f，由于 V_b 和 V_f 之间的相互作用力为系统内力，因此，作用于 V_f 的外力仅有地球引力 $m_f\boldsymbol{g}$。

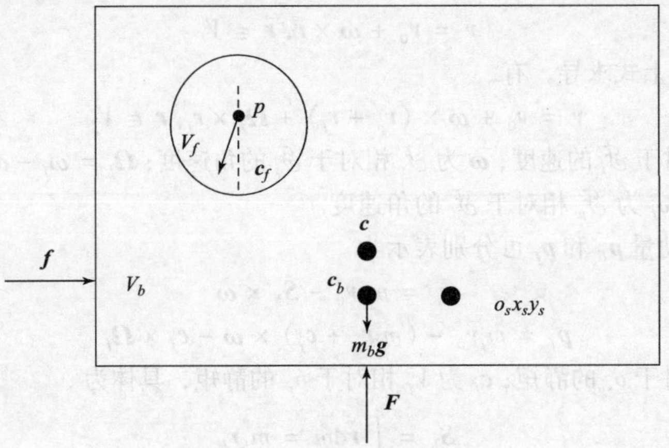

图 7－4　刚体 V_b 受力分析

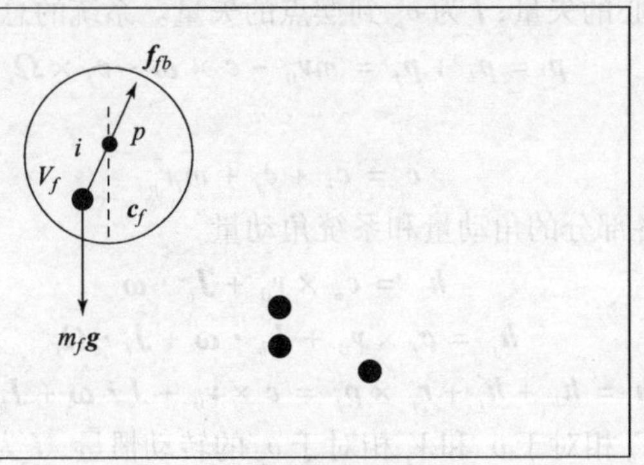

图 7－5　液体 V_f 受力分析

基于上述受力分析，结合牛顿第二定律和角动量定理，很容易给出 V_b 和 V_f 的运动方程

$$\dot{\boldsymbol{p}}_b = \boldsymbol{F} + \boldsymbol{f} + \boldsymbol{f}_{bf} + m_b\boldsymbol{g} \tag{7-41}$$

$$\dot{\boldsymbol{p}}_f = \boldsymbol{f}_{fb} + m_f\boldsymbol{g} \tag{7-42}$$

$$\dot{\boldsymbol{h}}_b + \boldsymbol{v}_0 \times \boldsymbol{p}_b = \boldsymbol{\tau}_0 + \boldsymbol{r}_p \times \boldsymbol{f}_{bf} + \boldsymbol{c}_b \times \boldsymbol{g} \tag{7-43}$$

$$\dot{\boldsymbol{h}}_f + (\boldsymbol{v}_0 + \boldsymbol{\omega} \times \boldsymbol{r}_p) \times \boldsymbol{p}_f = \boldsymbol{c}_f \times \boldsymbol{g} \tag{7-44}$$

式中，$\boldsymbol{\tau}_0$ 为 $\boldsymbol{F}$ 和 $\boldsymbol{f}$ 对 o_s 的力矩；$\boldsymbol{f}_{bf}$ 和 $\boldsymbol{f}_{fb}$ 为 V_b 和 V_f 之间的相互作用力，且 $\boldsymbol{f}_{bf} = -\boldsymbol{f}_{fb}$。结合式（7－37）~式（7－39），对式（7－41）~式（7－44）进行整理合并，可给出系统的平动动力学方程、V_b 和 V_f 的转动动力学方程

$$m(\dot{\boldsymbol{v}}_0 - \boldsymbol{g}) - \mathring{\boldsymbol{c}} \times \boldsymbol{\omega} + \boldsymbol{\omega} \times (\boldsymbol{\omega} \times \boldsymbol{c}) - \boldsymbol{c} \times \mathring{\boldsymbol{\omega}} - \boldsymbol{c}_f \times \overset{*}{\boldsymbol{\Omega}}_f + \boldsymbol{\omega}_f \times (\boldsymbol{\Omega}_f \times \boldsymbol{c}_f) = \boldsymbol{F} + \boldsymbol{f} \tag{7-45}$$

$$\begin{aligned} &\boldsymbol{c} \times (\dot{\boldsymbol{v}}_0 - \boldsymbol{g}) + \mathring{\boldsymbol{J}} \cdot \boldsymbol{\omega} + \boldsymbol{J} \cdot \mathring{\boldsymbol{\omega}} + \boldsymbol{\omega} \times (\boldsymbol{J} \cdot \boldsymbol{\omega}) + \\ &\overset{*}{\boldsymbol{J}}_{bf} \cdot \boldsymbol{\Omega}_f + \boldsymbol{J}_{bf} \cdot \overset{*}{\boldsymbol{\Omega}}_f + \boldsymbol{\omega}_f \times (\boldsymbol{J}_{bf} \cdot \boldsymbol{\Omega}_f) = \boldsymbol{\tau}_0 \end{aligned} \tag{7-46}$$

$$\begin{aligned}&\boldsymbol{c}_f\times(\dot{\boldsymbol{v}}_0-\boldsymbol{g})+\mathring{\boldsymbol{J}}_{fb}\cdot\boldsymbol{\omega}+\boldsymbol{J}_{fb}\cdot\mathring{\boldsymbol{\omega}}+\boldsymbol{\omega}\times(\boldsymbol{J}_{fb}\cdot\boldsymbol{\omega})+\\&\boldsymbol{J}_f\cdot\overset{*}{\boldsymbol{\Omega}}_f+\boldsymbol{\omega}_f\times(\boldsymbol{J}_f\cdot\boldsymbol{\Omega}_f)-(\boldsymbol{\omega}\times\boldsymbol{r}_p)\times(\boldsymbol{c}_f\times\boldsymbol{\omega}_f)=\boldsymbol{0}\end{aligned}\tag{7-47}$$

式（7－45）为系统平动动力学方程，式（7－46）为 V_b 转动动力学方程，式（7－47）为 V_f 的转动动力学方程。$(\dot{\ })$为矢量在惯性坐标系中求导，$(\mathring{\ })$为矢量在刚体本体坐标系中求导，$(\overset{*}{\ })$为矢量在单摆固连坐标系中求导。

现基于一些假设对式（7－45）~式（7－47）进行化简：

（1）将 $\mathscr{F}_s$ 原点选取在刚体质心处，并假设液体质量远小于刚体质量，则系统质心不随液体晃动而改变，因此有

$$\boldsymbol{c}_b=\mathring{\boldsymbol{c}}=\boldsymbol{0}\tag{7-48}$$

（2）假设单摆参数变化缓慢，可认为系统转动惯量 $\boldsymbol{J}=\boldsymbol{0}$，类似地，可认为混合转动惯量的变化率 $\overset{*}{\boldsymbol{J}}_{bf}=\mathring{\boldsymbol{J}}_{fb}=\boldsymbol{0}$。

（3）假设液体晃动角速度和系统角速度均为小量，则其相应的二次项为高阶小量，可以忽略。

基于以上假设，式（7－45）可以进一步简化为

$$\dot{\boldsymbol{v}}_0-\boldsymbol{g}=\frac{\boldsymbol{c}\times\mathring{\boldsymbol{\omega}}}{m}+\frac{\boldsymbol{c}_f\times\overset{*}{\boldsymbol{\Omega}}_f}{m}-\frac{\boldsymbol{\omega}_f\times(\boldsymbol{\Omega}_f\times\boldsymbol{c}_f)}{m}+\boldsymbol{a}_F+\boldsymbol{a}_f\tag{7-49}$$

式中，$\boldsymbol{a}_F=\boldsymbol{F}/m$；$\boldsymbol{a}_f=\boldsymbol{f}/m$。将 $\dot{\boldsymbol{v}}_0-\boldsymbol{g}$ 代入式（7－46）中，有

$$\begin{aligned}&\boldsymbol{J}_c\cdot\mathring{\boldsymbol{\omega}}+\frac{m_b}{m}\boldsymbol{J}_{bf}\cdot\overset{*}{\boldsymbol{\Omega}}_f+m_f\boldsymbol{r}_p\times\boldsymbol{a}_F+m_f\boldsymbol{l}\times\boldsymbol{a}_F+m_f(\boldsymbol{r}_p+\boldsymbol{l})\times\boldsymbol{a}_F+\\&\boldsymbol{\omega}\times(\boldsymbol{J}\cdot\boldsymbol{\omega})+\boldsymbol{\omega}_f\times(\boldsymbol{J}_{bf}\cdot\boldsymbol{\Omega}_f)-\boldsymbol{v}_0\times(\boldsymbol{c}_f\cdot\boldsymbol{\Omega}_f)=\boldsymbol{\tau}_0\end{aligned}\tag{7-50}$$

式中，

$$\boldsymbol{J}_c=\boldsymbol{J}_b+\frac{m_bm_f}{m}[\,|\boldsymbol{r}_p+\boldsymbol{l}|^2\boldsymbol{I}-(\boldsymbol{r}_p+\boldsymbol{l})(\boldsymbol{r}_p+\boldsymbol{l})\,]\tag{7-51}$$

设液体晃动时单摆的平衡位置沿发动机推力 $\boldsymbol{F}$ 的反方向，当没有液体晃动时，摆 $\boldsymbol{l}$ 与 $\boldsymbol{F}$ 反向，在有液体晃动时，摆 $\boldsymbol{l}$ 从该标称位置旋转获得。设标称位置对应的坐标系 $\mathscr{F}_s$ 到实际晃动的坐标系 $\mathscr{F}_p$ 的旋转矢量为 $\boldsymbol{\theta}'_f=\theta'_f(\boldsymbol{\Omega}_f/|\boldsymbol{\Omega}_f|)$。注意到无晃动时 $\mathscr{F}_p$ 与 $\mathscr{F}_s$ 指向一致，因此，有

$$\boldsymbol{\Omega}_f=\overset{*}{\boldsymbol{\theta}}{}'_f\tag{7-52}$$

且

$$\boldsymbol{a}_F=-|\boldsymbol{a}_F|\frac{\boldsymbol{l}-\boldsymbol{\theta}'_f\times\boldsymbol{l}}{|\boldsymbol{l}-\boldsymbol{\theta}'_f\times\boldsymbol{l}|}\tag{7-53}$$

进而有

$$\boldsymbol{c}_f\times\boldsymbol{a}_F=-m_f\boldsymbol{l}\times|\boldsymbol{a}_F|\frac{\boldsymbol{l}-\boldsymbol{\theta}'_f\times\boldsymbol{l}}{|\boldsymbol{l}-\boldsymbol{\theta}'_f\times\boldsymbol{l}|}\approx\frac{|\boldsymbol{a}_F|}{l}\boldsymbol{J}_f\cdot\boldsymbol{\theta}'_f\tag{7-54}$$

一般采用单摆转角矢量 $\boldsymbol{\theta}_f$ 代替 $\boldsymbol{\theta}'_f$ 作为变量进行讨论，两者的关系为

$$\boldsymbol{\theta}_f=-\boldsymbol{\theta}'_f$$

因此

$$\boldsymbol{\Omega}_f=-\overset{*}{\boldsymbol{\theta}}_f\tag{7-55}$$

$$\boldsymbol{c}_f\times\boldsymbol{a}_F\approx-\frac{|\boldsymbol{a}_F|}{l}\boldsymbol{J}_f\cdot\boldsymbol{\theta}_f\tag{7-56}$$

将以上两式代入式（7－46）中，可得

$$\begin{aligned}&\boldsymbol{J}_c\cdot\mathring{\boldsymbol{\omega}}-\frac{m_b}{m}\boldsymbol{J}_{bf}\cdot\overset{**}{\boldsymbol{\theta}}_f+m_f\boldsymbol{r}_p\times\boldsymbol{a}_F-\frac{|\boldsymbol{a}_F|}{l}\boldsymbol{J}_f\cdot\boldsymbol{\theta}_f+\\&m_f(\boldsymbol{r}_p+\boldsymbol{l})\times\boldsymbol{a}_F+\boldsymbol{\omega}\times(\boldsymbol{J}\cdot\boldsymbol{\omega})-\boldsymbol{\omega}_f\times(\boldsymbol{J}_{bf}\cdot\overset{*}{\boldsymbol{\theta}}_f)+\boldsymbol{v}_0\times(\boldsymbol{c}_f\cdot\overset{*}{\boldsymbol{\theta}}_f)=\boldsymbol{\tau}_0\end{aligned}\tag{7-57}$$

式（7－47）同样可以改写为

$$\begin{aligned}&\frac{m_b}{m}\boldsymbol{J}_{bf}\cdot\mathring{\boldsymbol{\omega}}-\frac{m_b}{m}\boldsymbol{J}_f\cdot\overset{**}{\boldsymbol{\theta}}_f-\frac{|\boldsymbol{a}_F|}{l}\boldsymbol{J}_f\cdot\boldsymbol{\theta}_f+\boldsymbol{c}_f\times\boldsymbol{a}_f+\\&(\boldsymbol{\omega}_f\times\boldsymbol{c}_f)\times\boldsymbol{v}_0+\boldsymbol{\omega}\times(\boldsymbol{J}_{bf}\cdot\boldsymbol{\omega})=\boldsymbol{0}\end{aligned}\tag{7-58}$$

上式揭示了单摆晃动模态的固有特性。若进一步假设系统运动也为小量，忽略 $\boldsymbol{\omega}$ 和 $\overset{*}{\boldsymbol{\theta}}_f$ 的二次项，则式（7－49）、式（7－57）和式（7－58）可进一步简化为

$$\dot{\boldsymbol{v}}_0-\boldsymbol{g}=-\frac{\boldsymbol{c}_f\times\overset{**}{\boldsymbol{\theta}}_f}{m}+\boldsymbol{a}_F+\boldsymbol{a}_f\tag{7-59}$$

$$\begin{aligned}&\boldsymbol{J}_b\cdot\mathring{\boldsymbol{\omega}}+\frac{m_b}{m}(\boldsymbol{r}_p+\boldsymbol{l})\times[\mathring{\boldsymbol{\omega}}\times m_f(\boldsymbol{r}_p+\boldsymbol{l})]-\frac{m_b}{m}\boldsymbol{J}_{fb}\cdot\overset{**}{\boldsymbol{\theta}}_f+\\&m_f\boldsymbol{r}_p\times\boldsymbol{a}_F-\frac{|\boldsymbol{a}_F|}{l}\boldsymbol{J}_f\cdot\boldsymbol{\theta}_f+m_f(\boldsymbol{r}_p+\boldsymbol{l})\times\boldsymbol{a}_f-\boldsymbol{v}_0\times[\boldsymbol{\omega}\times\boldsymbol{m}_f(\boldsymbol{r}_p+\boldsymbol{l})]=\boldsymbol{\tau}_0\end{aligned}\tag{7-60}$$

$$\frac{m_b}{m}\boldsymbol{J}_{bf}\cdot\mathring{\boldsymbol{\omega}}-\frac{m_b}{m}\boldsymbol{J}_f\cdot\overset{**}{\boldsymbol{\theta}}_f-\frac{|\boldsymbol{a}_F|}{l}\boldsymbol{J}_f\cdot\boldsymbol{\theta}_f+\boldsymbol{c}_f\times\boldsymbol{a}_f+(\boldsymbol{\omega}_f\times\boldsymbol{c}_f)\times\boldsymbol{v}_0=\boldsymbol{0}\tag{7-61}$$

规定如下向量均表示在 $\mathscr{F}_s$ 坐标系中

$$\boldsymbol{F},\boldsymbol{\omega},\boldsymbol{f},\boldsymbol{J}_{fb},\boldsymbol{J},\boldsymbol{\tau}_0,\boldsymbol{r}_p,\boldsymbol{a}_f$$

将如下向量表示在 $\mathscr{F}_p$ 坐标系中

$$\boldsymbol{\Omega}_f,\boldsymbol{J}_f,\boldsymbol{J}_{lf},\boldsymbol{\theta}_f,\boldsymbol{l},\boldsymbol{J}_{bf},\boldsymbol{c}_{pf}$$

取坐标系 $\mathscr{F}_s$ 的坐标轴与刚体惯性主轴一致，相关物理量可具体表示为

$$\boldsymbol{c}_f=[-lm_f\quad 0\quad 0]^{\mathrm{T}}$$

$$\boldsymbol{l}=[-l\quad 0\quad 0]^{\mathrm{T}}$$

$$\boldsymbol{a}_F=\left[\frac{F}{m}\quad 0\quad 0\right]^{\mathrm{T}}$$

$$\boldsymbol{a}_f=\left[0\quad \frac{f_y}{m}\quad \frac{f_z}{m}\right]^{\mathrm{T}}$$

$$\boldsymbol{\theta}_f=[0\quad \theta_{fy}\quad \theta_{fz}]^{\mathrm{T}}$$

$$\boldsymbol{\Omega}_f=[0\quad \dot{\theta}_{fy}\quad \dot{\theta}_{fz}]^{\mathrm{T}}$$

$$\dot{\boldsymbol{\Omega}}_f=[0\quad \ddot{\theta}_{fy}\quad \ddot{\theta}_{fz}]^{\mathrm{T}}$$

$$\boldsymbol{J}_f=\begin{bmatrix}0&&\\&m_fl^2&\\&&m_fl^2\end{bmatrix}$$

$$\boldsymbol{J}_b=\begin{bmatrix}J_{bx}&&\\&J_{by}&\\&&J_{bz}\end{bmatrix}$$

$$\boldsymbol{J}_{fb}=\boldsymbol{J}_f+m_f\{[(\boldsymbol{I}-\boldsymbol{\theta}_f^{\times})\boldsymbol{r}_p]^{\mathrm{T}}\boldsymbol{l}\boldsymbol{I}-[(\boldsymbol{I}-\boldsymbol{\theta}_f^{\times})\boldsymbol{r}_p]\boldsymbol{l}^{\mathrm{T}}\}$$

$$\boldsymbol{J}_{bf}=\boldsymbol{J}_f+m_f\{\boldsymbol{l}^{\mathrm{T}}[(\boldsymbol{I}-\boldsymbol{\theta}_f^{\times})\boldsymbol{r}_p]\boldsymbol{I}-\boldsymbol{l}[(\boldsymbol{I}-\boldsymbol{\theta}_f^{\times})\boldsymbol{r}_p]^{\mathrm{T}}\}$$

由于不同坐标系间存在姿态转换关系，式（7-59）~式（7-61）可改写为

$$\dot{\boldsymbol{v}}_0-\boldsymbol{g}=-\frac{1}{m}\boldsymbol{A}_{s,i}^{\mathrm{T}}(\boldsymbol{I}+\boldsymbol{\theta}_f^{\times})c_f^{\times}\ddot{\boldsymbol{\theta}}_f+\boldsymbol{A}_{s,i}^{\mathrm{T}}(\boldsymbol{a}_F+\boldsymbol{a}_f) \tag{7-62}$$

$$\begin{aligned}&\boldsymbol{J}_b\cdot\dot{\boldsymbol{\omega}}+\frac{m_bm_f}{m}[\boldsymbol{r}_p+(\boldsymbol{I}-\boldsymbol{\theta}_f^{\times})\boldsymbol{l}]^{\times}\dot{\boldsymbol{\omega}}^{\times}[\boldsymbol{r}_p+(\boldsymbol{I}-\boldsymbol{\theta}_f^{\times})\boldsymbol{l}]-\\&\frac{m_b}{m}(\boldsymbol{I}-\boldsymbol{\theta}_f^{\times})\boldsymbol{J}_{fb}\ddot{\boldsymbol{\theta}}_f-\frac{|\boldsymbol{a}_F|}{l}(\boldsymbol{I}-\boldsymbol{\theta}_f^{\times})\boldsymbol{J}_f\boldsymbol{\theta}_f+\\&m_f\boldsymbol{r}_p^{\times}\boldsymbol{a}_F+m_f[\boldsymbol{r}_p+(\boldsymbol{I}-\boldsymbol{\theta}_f^{\times})\boldsymbol{l}]^{\times}\boldsymbol{a}_f+m_f\{\boldsymbol{\omega}^{\times}[\boldsymbol{r}_p+(\boldsymbol{I}-\boldsymbol{\theta}_f^{\times})l]\}^{\times}\boldsymbol{v}_0=\boldsymbol{\tau}_0\end{aligned} \tag{7-63}$$

$$\begin{aligned}&\frac{m_b}{m}\boldsymbol{J}_{bf}(\boldsymbol{I}+\boldsymbol{\theta}_f^{\times})\dot{\boldsymbol{\omega}}-\frac{m_b}{m}\boldsymbol{J}_f\ddot{\boldsymbol{\theta}}_f-\frac{|\boldsymbol{a}_F|}{l}\boldsymbol{J}_f\boldsymbol{\theta}_f+\boldsymbol{c}_f^{\times}(\boldsymbol{I}+\boldsymbol{\theta}_f^{\times})\boldsymbol{a}_f-\\&[(\boldsymbol{I}+\boldsymbol{\theta}_f^{\times})\boldsymbol{\omega}_f^{\times}\boldsymbol{c}_f)^{\times}(\boldsymbol{I}+\boldsymbol{\theta}_f^{\times})\boldsymbol{v}_0]=\boldsymbol{0}\end{aligned} \tag{7-64}$$

式中，$\boldsymbol{A}_{s,i}$ 表示 $\mathscr{F}_i$ 到 $\mathscr{F}_s$ 的旋转矩阵。单摆坐标系 $\mathscr{F}_p$ 相对于 $\mathscr{F}_s$ 的角运动限制为绕 y_s 和 z_s 轴转动，则由式（7-64）可推出

$$\begin{aligned}&\ddot{\theta}_{fy}+\frac{m|\boldsymbol{a}_F|}{m_bl}\theta_{fy}-\frac{m}{m_bm_fl^2}[\boldsymbol{c}_f^{\times}(\boldsymbol{I}+\boldsymbol{\theta}_f^{\times})\boldsymbol{a}_f]_{fy}-\\&\frac{1}{m_fl^2}[\boldsymbol{J}_{bf}(\boldsymbol{I}+\boldsymbol{\theta}_f^{\times})\dot{\boldsymbol{\omega}}]_{fy}-\frac{m}{m_bm_fl^2}\{[(\boldsymbol{I}+\boldsymbol{\theta}_f^{\times})\boldsymbol{\omega}_f^{\times}\boldsymbol{c}_f]^{\times}(\boldsymbol{I}+\boldsymbol{\theta}_f^{\times})\boldsymbol{v}_0\}_{fy}=0\end{aligned} \tag{7-65}$$

$$\begin{aligned}&\ddot{\theta}_{fz}+\frac{m|\boldsymbol{a}_F|}{m_bl}\theta_{fz}-\frac{m}{m_bm_fl^2}[\boldsymbol{c}_f^{\times}(\boldsymbol{I}+\boldsymbol{\theta}_f^{\times})\boldsymbol{a}_f]_{fz}-\\&\frac{1}{m_fl^2}[\boldsymbol{J}_{bf}(\boldsymbol{I}+\boldsymbol{\theta}_f^{\times})\dot{\boldsymbol{\omega}}]_{fz}-\frac{m}{m_bm_fl^2}\{[(\boldsymbol{I}+\boldsymbol{\theta}_f^{\times})\boldsymbol{\omega}_f^{\times}\boldsymbol{c}_f]^{\times}(\boldsymbol{I}+\boldsymbol{\theta}_f^{\times})\boldsymbol{v}_0\}_{fz}=0\end{aligned} \tag{7-66}$$

式中，$\{\}_{fy}$和 $\{\}_{fz}$分别为向量的第二分量和第三分量。进一步假设晃动不影响混合转动惯量，则有

$$\boldsymbol{J}_{fb}=\boldsymbol{J}_f+\boldsymbol{m}_f(\boldsymbol{r}_p^{\mathrm{T}}\boldsymbol{l}\boldsymbol{I}-\boldsymbol{r}_p\boldsymbol{l}^{\mathrm{T}}) \tag{7-67}$$

$$\boldsymbol{J}_{bf}=\boldsymbol{J}_f+\boldsymbol{m}_f(\boldsymbol{l}^{\mathrm{T}}\boldsymbol{r}_p\boldsymbol{I}-\boldsymbol{l}\boldsymbol{r}_p^{\mathrm{T}}) \tag{7-68}$$

进而式（7-62）、式（7-63）、式（7-65）和式（7-66）线性化的方程为

$$\dot{\boldsymbol{v}}_0-\boldsymbol{g}=-\frac{1}{m}\boldsymbol{A}_{s,i}^{\mathrm{T}}\boldsymbol{c}_f^{\times}\ddot{\boldsymbol{\theta}}_f+\boldsymbol{A}_{s,i}^{\mathrm{T}}(\boldsymbol{a}_F+\boldsymbol{a}_f) \tag{7-69}$$

$$\begin{aligned}&\boldsymbol{J}_c\dot{\boldsymbol{\omega}}-\frac{m_b}{m}\boldsymbol{J}_{fb}\ddot{\boldsymbol{\theta}}_f-\frac{|\boldsymbol{a}_F|}{l}\boldsymbol{J}_f\boldsymbol{\theta}_f+\\&m_f\boldsymbol{r}_p^{\times}\boldsymbol{a}_F+m_f(\boldsymbol{r}_p+\boldsymbol{l})^{\times}\boldsymbol{a}_f+\boldsymbol{m}_f[\boldsymbol{\omega}^{\times}(\boldsymbol{r}_p+\boldsymbol{l})]^{\times}\boldsymbol{v}_0=\boldsymbol{\tau}_0\end{aligned} \tag{7-70}$$

$$\begin{aligned}&\ddot{\theta}_{fy}+\frac{m|\boldsymbol{a}_F|}{m_bl}\theta_{fy}-\frac{m}{m_bm_fl^2}(\boldsymbol{c}_f^{\times}\boldsymbol{a}_f)_{fy}-\frac{1}{m_fl^2}(\boldsymbol{J}_{bf}\dot{\boldsymbol{\omega}})_{fy}-\\&\frac{m}{m_bm_fl^2}[(\boldsymbol{\omega}_f^{\times}\boldsymbol{c}_f)^{\times}\boldsymbol{v}_0]_{fy}=0\end{aligned} \tag{7-71}$$

$$\ddot{\theta}_{fz}+\frac{m|\boldsymbol{a}_F|}{m_b l}\theta_{fz}-\frac{m}{m_b m_f l^2}(\boldsymbol{c}_f^{\times}\boldsymbol{a}_f)_{fz}-\frac{1}{m_f l^2}(\boldsymbol{J}_{bf}\dot{\boldsymbol{\omega}})_{fz}-\frac{m}{m_b m_f l^2}[(\boldsymbol{\omega}_f^{\times}\boldsymbol{c}_f)^{\times}\boldsymbol{v}_0]_{fz}=0 \tag{7-72}$$

7.2.2 充液航天器控制复杂性分析

充液航天器模型如图 7-6 所示。选取坐标系 $\mathscr{F}_s$ 原点 o_s 与刚体 V_b 质心 c_b 重合，其坐标轴与未晃动部分航天器惯性主轴方向一致。贮箱中的液体等效成单摆，其悬挂点 P 位于 $o_s x_s y_s$ 平面内，相对于 c_b 的矢量在 $\mathscr{F}_s$ 中的分量为 $[p_x \quad p_y \quad 0]^{\mathrm{T}}$。假设单摆点端质量远小于航天器质量，可认为系统质心与 c_b 重合。主发动机标称推力 $\boldsymbol{F}$ 的方向与 x_s 一致，线运动控制的推力器标称推力为 $\boldsymbol{f}_L$，方向过航天器质心，角运动控制推力器标称推力为 $\boldsymbol{f}_s$，其力臂矢量为 $\boldsymbol{h}$。

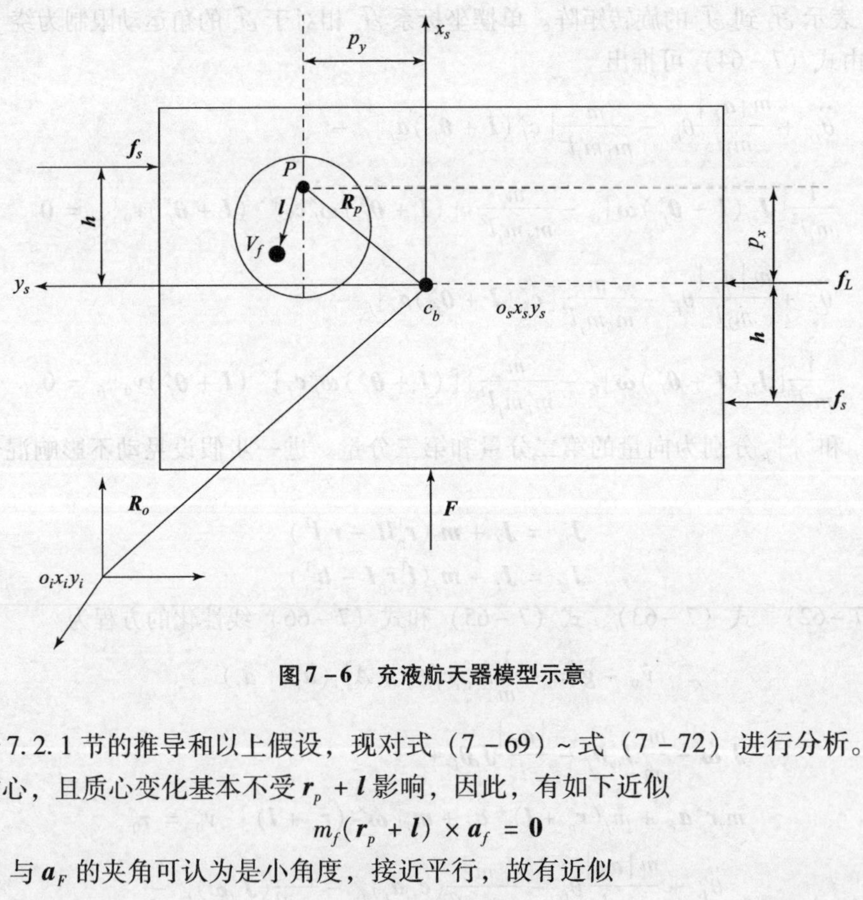

图 7-6 充液航天器模型示意

基于 7.2.1 节的推导和以上假设，现对式（7-69）~式（7-72）进行分析。注意，$\boldsymbol{a}_f$ 基本过质心，且质心变化基本不受 $\boldsymbol{r}_p+\boldsymbol{l}$ 影响，因此，有如下近似

$$m_f(\boldsymbol{r}_p+\boldsymbol{l})\times\boldsymbol{a}_f=\boldsymbol{0}$$

而矢量 $\boldsymbol{r}_p$ 与 $\boldsymbol{a}_F$ 的夹角可认为是小角度，接近平行，故有近似

$$m_f\boldsymbol{r}_p\times\boldsymbol{a}_F=\boldsymbol{0}$$

质心基本不受 $m_f(\boldsymbol{r}_p+\boldsymbol{l})$ 影响，表示它是小量，且角速度同样为小量，故可近似为

$$\boldsymbol{\omega}\times m_f(\boldsymbol{r}_p+\boldsymbol{l})=\boldsymbol{0}$$

$$(\boldsymbol{\omega}_f\times\boldsymbol{c}_f)\times\boldsymbol{v}_0=\boldsymbol{0}$$

于是，式（7-69）~式（7-72）可进一步化简为

$$\dot{\boldsymbol{v}}_0-\boldsymbol{g}=-\frac{1}{m}\boldsymbol{A}_{s,i}^{\mathrm{T}}\boldsymbol{c}_f^{\times}\ddot{\boldsymbol{\theta}}_f+\boldsymbol{A}_{s,i}^{\mathrm{T}}(\boldsymbol{a}_F+\boldsymbol{a}_f) \tag{7-73}$$

$$\boldsymbol{J}_c\cdot\dot{\boldsymbol{\omega}}-\frac{m_b}{m}\boldsymbol{J}_{fb}\ddot{\boldsymbol{\theta}}_f-\frac{|\boldsymbol{a}_F|}{l}\boldsymbol{J}_f\boldsymbol{\theta}_f=\boldsymbol{\tau}_0 \tag{7-74}$$

$$\ddot{\theta}_{fy}+\frac{m|\boldsymbol{a}_F|}{m_bl}\theta_{fy}-\frac{m}{m_bm_fl^2}(\boldsymbol{c}_f^{\times}\boldsymbol{a}_f)_{fy}-\frac{1}{m_fl^2}(\boldsymbol{J}_{bf}\dot{\boldsymbol{\omega}})_{fy}=0 \tag{7-75}$$

$$\ddot{\theta}_{fz}+\frac{m|\boldsymbol{a}_F|}{m_bl}\theta_{fz}-\frac{m}{m_bm_fl^2}(\boldsymbol{c}_f^{\times}\boldsymbol{a}_f)_{fz}-\frac{1}{m_fl^2}(\boldsymbol{J}_{bf}\dot{\boldsymbol{\omega}})_{fz}=0 \tag{7-76}$$

式中，$\boldsymbol{\tau}_0=2\boldsymbol{h}^{\times}\boldsymbol{f}_s$，表示姿态控制力矩；$\boldsymbol{a}_f=f_L/m$，是侧向控制加速度（垂直于 x_s 轴方向）。式（7－73）~式（7－76）中的相关矩阵具体可表示为

$$\boldsymbol{J}_f=\begin{bmatrix}0 & & \\ & m_fl^2 & \\ & & m_fl^2\end{bmatrix}$$

$$\boldsymbol{J}_c=\begin{bmatrix}J_{c1} & J_{c12} & \\ J_{c21} & J_{c2} & \\ & & J_{c3}\end{bmatrix}$$

$$\boldsymbol{J}_{fb}=\begin{bmatrix}0 & 0 & 0\\ m_fr_{py}l & m_f(l^2-r_{px}l) & 0\\ 0 & 0 & m_f(l^2-r_{px}l)\end{bmatrix}$$

$$\boldsymbol{J}_{bf}=\begin{bmatrix}0 & m_fr_{py}l & 0\\ 0 & m_f(l^2-r_{px}l) & 0\\ 0 & 0 & m_f(l^2-r_{px}l)\end{bmatrix}$$

$$J_{c1}=J_{bx}+\frac{m_bm_f}{m}r_{py}^2$$

$$J_{c2}=J_{by}+\frac{m_bm_f}{m}(r_{px}-l)^2$$

$$J_{c3}=J_{bz}+\frac{m_bm_f}{m}[(r_{px}-l)^2+r_{py}^2]$$

$$J_{c12}=J_{c21}=-\frac{m_bm_f}{m}(r_{px}-l)r_{py}$$

下面首先忽略线运动，只考虑式（7－74）和式（7－76）中绕 z_s 轴的转动和绕 z_s 轴的晃动，研究角运动与液体晃动的相互作用。记 $\boldsymbol{\omega}=[\dot{\theta}_x\quad\dot{\theta}_y\quad\dot{\theta}_z]^{\mathrm{T}}$，$\boldsymbol{\tau}_0=[\tau_x\quad\tau_y\quad\tau_z]^{\mathrm{T}}$，表示控制力矩在 $\mathscr{F}_s$ 中的分量。则绕 z_s 轴的转动和绕 z_s 轴的晃动的运动方程可表示为

$$A_1\ddot{\theta}_z+A_2\ddot{\theta}_{fz}+A_4\theta_{fz}=\tau_z \tag{7-77}$$

$$\ddot{\theta}_{fz}+\Omega_z^2\theta_{fz}+A_3\ddot{\theta}_z=0 \tag{7-78}$$

式中，A_i（$i=1,2,3,4$）和 Ω_z^2 具体为

$$A_1=J_{bz}+\frac{m_bm_f}{m}[(l-r_{px})^2+r_{py}^2]$$

$$A_2 = -\frac{m_b m_f}{m}(l^2 - r_{px} l)$$

$$A_3 = -\frac{l - r_{px}}{l}$$

$$A_4 = -m_f l \ |\boldsymbol{a}|_F$$

$$\Omega_z^2 = \frac{m|\boldsymbol{a}|_F}{m_b l}$$

将式（7-77）和式（7-78）写成矩阵形式

$$\begin{bmatrix} A_1 & A_2 \\ A_3 & 1 \end{bmatrix}\begin{bmatrix} \ddot{\theta}_z \\ \ddot{\theta}_{fz} \end{bmatrix} + \begin{bmatrix} 0 & A_4 \\ 0 & \Omega_z^2 \end{bmatrix}\begin{bmatrix} \theta_z \\ \theta_{fz} \end{bmatrix} = \begin{bmatrix} \tau_z \\ 0 \end{bmatrix} \tag{7-79}$$

对上式进行拉普拉斯变换

$$\begin{bmatrix} A_1 & A_2 \\ A_3 & 1 \end{bmatrix}\begin{bmatrix} \ddot{\theta}_z \\ \ddot{\theta}_{fz} \end{bmatrix} + \begin{bmatrix} 0 & A_4 \\ 0 & \Omega_z^2 \end{bmatrix}\begin{bmatrix} \theta_z \\ \theta_{fz} \end{bmatrix} = \begin{bmatrix} \tau_z \\ 0 \end{bmatrix} \tag{7-80}$$

将其展开可得传递函数

$$\frac{\theta_z(s)}{\tau_z(s)} = \frac{s^2 + \Omega_z^2}{s^2[(A_1 - A_2 A_3)s^2 + (A_1 \Omega_z^2 - A_3 A_4)]} \tag{7-81}$$

写成零极点形式

$$\frac{\theta_z(s)}{\tau_z(s)} = \frac{K}{s^2}\frac{1 + s^2/\Omega_z^2}{1 + s^2/\Omega_P^2}$$

$$K = \frac{1}{J_{bz} + \frac{m_b m_f}{m}(r_{px}^2 + r_{py}^2 - l r_{px})}$$

$$\Omega_z^2 = \frac{F}{m_b l}$$

$$\Omega_P^2 = \frac{F}{m_b l}\frac{J_{bz} + \frac{m_b m_f}{m}(r_{px}^2 + r_{py}^2 - l r_{px})}{J_{bz} + \frac{m_b m_f}{m} r_{py}^2}$$

由上式可得出以下结论：

（1）当 $r_{px} < 0$ 时，即单摆悬挂点在刚体质心之下时，必有 $\Omega_P^2 > \Omega_z^2$，称为零极点正置。此时若不考虑敏感器或执行机构动力学的延迟，系统通过 PD 控制便能够提供晃动阻尼使系统稳定。

（2）当 $r_{px} \geqslant 0$ 时，即单摆悬挂点在刚体质心之上时，必有 $\Omega_P^2 < \Omega_z^2$，称为零极点倒置。此时 PD 控制将导致晃动不稳定，进而使姿态控制与液体晃动不稳定相互作用（此时同样不考虑敏感器或执行机构动力学的延迟）。

下面忽略角运动，不考虑地球引力，只考虑侧向线运动和晃动。记 $\boldsymbol{v}_0$ 在 $\mathcal{F}_s$ 坐标系中的分量 $\boldsymbol{A}_{s,i}\boldsymbol{v}_0 = [v_x \quad v_y \quad v_z]^{\mathrm{T}}$，并记 $v_y = \dot{r}_y, v_z = \dot{r}_z$，控制力 $\boldsymbol{f}_L$ 产生的加速度 $\boldsymbol{f}_L/m$ 在 $\mathcal{F}_s$ 中表示为 $\boldsymbol{a}_f = [0 \quad a_{fy} \quad a_{fz}]^{\mathrm{T}}$，则运动方程为

$$\ddot{r}_y + \frac{m_f l}{m}\ddot{\theta}_{fz} = a_{fy}$$

$$\ddot{r}_z - \frac{m_f l}{m}\ddot{\theta}_{fy} = a_{fz}$$

$$\ddot{\theta}_{fy} + \frac{m a_F}{m_b l}\theta_{fy} = \frac{m}{m_b l}a_{fz}$$

$$\ddot{\theta}_{fz} + \frac{m a_F}{m_b l}\theta_{fz} = -\frac{m}{m_b l}a_{fy}$$

对上式进行拉普拉斯变换

$$s^2 r_y(s) + s^2\frac{m_f l}{m}\theta_{fz}(s) = a_{fy}(s) \tag{7-82}$$

$$s^2 r_z(s) - s^2\frac{m_f l}{m}\theta_{fy}(s) = a_{fz}(s) \tag{7-83}$$

$$s^2\theta_{fy}(s) + \frac{m a_F}{m_b l}\theta_{fy}(s) = \frac{m}{m_b l}a_{fz}(s) \tag{7-84}$$

$$s^2\theta_{fz}(s) + \frac{m a_F}{m_b l}\theta_{fz}(s) = -\frac{m}{m_b l}a_{fy}(s) \tag{7-85}$$

由式（7-84）和式（7-85），可得

$$\theta_{fy}(s) = \frac{\dfrac{m}{m_b l}a_{fz}(s)}{s^2 + \dfrac{m a_F}{m_b l}}$$

$$\theta_{fz}(s) = \frac{-\dfrac{m}{m_b l}a_{fy}(s)}{s^2 + \dfrac{m a_F}{m_b l}}$$

将上式代入式（7-82）和式（7-83），可得传递函数

$$\frac{r_y(s)}{a_{fy}(s)} = \frac{1}{s^2}\frac{\dfrac{s^2}{\Omega_{Lz}^2}+1}{\dfrac{s^2}{\Omega_{LP}^2}+1}$$

$$\frac{r_z(s)}{a_{fz}(s)} = \frac{1}{s^2}\frac{\dfrac{s^2}{\Omega_{Lz}^2}+1}{\dfrac{s^2}{\Omega_{LP}^2}+1}$$

式中，

$$\Omega_{Lz}^2 = \frac{F}{ml},\ \Omega_{LP}^2 = \frac{F}{m_b l}$$

由上式可知，当 $\Omega_{LP}^2 > \Omega_{Lz}^2$ 时，零极点正置。在不考虑敏感器和执行机构动力学延迟的前提下，刚体线运动 PD 控制能够晃动阻尼，使系统线运动稳定。

下面分析线运动和角运动的能控能观性。仅考虑在 $o_s x_s y_s$ 平面内的线运动和角运动，记 $\boldsymbol{\omega} = [\dot{\theta}_x \quad \dot{\theta}_y \quad \dot{\theta}_z]^{\mathrm{T}}$，$\boldsymbol{v}_0$ 在 $\mathscr{F}_s$ 坐标系中的分量 $\boldsymbol{A}_{s,i}\boldsymbol{v}_0 = [v_x \quad v_y \quad v_z]^{\mathrm{T}}$，$\boldsymbol{g}_0$ 在 $\mathscr{F}_s$ 坐标系中的分量 $\boldsymbol{A}_{s,i}\boldsymbol{g}_0 = [g_x \quad g_y \quad g_z]^{\mathrm{T}}$，控制力 $\boldsymbol{f}_L$ 产生的加速度 $\boldsymbol{f}_L/m$ 在 $\mathscr{F}_s$ 中表示为 $\boldsymbol{a}_f = [0 \quad a_{fy} \quad a_{fz}]^{\mathrm{T}}$，

控制力矩 $\boldsymbol{\tau}_0$ 在 $\mathcal{F}_s$ 中表示为 $\boldsymbol{\tau}_0 = [\tau_x \quad \tau_y \quad \tau_z]^\mathrm{T}$，则运动方程可表示为

$$\dot{v}_y + B_2 \ddot{\theta}_{fz} + B_1 \dot{\theta}_z = a_{fy} + g_y \tag{7-86}$$

$$B_3 \ddot{\theta}_z + B_4 \ddot{\theta}_{fz} + B_5 \theta_{fz} = \tau_z \tag{7-87}$$

$$\ddot{\theta}_{fz} + B_6 \ddot{\theta}_z + B_7 \theta_{fz} = B_8 a_{fy} \tag{7-88}$$

式中，

$$B_1 = v_x$$

$$B_2 = \frac{m_f l}{m}$$

$$B_3 = J_{bz} + \frac{m_b m_f}{m}[(l - r_{px})^2 + r_{py}^2]$$

$$B_4 = -\frac{m_b m_f}{m}(l^2 - r_{px} l)$$

$$B_5 = -m_f l a_F$$

$$B_6 = -\frac{l - r_{px}}{l}$$

$$B_7 = \frac{m a_F}{m_b l}$$

$$B_8 = -\frac{m}{m_b l}$$

对式 (7-85)~式 (7-87) 进行拉普拉斯变换，并将 v_x 作为输入，写成矩阵形式

$$\begin{bmatrix} s & B_1 s & B_2 s^2 \\ 0 & B_3 s^2 & B_4 s^2 + B_5 \\ 0 & B_6 s^2 & s^2 + B_7 \end{bmatrix} \begin{bmatrix} v_y(s) \\ \theta_z(s) \\ \theta_{fz}(s) \end{bmatrix}$$

$$= \begin{bmatrix} 0 \\ \tau_z(s) \\ 0 \end{bmatrix} + \begin{bmatrix} g_y(s) \\ 0 \\ 0 \end{bmatrix} + \begin{bmatrix} a_{fy}(s) \\ 0 \\ B_8 a_{fy}(s) \end{bmatrix} \tag{7-89}$$

由此导出传递函数

$$\begin{cases} \dfrac{v_y(s)}{\tau_z(s)} = \dfrac{B_2 B_5 s^3 - B_1(s^2 + B_7)}{s^2[(B_3 - B_4 B_6)s^2 + (B_3 B_7 - B_5 B_6)]} \\[2mm] \dfrac{\theta_z(s)}{\tau_z(s)} = \dfrac{s^2 + B_7}{s^2[(B_3 - B_4 B_6)s^2 + (B_3 B_7 - B_5 B_6)]} \\[2mm] \dfrac{\theta_{fz}(s)}{\tau_z(s)} = \dfrac{B_6}{(B_3 - B_4 B_6)s^2 + (B_3 B_7 - B_5 B_6)} \end{cases} \tag{7-90}$$

$$\begin{cases} \dfrac{v_y(s)}{a_{fy}(s)} = \dfrac{B_3 s(s^2 - B_2 B_8 s^2 + B_7) - (B_6 s - B_1 B_8)(B_5 + B_4 s^2)}{s^2[(B_3 - B_4 B_6)s^2 + (B_3 B_7 - B_5 B_6)]} \\[2mm] \dfrac{\theta_z(s)}{a_{fy}(s)} = \dfrac{-B_8(B_5 + B_4 s^2)}{s^2[(B_3 - B_4 B_6)s^2 + (B_3 B_7 - B_5 B_6)]} \\[2mm] \dfrac{\theta_{fz}(s)}{a_{fy}(s)} = \dfrac{B_3 B_8 s^2}{(B_3 - B_4 B_6)s^2 + (B_3 B_7 - B_5 B_6)} \end{cases} \tag{7-91}$$

观察式（7－90）可知，当输入仅有 $\tau_z(s)$ 时，传递函数分母的阶次为4，而式（7－85）~式（7－87）对应的状态空间维数为5，这表明式（7－85）~式（7－87）不是传递函数的最小实现，并且将 $v_y(s)$、$\theta_z(s)$、$\theta_{fz}(s)$ 同时作为输出时，阶次仍然如此，此时系统可观，由此可知，式（7－85）~式（7－87）不能控。类似地，当输入仅为 $a_{fy}(s)$ 时，系统也是不可控的。而当使用控制力或力矩作为输入时，液体晃动模型都是可控的，由此可以推出：单独使用一个控制输入时，不可能使线运动和角运动同时具有能控性。

7.2.3 充液航天器着陆过程的姿态控制

本节以充液航天器在月球着陆下降过程为背景，讨论其姿态控制和液体晃动抑制的经典频域控制方法。将式（7－73）~式（7－76）展开，并忽略 J_{c12} 相关耦合项，有

$$J_{c1}\dot{\omega}_1 = \tau_x \tag{7-92}$$

$$J_{c2}\dot{\omega}_2 - \frac{m_b m_f}{m}(l^2 - r_{px}l)\dot{\theta}_{fy} - m_f l a_F \theta_{fy} = \tau_y \tag{7-93}$$

$$\ddot{\theta}_{fy} + \frac{m a_F}{m_b l}\theta_{fy} - \frac{l - r_{px}}{l}\dot{\omega}_2 = \frac{m}{m_b l}a_z \tag{7-94}$$

$$J_{c3}\dot{\omega}_3 - \frac{m_b m_f}{m}(l^2 - r_{px}l)\dot{\theta}_{fz} - m_f l a_F \theta_{fz} = \tau_z \tag{7-95}$$

$$\ddot{\theta}_{fz} + \frac{m a_F}{m_b l}\theta_{fz} - \frac{l - r_{px}}{l}\dot{\omega}_3 = -\frac{m}{m_b l}a_y \tag{7-96}$$

式中，τ_x、τ_y、τ_z 为三轴控制力矩；a_y 和 a_z 分别为 y_s 和 z_s 轴的控制加速度。在工程上，目标角速度变化缓慢，可以视为0，从目标坐标系到 $\mathcal{F}_s$ 坐标系旋转的误差姿态角和误差角速度可以写成

$$\Delta\boldsymbol{\phi} = [\Delta\phi_x \quad \Delta\phi_y \quad \Delta\phi_z]^{\mathrm{T}}$$

$$\Delta\boldsymbol{\omega} = [\Delta\dot{\phi}_x \quad \Delta\dot{\phi}_y \quad \Delta\dot{\phi}_z]^{\mathrm{T}}$$

则式（7－92）~式（7－96）可改写为

$$J_{c1}\Delta\ddot{\phi}_x = \tau_x \tag{7-97}$$

$$J_{c2}\Delta\ddot{\phi}_y - \frac{m_b m_f}{m}(l^2 - r_{px}l)\ddot{\theta}_{fy} - m_f l a_F \theta_{fy} = \tau_y \tag{7-98}$$

$$\ddot{\theta}_{fy} + \frac{m a_F}{m_b l}\theta_{fy} - \frac{l - r_{px}}{l}\Delta\ddot{\phi}_y = \frac{m}{m_b l}a_z \tag{7-99}$$

$$J_{c3}\Delta\ddot{\phi}_z - \frac{m_b m_f}{m}(l^2 - r_{px}l)\ddot{\theta}_{fz} - m_f l a_F \theta_{fz} = \tau_z \tag{7-100}$$

$$\ddot{\theta}_{fz} + \frac{m a_F}{m_b l}\theta_{fz} - \frac{l - r_{px}}{l}\Delta\ddot{\phi}_z = -\frac{m}{m_b l}a_y \tag{7-101}$$

式（7－97）~式（7－101）就是适用于动力下降过程姿态跟踪控制的动力学方程。观察上面三个式子，可以发现关于 x_s 轴的转动与纯刚体航天器的类似，可以采用刚体航天器的控制律。而关于 y_s 和 z_s 轴的转动与晃动动力学方程类似，因此，下面仅讨论关于 z_s 轴的转动和晃动。

利用与之前类似的方法，导出误差角 $\Delta\phi_z(s)$ 与控制力矩 τ_z 及控制加速度 a_z 之间的拉普拉斯变换关系

$$\Delta\phi_z(s) = \frac{K_a}{s^2}\frac{1+\dfrac{s^2}{\Omega_{za}^2}}{1+\dfrac{s^2}{\Omega_P^2}}a_z(s) + \frac{K_\tau}{s^2}\frac{1+\dfrac{s^2}{\Omega_{z\tau}^2}}{1+\dfrac{s^2}{\Omega_P^2}}\tau_z(s) \tag{7-102}$$

式中，

$$\Omega_P^2 = \frac{F}{m_b l}\frac{J_{bz}+\dfrac{m_b m_f}{m}(r_{px}^2+r_{py}^2-r_{px}l)}{J_{bz}+\dfrac{m_b m_f}{m}r_{py}^2}$$

$$\Omega_{z\tau}^2 = \frac{F}{m_b l}$$

$$\Omega_{za}^2 = \frac{F}{m_b(l-r_{px})}$$

$$K_\tau = \frac{1}{J_{bz}+\dfrac{m_b m_f}{m}(r_{px}^2+r_{py}^2-r_{px}l)}$$

$$K_a = -\frac{m_b m_f l^2}{m}\frac{1}{J_{bz}+\dfrac{m_b m_f}{m}(r_{px}^2+r_{py}^2-r_{px}l)}$$

利用因式分解，式（7－102）的串联形式为

$$\Delta\phi_z(s) = \frac{1}{s^2}[K_{a0}a_z(s)+K_{\tau0}\tau_z(s)] + \frac{1}{s^2+\Omega_P^2}[K_{a1}a_z(s)+K_{\tau1}\tau_z(s)] \tag{7-103}$$

进而可以写出上式在时域的另一种形式

$$\begin{cases}\ddot{\eta}_0 = K_{a0}a_z + K_{\tau0}\tau_z \\ \ddot{\eta}_1 = K_{a1}a_z + K_{\tau1}\tau_z - \Omega_P^2\eta_1 \\ \Delta\phi_z = \eta_0 + \eta_1\end{cases} \tag{7-104}$$

式中，

$$K_{\tau0} = K_\tau$$

$$K_{a0} = K_a$$

$$K_{\tau1} = \frac{K_{\tau1}(\Omega_P^2-\Omega_{z\tau}^2)}{\Omega_{z\tau}^2}$$

$$K_{a1} = \frac{K_a(\Omega_P^2-\Omega_{za}^2)}{\Omega_{za}^2}$$

式（7－104）使得刚体运动模态与晃动模态分离，考虑到工程上晃动模态必有模态阻尼，且理论上晃动模态可能有多个，因此，可将式（7－104）改写为以下一般形式

$$\begin{cases}\ddot{\eta}_0 = K_{a0}a_z + K_{\tau0}\tau_z \\ \ddot{\eta}_i + 2\zeta_i\Omega_i\dot{\eta}_i + \Omega_i^2\eta_i = K_{ai}a_z + K_{\tau i}\tau_z \quad (i=1,2,\cdots,n) \\ \Delta\phi_z = \eta_0 + \eta_1 + \cdots + \eta_n \\ \Delta\dot{\phi}_z = \dot{\eta}_0 + \dot{\eta}_1 + \cdots + \dot{\eta}_n\end{cases} \tag{7-105}$$

式中，ζ_i 为模态阻尼比；Ω_i 为模态频率。对应拉普拉斯变换的串联和并联形式可以表示为

$$\Delta\phi_z(s)=\frac{K_a}{s^2}\prod_{i=1}^{n}\frac{1+\frac{s^2}{\Omega_{ai}^2}}{1+\frac{s^2}{\Omega_i^2}}a_z(s)+\frac{K_\tau}{s^2}\prod_{i=1}^{n}\frac{1+\frac{s^2}{\Omega_{\tau i}^2}}{1+\frac{s^2}{\Omega_i^2}}\tau_z(s) \tag{7-106}$$

$$\Delta\phi_z(s)=\left(\frac{K_{a0}}{s^2}+\sum_{i=1}^{n}\frac{K_{ai}}{s^2+\Omega_i^2}\right)a_z(s)+\left(\frac{K_{\tau 0}}{s^2}+\sum_{i=1}^{n}\frac{K_{\tau i}}{s^2+\Omega_i^2}\right)\tau_z(s) \tag{7-107}$$

对于着陆器动力下降过程的主减速阶段，侧向推力恒为 0，因此，在式（7-105）~式（7-107）中，$a_z=0$，所以，可改写为

$$\begin{cases}\ddot{\eta}_0=K_{\tau 0}\tau_z\\ \ddot{\eta}_i+2\zeta_i\Omega_i\dot{\eta}_i+\Omega_i^2\eta_i=K_{\tau i}\tau_z\\ \Delta\phi_z=\eta_0+\eta_1+\cdots+\eta_n\\ \Delta\dot{\phi}_z=\dot{\eta}_0+\dot{\eta}_1+\cdots+\dot{\eta}_n\end{cases}(i=1,2,\cdots,n) \tag{7-108}$$

$$\frac{\Delta\phi_z(s)}{\tau_z(s)}=\frac{K_\tau}{s^2}\prod_{i=1}^{n}\frac{1+\frac{2\zeta_{\tau i}s}{\Omega_{\tau i}^2}+\frac{s^2}{\Omega_{\tau i}^2}}{1+\frac{2\zeta_{\tau i}s}{\Omega_i^2}+\frac{s^2}{\Omega_i^2}} \tag{7-109}$$

$$\frac{\Delta\phi_z(s)}{\tau_z(s)}=\frac{K_{\tau 0}}{s^2}+\sum_{i=1}^{n}\frac{K_{\tau i}}{s^2+2\zeta_i\Omega_i s+\Omega_i^2} \tag{7-110}$$

美国重返月球计划“牵牛星”着陆器频率分布如图 7-7 所示。其中，控制系统带宽约为 0.12 Hz，液体晃动频率约为 0.2 ~ 0.4 Hz，结构振动频率、执行机构带宽、敏感器带宽均高于 2 Hz，采样频率为 20 Hz。显然，液体晃动频率较低，与控制系统带宽接近。

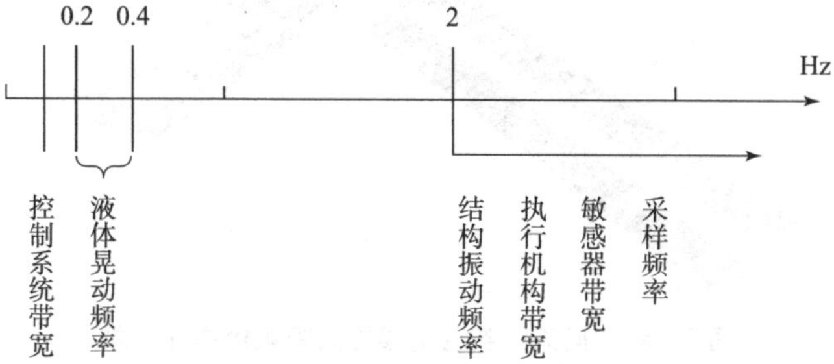

图 7-7　“牵牛星”着陆器频率分布

经典频率控制方法的着陆器控制策略一般主要考虑两个方面：一是相位稳定，接近控制系统带宽晃动模态；二是增益稳定，远离控制系统带宽晃动模态以及结构振动模态。前者在利用相位超前还是相位滞后时，需要针对液体晃动频率具体情况进行选择，如果晃动频率在控制系统带宽内，一般采用相位超前提供主动阻尼使模态稳定，如果晃动频率在控制带宽之外，则可采用相位滞后提供主动阻尼使晃动稳定。

思　考　题

1. 在带有挠性附件的航天器中，若将挠性附件离散成多个质点和弹簧组成的离散体，

请尝试推导这种离散挠性附件的动力学方程。

2. 若采用有限元对挠性航天器中的挠性附件动力学方程进行化简，一般对挠性附件的振型取多少阶模态比较合适？

3. 尝试了解利用流体力学建立充液航天器中液体运动方程的过程和方法。

4. 尝试了解充液航天器在其他场景下还有哪些常用的姿态控制方法。

航天趣闻——“问天”实验舱

2022年7月的九天之上，“问天”实验舱柔性太阳帆板在经过两次展开后，终于露出了全貌。此前，我国的航天器大多使用半刚性太阳帆板，2021年发射的“天和”核心舱首次使用了“问天”实验舱柔性太阳帆板（图7-8）。半刚性太阳帆板的固有频率范围窄，算法简单易控制，而柔性太阳帆板太软，固有频率范围很宽，航天器上稍有同样的控制频率和它的固有频率重合，帆板就会被激发而振动起来。如果任由这种振动发展下去，轻则会影响航天器的控制精度和稳定度，影响载荷工作，影响交会对接；如果控制系统没有经过专门的针对性设计，重则可能激发控制系统被动应付，造成“越控制，振动越厉害；振动越厉害，控制系统越要控制”的局面，进而使系统失稳，影响空间站在轨稳定运行。

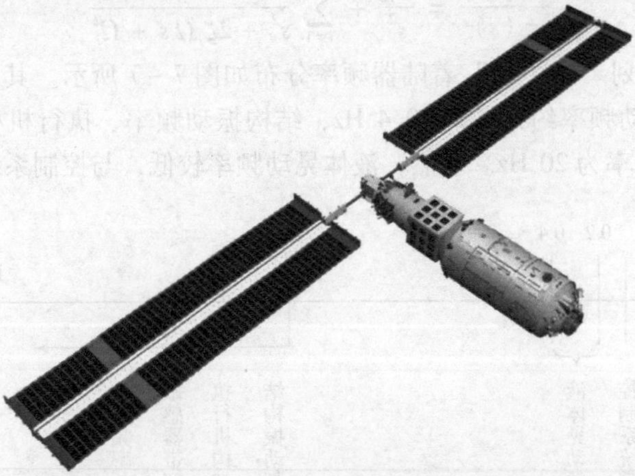

图7-8 “问天”实验舱柔性太阳帆板展开效果

这就好比用扁担挑水，会挑水的人可以通过调整身体的起伏频率和幅度，控制肩膀上的扁担颤动很小，控制水桶里的水只泛起微小波纹，同时健步如飞；不会挑水的人则无法通过调整身体来控制扁担，致使扁担上下抖动严重，水桶晃动厉害，行走速度也受扁担影响而忽快忽慢，回到家时，本来装满水的水桶里可能就只剩下了半桶水。科研人员借鉴了这一原理，通过航天器的姿态调整来抑制振动，调整幅度可能很小，但用处很大。

第8章 新时代航天器飞行动力学与控制的发展

8.1 巨型星座卫星

8.1.1 星座概念

卫星星座（Satellite Constellation）指一组人造卫星作为一个整体系统，在一起协同工作，也称为分布式卫星系统（Distributed - Satellite System，DSS）。与单颗卫星不同，一个完整的卫星星座可以提供永久的全球（或近似全球）的覆盖范围，这样就使得对于地球上的任意一点，在任何时刻至少有一颗卫星是可见的。卫星通常会放置在互补的轨道平面上，并且能够和分散的地面站相连接。星座中的每颗卫星之间也可通过星间通信技术来进行信息传送。

实际上，对于传统的人造卫星分类，如通信卫星、导航卫星、遥感卫星，目前均发展了与其相关或足以替代原有单卫星的卫星星座。

低地球轨道（Low Earth Orbit，LEO）地区因其轨道高度低、传输延时短、路径损耗少等特性，引起了巨型星座设计者和运营商的浓厚兴趣。1999 年，随着铱星公司等的破产，低轨星座项目受挫。进入 21 世纪以后，由于高度集成化和自动化技术快速发展、发射成本逐渐降低、市场需求量不断扩大，低轨巨型星座的研发和部署掀起了前所未有的热潮。低轨巨型星座能够提供全球覆盖，迅速提高卫星通信、卫星遥感等能力；在通信宽带方面潜力巨大，能够以较低的信号传播延迟来提高服务质量；将低轨巨型星座应用于当前的全球导航卫星系统信号增强，能够实现快速精确定位。自美国公布新一代巨型星座部署计划以来，关于低轨巨型星座构型设计与控制引起了学术界广泛关注。巨型星座建设已经开始，低轨巨型星座成为全世界卫星业界的热门话题。

目前，在低轨巨型星座的发展中，最具代表性的是 SpaceX 公司的星链（Starlink），其计划建设一个含有 4.2 万颗卫星的低轨巨型星座，成为全球覆盖、高速度、大容量和低延时的天基全球通信系统。其他正在建设中的低轨巨型星座还有 OneWeb、Iridium Next、Globalstar、Flock 等计划。除此之外，三星、波音、Telesat、亚马逊也纷纷提出了含有数百至数千颗卫星的低轨巨型星座的构想。

卫星星座构型包括卫星的轨道类型、空间分布以及星间的相互关系。低轨巨型星座是一个庞大的空间系统，其星座构型与系统各种性能之间的相互联系是相当复杂的，星座构型设计与控制研究也面临着挑战。提早建设和利用低轨巨型星座系统，不仅能够抢占有限的 LEO 轨道资源，而且有利于抢占频谱主动权，建设低轨巨型星座，进而增强我国的太空系统弹性和太空感知能力。因此，加快我国低轨巨型星座技术的研究至关重要。

8.1.2 低轨巨型星座的发展

Starlink 是世界上最大的低轨互联网星座，计划一共拥有 4.2 万颗卫星。其中，近 1.2 万颗卫星最初希望部署在距离地面 340 km、550 km、1 150 km 附近的轨道上，见表 8－1。然而，SpaceX 公司后来对其部署计划又进行了多次修改，目前，Starlink 取消了轨道高度在 1 150 km 附近的卫星。2019 年，SpaceX 公司向美国联邦通信委员会（Federal Communication Commission，FCC）提交了在地球低轨空间再增设 3 万颗宽带卫星的申请，该申请已经得到了批准。

表 8－1 初步计划近 1.2 万颗 Starlink 卫星特性

阶段	卫星数量	轨道高度/km	工作频段	分布
阶段一	1 584	550	Ku/Ka	分布于倾角为 53°的 24 个轨道面上，每个轨道面计划部署 66 颗卫星
阶段二	2 825	1 110，1 130，1 275，1 325	Ku/Ka	每个轨道高度都会部署多个轨道面，每个轨道面上有 50～75 颗卫星
阶段三	7 518	345.6，340.8，335.9	V	分布在 3 个高度和倾角的轨道面

Starlink 卫星之间利用激光进行通信，能够进行信息交换的卫星为同一轨道上的相邻卫星和左右相邻轨道面上的卫星。在初步计划的近 1.2 万颗卫星中，约 4 400 颗卫星的工作频段为 Ka 频段（27～40 GHz）或 Ku 频段（12～18 GHz），其余卫星为 V 频段（60～80 GHz）。Starlink 的用户终端采用相控阵天线，简单操作即可将最近的星链轨道面被天线孔面对准，对卫星精准定位。

Starlink 卫星数量多，地表覆盖广，网络延迟极低，甚至在未来有望低于传统的光纤传输，因此，其应用非常广泛。在生活中，Starlink 在国际航空、远洋运输等相关领域有出色表现。除此之外，Starlink 还具有重大军事意义，一方面，其 4.2 万颗的卫星数量会使低地球轨道频轨资源紧缺，在低轨空间环境中占据统治地位；另一方面，Starlink 可以构建成强大的指挥通信网。2022 年 4 月，SpaceX 在美国国际开发署（United States Agency for International Development，USAID）的协助下将 5 000 台 Starlink 互联网终端送至乌克兰，在俄乌冲突中提供了强大的互联网服务。不可否认，Starlink 是美国外太空武器化的重要标志。

一网（OneWeb）公司主要发展低轨小卫星通信，计划 684 颗卫星在轨。这些卫星均为 LEO 卫星，轨道高度为 1 200 km，分布在 18 个轨道面上，相邻轨道面之间的夹角为 10.15°。OneWeb 公司曾停止了发射计划，截至 2022 年 3 月，在轨仅 428 颗卫星。然而，2022 年 3 月 21 日，OneWeb 公司和 SpaceX 公司宣布达成协议，OneWeb 公司将恢复发射计划。

OneWeb 的工作频段为 V 频段、Ka 频段和 Ku 频段。此外，卫星使用“渐进式俯仰”技术，实现了略微转动即可避免与 GEO 的 Ku 频段卫星发生干扰。同时，OneWeb 的用户不断更换卫星为其进行服务，通过多重波束的覆盖，就可以保证通信质量。

OneWeb 的应用场景多，服务对象广，例如，2021 年 10 月，OneWeb 和 Tampnet 宣布进行进一步的合作，OneWeb 补充了 Tampnet 的业务模式，特别是在地理扩张、LTE 回程和现有客户的可用备份解决方案的完善上加快了进展速度。

铱星系统第二代（Iridium Next）是典型的低轨通信星座，该系统计划拥有 81 颗卫星。

目前，共部署了 75 颗卫星，均匀分布在 6 个轨道面上，其中，66 颗为工作卫星，9 颗为在轨的备份星。铱星系统第二代的工作频段为 L 频段（1 ~ 2 GHz）和 Ka 频段。该系统拥有组网灵活、多发单收、双向传输等优势。

全球星系统（Globalstar）是一个累计发射了 84 颗卫星的低轨通信系统。第一代计划发射 48 颗，后来陆续补充了 12 颗，但由于卫星系统的 S 波段放大器退化过快，其双向通信服务受到了严重影响，此后，发射了 24 颗第二代卫星，对全球星系统进行了升级。全球星系统的工作频段为 L 频段、S 频段（2 ~ 4 GHz）和 C 频段（4 ~ 8 GHz）。全球星系统主要拥有通信、保持标称位置和姿态、确定轨道位置和速度并以遥测的方式告知地面等功能。

除了上述通信星座以外，美国行星实验室公司的遥感星座鸟群（Flock）同样由上百颗微小卫星组成，其 120 多颗纳米卫星体积小，质量小，但是分辨率极高。此外，还有诸多仍在计划中的低轨卫星系统，如具有 4 600 颗 V 频段卫星的三星卫星系统；具有 1 396 ~ 2 956 颗 V 频段卫星的波音卫星系统；具有至少 117 颗 Ka 频段卫星的 Telesat 卫星系统；具有 3 236 颗卫星的亚马逊公司的 Kuiper 卫星系统等，见表 8 – 2。

表 8 – 2　主要低轨巨型星座特性

星座名称	卫星数量	轨道高度/km	工作频段
一网（OneWeb）	648	1 200	V、Ka、Ku
铱星系统第二代（Iridium Next）	81	780	L、Ka
全球星系统（Globalstar）	24	1 414	L、S、C
Flock	> 120	—	—
三星	4 600	1 500	V
波音	1 396 ~ 2 956	1 200	V
Telesat	> 117	1 000 ~ 1 248	Ka
Kuiper	3 236	590 ~ 630	—

以上各低轨巨型星座计划根据自身需求选择了不同的轨道高度和频段。对于轨道高度来说，340 km 附近的极低地球轨道（VLEO）虽然能够进一步降低通信时延，但是由于此处的卫星会面对更加稠密的大气，需要承受更大的轨道保持代价。对于卫星频段来说，由于天线的接收能力有限，同频段、覆盖区域相同的卫星只有间隔一定的角度，地面站才能将不同卫星的信号区分开，因此，同一轨道上同频段的卫星具有一定的数量限制。另外，不同频段信号传播损耗不同，其中，0.3 ~ 10 GHz 的“无线电窗口”损耗最小，30 GHz 的“半透明无线电窗口”损耗相对较小，特别地，低轨道中 Ka 频段网络规模最大。因此，各低轨巨型星座计划主要使用的工作频段非常集中，造成卫星频率资源日益紧张。

8.2　航天器寿命末期离轨

8.2.1　寿命末期离轨的必要性

自人类开始探索太空之后，特别是在整个 20 世纪，航天活动的爆发性增长导致空间碎片的数量激增。近地空间是人类航天活动的主要场所之一，有大量的航天器运行在近地轨道

（Low Earth Orbit，LEO）上。截至2022年年末，世界各国发射活动已达6 300余次，目前在轨卫星约9 610颗，航天器本身及其衍生物约90%分布在LEO区域内。SpaceX在2015年起陆续向美国联邦通信委员会提出并获批了包含4.2万颗近地轨道卫星的大规模星座计划Starlink，随后OneWeb、Yaliny与Telesat等公司也发布了总计超过5.2万颗低轨超大规模星座的发射计划。这些计划的实施，将使本就有限的轨道资源更加稀缺。目前，1 500 km以下的近地轨道已有大量的低轨星座卫星的部署计划。

以上卫星的预期寿命一般是3～5年，在2019年5月23日发射的Starlink计划的一批60颗小卫星中，截至2019年6月23日已有3颗失效，成为空间碎片。结合迄今空间中已有碎片的情况，可以预见的是，如此大规模的卫星星座，其“成员”在任务结束之后，或者未完成国际相关组织指定的离轨操作，或者寿命末期内失去稳定控制能力，它们所形成的空间碎片将对空间环境产生不可估量的影响。上述空间碎片若仅依靠环境摄动使其轨道高度自然衰减，需要数百年才能坠入大气层烧毁，这将导致大量废弃卫星长期占用宝贵的近地轨道资源；另外，如果在卫星完成任务后不进行处理，可能会导致星体与其他碎片碰撞，进一步产生大量空间碎片。因此，为未来发射的航天器配置离轨装置，使其能在寿命末期自行离轨，就成为一项值得研究并付诸工程实践的课题。

为保护空间环境、减少任务结束后航天器滞留空间轨道的危害，国际空间碎片协调委员会（Inter－Agency Space Debris Coordination Committee，IADC）早在2002年便发布了《IADC空间碎片减缓指南》，指南中规定，运行在LEO的航天器或运载火箭轨道末级，其任务结束后滞留在LEO区域的累积时间不超过25年。按目前的发展趋势，25年内完成离轨的要求也难以让近地轨道的拥堵得到有效缓解。因此，研制标准化、模块化、工程化的离轨装置，以能够适配到未来航天器上，打通失效航天器离轨再入流程的“最后一千米”、有效地解决航天器任务结束后的处理问题，是保证空间环境可持续发展的先决条件。

8.2.2 寿命末期离轨的类型

国际宇航科学院（International Academy of Astronautics，IAA）将航天器寿命末期离轨装置分为以下4类：燃烧推进系统离轨装置、电动力绳离轨装置、阻力增强装置和太阳帆离轨装置。燃烧推进系统离轨装置通过消耗剩余燃料获得推力使航天器直接离轨；电动力绳离轨装置依靠地球周围的电磁环境，通过导电系绳与地磁场的相互作用产生洛伦兹力来改变航天器轨道；阻力增强装置（主要包括离轨帆和增阻球）利用稀薄流阻力改变航天器轨道；太阳帆离轨装置依靠反射太阳辐射产生光压推力使航天器离开原有轨道。由于航天器的寿命多数情况下与其携带的燃料量值有关，利用推进系统进行寿命末期离轨代价太高。太阳帆离轨装置与阻力增强装置中的离轨帆虽然看似结构相仿，但二者的材质、构型和应用原理有本质区别。太阳帆通过反射太阳光子形成推力，因此，在展开形式上往往采用平面设计，以最大限度地实现推力转化，但低轨情况下太阳光压较小，不宜采用太阳帆进行离轨；离轨帆则依靠气动阻力进行降轨，因此，在构型设计上倾向于非平面设计，以增强自身的气动稳定性并提升阻力效率。

由于地球周围的大气环境与轨道高度密切相关，轨道高度800 km以下区域的大气阻力对航天器影响很大，离轨帆、增阻球装置更适用于对轨道高度800 km以下的航天器进行离轨。增阻球与离轨帆各有适用的任务场景：增阻球需要通过气瓶进行充气展开及长时间离轨过程补气，而离轨帆无须充补气，因此，可节省气瓶所占据的质量和体积；离轨帆一般需要航天器进行姿态控制，以保证较大的迎风面积，而增阻球具有全向阻力特性，所以相较于离轨帆，增阻球更适用于姿态失稳目标或执行机构能力无法满足姿态稳定需求的航天器。在 800 ~1 500 km 的轨道范围，由于大气更稀薄，阻力增强装置已不再适用，而通过切割磁感线产生推力的电动力绳更能满足该轨道范围内航天器的离轨需求。

在实际应用中，需要根据航天器自身的质量/体积特点、轨道高度特性以及所处的空间环境，与不同离轨装置的特点进行相互适配，以达到更好的离轨效果。具体适配方案如图 8 -1 所示。

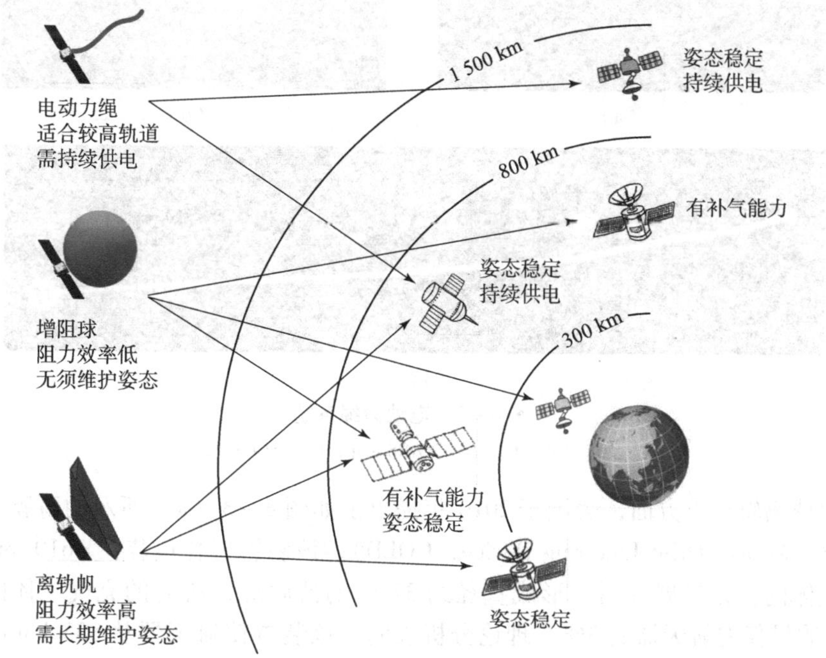

图 8 -1　离轨装置适配方案

现梳理目前已在轨实验或地面实验的电动力绳、增阻球和离轨帆的基本情况。在电动力绳离轨技术方面，最初由美国国家航空航天局（National Aeronautics and Space Administration, NASA）约翰逊太空中心的 J. P. Loftus 在 1992 年提出，随后以美国、欧洲和日本为首的多个国家和地区均开展了针对不同长度的电动力绳在轨释放、电子收发、姿态稳定控制等关键技术的在轨实验。美国于 1993 年联合开展了等离子发电机实验任务，在系绳末端配备了阴极射线管，利用 500 m 长的电动力绳验证其在电离层中的电动力特性。在 1995 年美国开展的如图 8 -2（a）所示的 TSS -1 任务中，系绳连接着卫星从航天飞机上释放，在展开到 265 m 后，系绳收放装置发生故障；在随后的 TSS -1R 任务中，系绳展开长度达到 19.7 km，由于系绳绝缘层的缺陷，导致系绳上发生强放电熔断了系绳。日本于 2014 年发射的如图 8 -2（b）所示的 STARS - Ⅱ任务主要是为了验证系绳使空间碎片降轨的能力。据统计，目前各国开展的在轨实验电动力绳超过一半以上均以失败告终，其主要原因有：系绳在轨释放的过程中容易出现卡顿断裂，系绳在空间中会受到空间碎片和微流星体的撞击等。例如，轨道高度为 751 km 的 ATEX 在任务进行到 18 min，仅展开了 22 m 后，即中断操作；图 8 -2（c）

所示的 SEDS－2 将系绳释放了 19.7 km，并于 3.7 天后被撞击断裂，仅剩余不到一半的系绳。上述电动力绳系统，为达到尽快离轨的效果，往往将绳长设计在千米级以上，因此，在系绳释放、展开和运行过程中更容易出现故障，是电动力绳发展需要解决的关键问题。

（a）

（b）

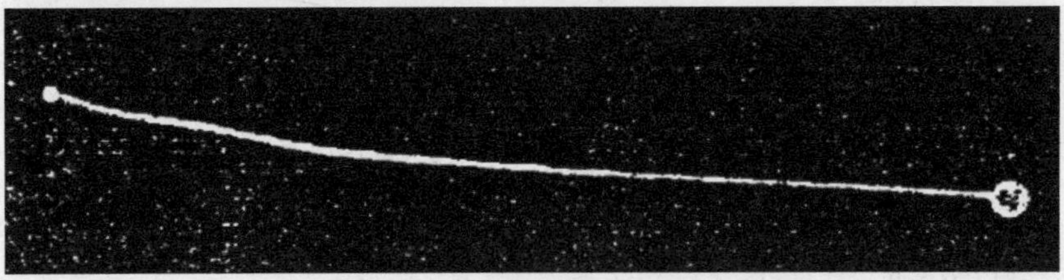

（c）

图 8－2　电动力绳系统

（a）TSS－1；（b）STARS－Ⅱ；（c）SEDS－2

在增阻球离轨技术方面，美国于 2010 年提出了如图 8－3（a）所示的薄膜球轨道衰降概念装置（Gossamer Orbit Lowering Device，GOLD），该装置折叠包装在 ϕ610 mm × 180 mm 的圆柱形壳体内，充气展开后，形成直径约 37 m 的薄膜球，所需的充气气体的质量小于 1 kg，装置质量仅占航天器的 3%。理论分析表明，该装置使航天器从 833 km 的太阳同步轨道上离轨所需时间为 1 年，但未见在轨验证结果。北京理工大学于 2019 年研制并发射升空如图 8－3（b）所示的“北理工 1 号”，是一颗运行在 300 km 轨道高度上的球形卫星，其直径约为 0.25 m，质量为 3 kg，离轨时间约为 7～10 天，是国际首颗在轨演示验证增阻球技术的微小卫星。我国虽然开展了直径 0.25 m 的增阻球演示验证实验，但对于大直径甚至超大直径的增阻球理论分析、研制以及在轨验证，仍需要进一步研究和发展。

在离轨帆离轨技术方面，目前国内外以离轨帆的在轨展开和离轨技术为主的演示验证实验已经有不少实例。美国 NanoSail－D2 是 2010 年发射的 3U 离轨帆卫星，如图 8－4（a）所示，帆面材料厚度仅为 7.5 μm，展开面积为 10 m^2，完全部署仅需 5 s。华沙理工 PW－Sat 卫星上的离轨帆装置体积小于 1 U，如图 8－4（b）所示，帆膜选用厚 5 μm 的 Mylar 聚酯薄膜，展开面积为 4 m^2。荷兰充气式离轨装置（Inflatable De－Orbit Device，IDOD）的尺寸为 1 U，如图 8－4（c）所示，该装置采用了刚化技术，以增加柔性展开结构的刚度。英国 InflateSail 为 3 U 立方星，如图 8－4（d）所示，运行在高度约 500 km 的太阳同步轨道，帆面尺寸为 3.1 m × 3.1 m，使用 4 根碳纤维复合材料制成的轻质双稳刚性复合材料杆展开并支撑。国内方面，上海埃依斯航天科技有限公司于 2019 年研制并发射的金牛座纳星（Taurus－1），其离轨帆装置展开面积为 2.25 m^2，如图 8－5（a）所示，收拢时可布置在星

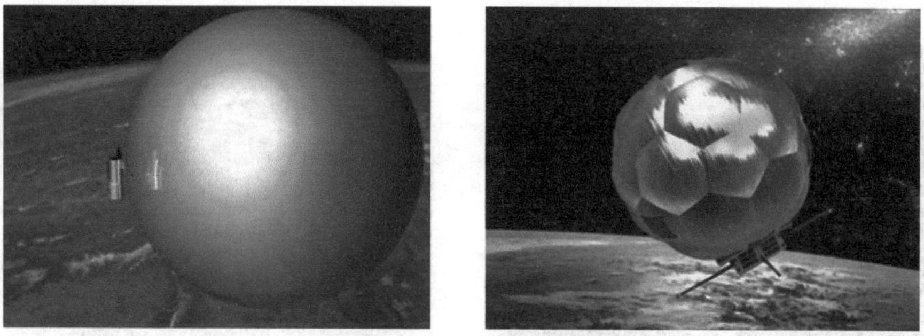

（a）　　（b）

图 8－3　增阻球技术卫星

（a）GOLD；（b）北理工 1 号

箭分离机构的内部空隙部位。由南京理工大学和南京索尔航天科技有限公司联合研制的“淮安号”恩来星展开面积为 1.2 m^2，如图 8－5（b）所示，帆面收拢状态下装置尺寸为 ϕ70 mm × 60 mm，质量为 300 g，可依靠自身储存的机械能展开。如图 8－5（c）所示，天仪研究院研制的“青藤之星”展开面积为 0.7 m^2，设计使卫星在 6～12 个月内离轨。2022 年 6 月 26 日，由中国航天科技集团公司第八研究院第八〇五研究所自主研制、配置于火箭载荷舱上的离轨系统在轨顺利展开离轨帆装置，如图 8－5（d）所示。这是目前国内面积最大的离轨帆产品，在完全展开的状态下，帆面面积达 25 m^2，这也是国际上首次将离轨帆应用于运载火箭的舱段。

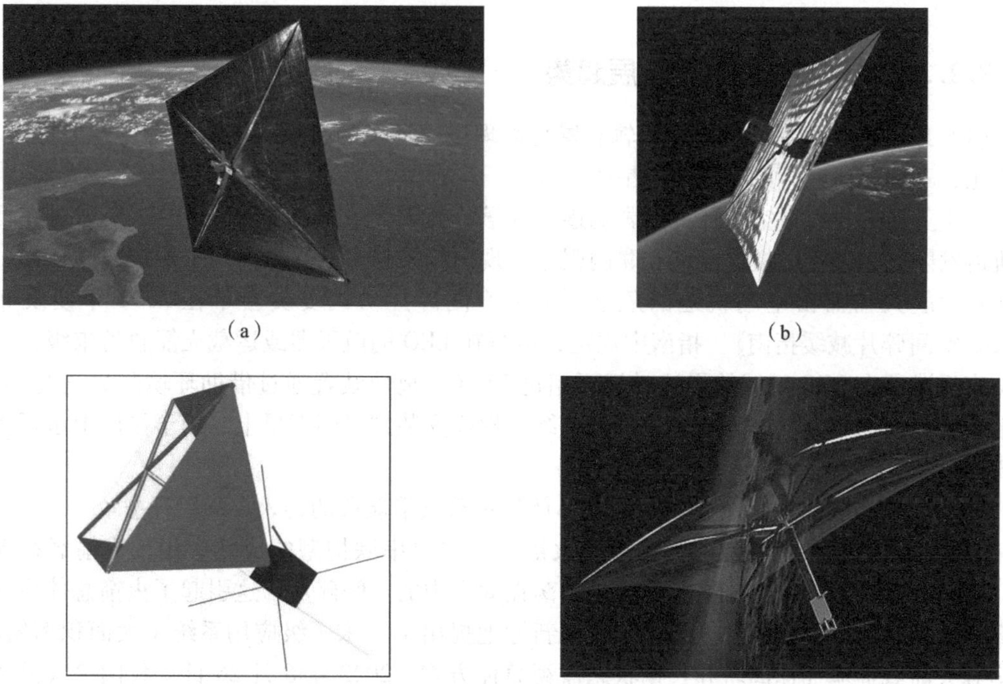

（a）　　（b）

（c）　　（d）

图 8－4　国外离轨帆卫星

（a）NanoSail－D2；（b）PW－Sat；（c）IDOD；（d）InflateSail

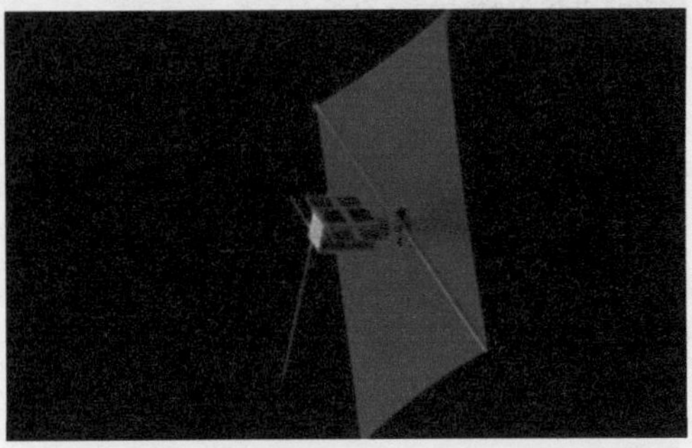

（a）

（b）

（c）

（d）

图 8－5　国内离轨帆卫星

（a）金牛座纳星；（b）淮安号；（c）青藤之星；（d）25 m^2 离轨帆

8.2.3　离轨装置的未来发展趋势

（1）航天器在寿命末期配置离轨装置是治理空间环境的有效手段，有必要开展标准化、模块化、工程化研究，广泛应用于星座卫星。

星座卫星的发射对空间环境的影响逐年显著。尤其是在过去的 10 年中，全球对在低地球轨道发射大型星座以提供全球互联网服务表现出越来越多的兴趣。为了保护空间环境、减少任务后航天器滞留空间轨道的危害，国际空间碎片协调委员会早在 2002 年便发布了《IADC 空间碎片减缓指南》。指南中规定，运行在 LEO 的航天器或运载火箭轨道末级，其任务结束后滞留在 LEO 区域的累计时间不超过 25 年。离轨装置通过借助环境阻力进行离轨，成本低、控制简单，可作为一个独立的系统大规模安装到星座卫星上，用于星座卫星任务后离轨。

（2）离轨装置可应用于较大空间物体例如运载火箭舱段的再入大气层任务。

据了解，随着“长征二号”丁运载火箭一箭多星串联构型的成熟应用，火箭载荷舱会在分离入轨后长期停留在轨道上，成为游荡在太空中的空间碎片，这引起了火箭总体设计师的高度重视。为此，型号总体设计团队创新性地提出了“末子级应用系统＋大面积离轨帆”的运载火箭载荷舱加速离轨和长期状态监视总体方案。2022 年 6 月 26 日，我国最大的离轨帆装置在轨顺利展开。该离轨帆配置于“长征二号”丁遥六十四运载火箭载荷舱上，完全展开状态下面积达 25 m^2，能使质量约 300 kg 的火箭载荷舱在 2 年内再入大气层，让出宝贵的轨道资源。2019 年，中国航天科技集团公司第五研究院第五〇八所完成了针对 1 000 kg

级大型任务后航天器增阻离轨技术的关键技术攻关。由此可见，离轨装置未来会应用于较大空间物体，例如，运载火箭舱段的再入大气层任务。

8.3　在轨组装

随着空间技术的不断发展，为满足不断深入的空间任务需求，未来的大型空间的结构设计方案将趋向于大面积、大跨度设计。受运载火箭推力、整流罩包络以及机构复杂度等因素的影响，对现有的结构折叠设计，然后在轨展开的建造方式难以满足未来大型空间结构的构建需求。目前更理想的建造方式是对空间结构进行模块化设计，然后进行空间在轨组装。在轨组装是指按照提前规划好的组装序列，由航天员舱外手动组装或机器人自主组装的方式，将将单次/多次发射入轨的零部件等基本单元在轨组装成所需的大型空间结构，具有构建效率高、结构扩展性强、可后续进一步升级维护等优点。由于空间环境相对地面环境更具复杂性，在轨组装构建方式具有装配技术难度大、航天员舱外参与危险性高、装配精度难以保证等特点。

8.3.1　空间太阳能电站在轨装配

随着全球人口数量的持续增长以及科技高速发展带来的交通运输、制造业的不断升级，能源逐渐成为现代人类社会生存和发展的基石。然而，传统的化石能源储备有限且其燃烧带来的大气污染、水污染和温室效应严重影响着地球环境，不符合现代社会提倡的可持续发展战略。因此，使用清洁、安全可持续的绿色能源替代传统的化石能源是实现可持续发展的必然选择。在地面上，人们可以利用光伏、光热等设备收集太阳能进行发电。然而，在地面，太阳能的利用会受地区日照时长、气候、海拔高度等因素影响，发电量不能满足人们持续的生产生活使用。

为更加稳定、高效地利用太阳能，科学家提出一种在空间中利用太阳能的概念设想。空间太阳能电站能够在空间中收集太阳能并转换为电能，再通过无线能量传输的方式输送到地面。相较于地面太阳能发电设备，空间太阳能电站基本不受天气、位置以及昼夜更替等环境因素的影响。在空间中，光伏面板接受太阳能的能密度更高，工作时间更长，更加适合太阳能的大规模开发利用。

1996 年，美国设计了“太阳塔”SSPS 方案，如图 8 – 6 所示，该太阳能电站方案采用了在轨组装技术，将所有太阳能板在太空进行组装。在该方案中，太阳能收集器呈直线排列，两列包络直径为 50 ~ 60 m 的圆形太阳能收集器在轨组装成光电转化系统，该方案具有较强的可扩展性。2001 年，欧洲航天局设计了“太阳帆塔”太阳能电站方案 9，如图 8 – 7 所示。该方案的整体结构与美国的太阳塔方案相似，不过使用可展开薄膜电池技术，薄膜上有太阳能转换的材料，极大地减小了整体质量。中心轴上缠绕薄膜电池，通过碳纤维杆的展开，薄膜展开成 150 m × 150 m 的线性阵列结构。该方案根据发电量的要求设计发电薄膜的数目，并采取碳纤维和豆荚杆材料，所以整体的质量较小；缺点是太阳能收集系统实时对日定向难度较大。

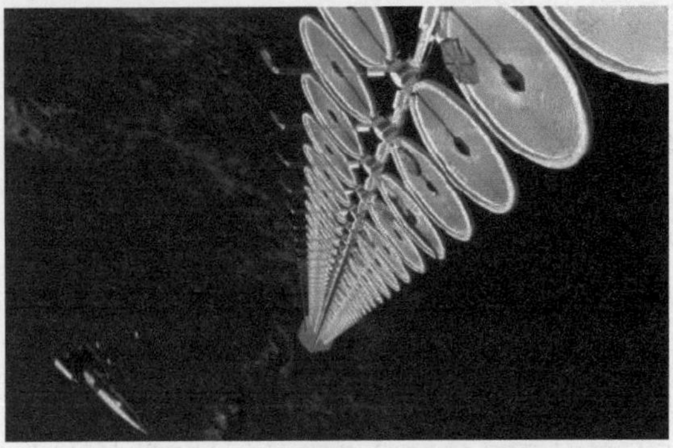

图 8-6 “太阳塔”太阳能电站

图 8-7 “太阳帆塔”太阳能电站

1990 年，NASA 设计出一种集成对称聚光系统，如图 8-8 所示。该方案采用在轨组装技术将几百个聚光镜在轨组装成了直径为 500 m 的太阳能电站，两边为对称结构，多个镜面以不同的角度组装在桁架结构背板上构成大型聚光镜。该方案系统整体质量小、发电效率高。对称型二次反射聚集系统如图 8-9 所示，该方案增加了二次平面反射镜，有利于太阳光的吸收和电流的分布均匀，但增加了在轨组装的技术难度。

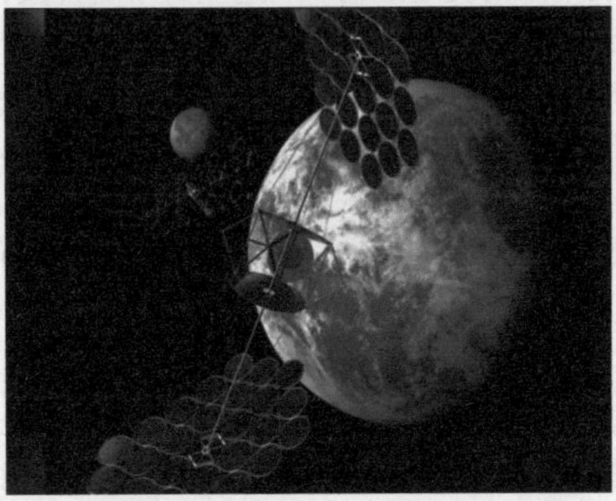

图 8-8 集成对称聚光系统

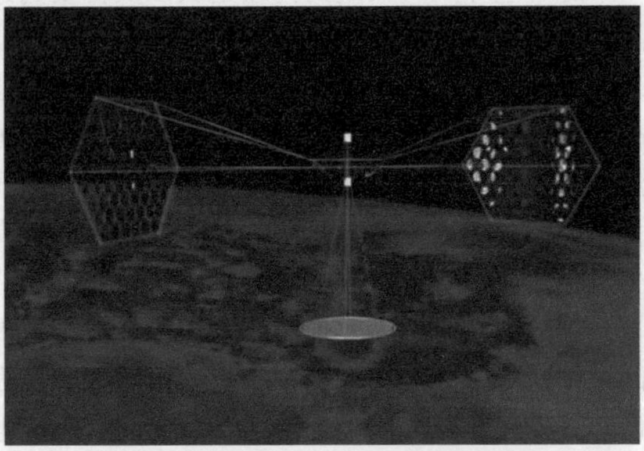

图 8-9 对称型二次反射聚集系统

“SSPS-ALPHA”方案如图 8-10 所示，这个方案是美国、日本、英国在 2012 年联合提出的。该方案由模块化设计的单元在轨组装而成，正六边形薄膜反射镜、背部桁架支撑结构和连接接口组成了太阳能电池板系统结构，正六边形结构非常有利于在轨组装，该方案通过改变入射光的方向实现实时对日定向，从而提高了发电的效率。

图 8-10 “SSPA-ALPHA”太阳能电站

8.3.2　大口径天线在轨组装

日本在 1997 年成功发射了 ETS－Ⅶ号卫星，ETS－Ⅶ号卫星搭载了空间机械臂并利用机械臂成功在轨组装了直径为 2 m 的天线，组装后的天线型面精度可达 0.1 mm，这是世界上首次成功实现天线的在轨组装。日本国家空间发展局于 2006 年 12 月在卫星 ETS－Ⅷ上搭载了两架 19 m×17 m 的构架式可展开天线，该天线共有 14 个单元组成，每个模块化单元的口径为 4.8 m，它们分别负责接收传递信号、发射传递信号，如图 8－11 所示，成功实现了空间与地面的信号传输任务。该天线总质量达到 170 kg，收拢尺寸为 4 m×1 m。构架式天线的优点是折展比大，具有较高的刚度和强度、较高的型面精度、运输和加工成本低。其证明了模块化可展开天线的可行性。

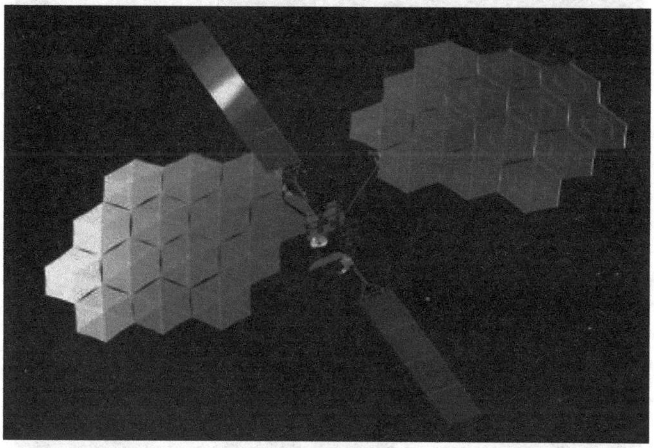

图 8－11　构架式可展开天线

NASA 提出了将天线反射面板划分成多个模块化的单元，通过空间机械臂在轨进行模块化天线单元的装配，根据不同的天线需求，设计多种模块化单元方案，通过火箭等运载工具将天线模块化单元发射到预定轨道，单元在预定轨道展开后，进行单元与单元之间的连接；或者将若干个模块化单元在发射之前装配成小组，火箭发射到预定轨道，小组展开后，组装成更大的天线，这样可以提高在轨装配的效率。天线的口径取决于模块单元组装数量，根据航天任务实际需求进行设计与组装。图 8－12 所示为空间组装式天线总体结构概念图。

2015 年，DARPA 提出了“蜻蜓”项目计划。“蜻蜓”项目指的是在地球静止轨道上，利用卫星或者航天器上的空间机械臂完成大型天线反射器的在轨组装。该项目将在地面开展一系列模拟太空真实环境的实验，以验证其可行性。2017 年 8 月，“蜻蜓”项目成功实现了在地面真空环境下天线的装配实验，该实验在地面将众多小型的天线模块单元通过 3.5 m 机械臂组装到模拟卫星上，小型的模块单元具有对接接口。该项目在 2020 年更名为空间基建灵巧机器人（Space Infrastructure Dexterous Robot，SPIDER），或称“蜘蛛”，计划将于 2025 年左右发射入轨，如图 8－13 所示。

在国内，中国航天科技集团公司第五研究院西安分院对超大型天线的在轨组装技术的研究具有比较大的进展。西安分院根据研制空间大型可展开天线的研究成果，提出超大型天线在轨组装方案并研制了模块化天线单元样机，同时进行了相关真空环境下的验证，为在轨组装超大口径的天线提供了理论基础。

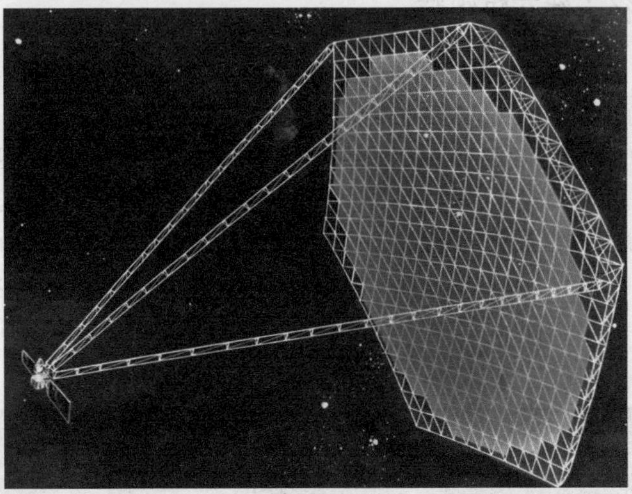

图 8－12 空间组装式天线总体结构概念图

图 8－13 “蜻蜓项目”示意图

8.3.3 空间大型光学载荷在轨装配

人类探索宇宙的征程充满未知，而太空望远镜则是人类望向深空的“眼睛”。1609 年，意大利天文学家、物理学家伽利略设计并制造了世界上第一台光学天文望远镜，帮助人类第一次看清了地球附近的天体。

2007 年，美国提出利用机器人在轨道上构建超大口径光学望远镜的研究方案。这项研究的重点是在轨道上通过机器人组装一个口径非常大的光学空间望远镜，结构单元包含光学反射器表面、支撑桁架的组件以及一个大且轻的遮光罩来遮挡仪器，遮光罩与空间望远镜成编队飞行。该方案由 150 m 直径的主反射器以及其他光学表面组装。反射镜安装在背部桁架结构上，背部桁架单元为三棱柱单元。该空间望远镜将位于地球静止轨道上，这种望远镜在地球同步轨道上可以提供 15 cm 的表面分辨率和 50 km 的固定视野。

詹姆斯·韦伯望远镜（James Webb Space Telescope，JWST）是人类迄今为止制造的口径最大、结构最复杂的光学红外太空望远镜，镜面系统包括主镜、次镜和第三镜，其中，主镜由18块六边形子镜组成，在发射时折叠，入轨后展开。2021年12月25日，詹姆斯·韦伯望远镜由欧洲航天局的“阿丽亚娜”5型火箭成功发射升空，在2022年1月30日到达预定轨道，2022年2月12日，NASA公布了詹姆斯·韦伯望远镜拍摄的第一批图像。JWST是工作于日地第二拉格朗日点（L2）附近轨道的低温红外天文望远镜，探测谱段为0.6~28.5 μm，在2 μm波段达到角分辨率为0.1的衍射极限，主要用于研究星系、恒星和行星系统的起源和演化。JWST入轨后的整个展开过程如图8-14所示。

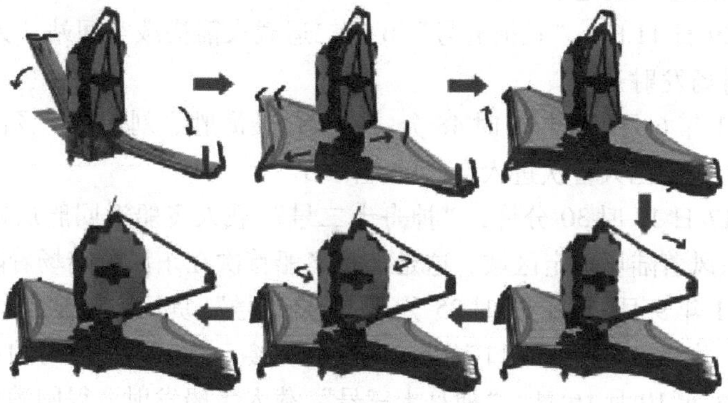

图8-14 JWST入轨后的整个展开过程

8.4 中国空间站

8.4.1 历史沿革

空间站概念的提出可以追溯到1869年，当时Everett Hale为《大西洋月刊》撰写了一篇关于“用砖搭建的月球”的文章。此后，康斯坦丁-齐奥尔科夫斯基和赫尔曼·奥伯特也对空间站进行过设想。1929年，Herman Potocnik的著作*The Problem of Space Travel*（《太空旅行的问题》）出版并风靡了30多年。1951年，沃纳冯·布劳恩在矿工周刊中刊登了他带有环状结构的空间站设计。第二次世界大战期间，德国科学家曾研究过使用太阳能的轨道兵器，即所谓的太阳炮。按照设想，它将是运行在高度为5 100 mile（8 200 km）的地球轨道的空间站的一部分。

“阿波罗11号”飞船在1969年抢先登陆月球后，苏联在与美国登月的太空竞赛中落败，因此转向了其他方向（如空间站）来展示他们的航天实力和开发太空资源。“礼炮1号”于1971年成功发射升空，它是人类历史上首个空间站。但不幸的是，3名航天员于1971年乘“礼炮1号”上的“联盟号”飞船返回过程中，由于返回舱上的平衡阀异常打开，造成返回舱失压，导致3名航天员全部死亡。美国紧随其后在1973年发射了“天空实验室号”空间站，它携带了一系列的望远镜，科学家在上面做了许多关于医药、地质和天文等方面的科学实验。苏联在1986年发射了“和平号”空间站的核心舱，并在接下来的10年间不断运送新的模块在空间组装，1996年建成了由6个模块组成的“和平号”空间站，该空间站服役至

2001 年。期间有包括美国在内的许多国家的航天员拜访过这个世界著名的空间站。

1998 年 11 月，国际空间站的第一个模块（“曙光号”功能货舱）发射升空，随后陆续发射的模块对其逐渐进行扩充。它由多个国家分工建造、联合运用，成为国际合作进行太空开发的标志。自 2000 年 11 月至 2017 年 3 月，国际空间站上保持至少 3 名乘员。

1992 年，中国政府制定了载人航天工程“三步走”发展战略，建成空间站是发展战略的重要目标。

中国在 2011 年 9 月 29 日发射了“天宫一号”目标飞行器。“天宫一号”随后分别与“神舟八号”“神舟九号”“神舟十号”飞船交会对接，从而使中国掌握了交会对接技术，为开展中国的空间站建设奠定了基础。

2021 年 4 月 29 日 11 时，“长征五号”B 遥二运载火箭搭载空间站“天和”核心舱，在海南文昌航天发射场发射升空。

北京时间 2021 年 6 月 17 日 18 时 48 分，航天员聂海胜、刘伯明、汤洪波先后进入“天和”核心舱，标志着中国人首次进入自己的空间站。

2021 年 9 月 17 日 13 时 30 分许，“神舟十二号”载人飞船返回舱反推发动机成功点火后，安全降落在东风着陆场预定区域。这是神舟飞船首次在东风着陆场着陆。

北京时间 2021 年 9 月 18 日 10 时 25 分，“天舟二号”货运飞船从空间站“天和”核心舱后向端口分离，并绕飞至前向端口完成自动交会对接，整个过程历时约 4 小时。

北京时间 2021 年 10 月 16 日，“神舟十三号”载人飞船发射取得圆满成功。这是我国载人航天工程立项实施以来的第 21 次飞行任务，也是空间站阶段的第 2 次载人飞行任务。

2022 年 1 月 8 日，“神舟十三号”航天员乘组在地面科技人员的密切协同下，在空间站核心舱内采取手控遥操作方式，圆满完成了“天舟二号”货运飞船与空间站组合体交会对接实验。

北京时间 4 月 20 日 5 时 02 分，“天舟三号”货运飞船从空间站“天和”核心舱后向端口分离，绕飞至前向端口，并于 9 时 06 分完成自动交会对接。空间站“天和”核心舱和“天舟三号”组合体状态良好，后续将迎接“天舟四号”货运飞船、“神舟十四号”载人飞船和“问天”实验舱的到访。

2022 年 5 月 10 日 01 时 56 分，由火箭院抓总研制的“长征七号”遥五运载火箭（简称“长七火箭”）在海南文昌航天发射场点火起飞，成功将“天舟四号”货运飞船送入预定轨道，发射任务取得圆满成功。2022 年，我国空间站建造大幕正式拉开。

据中国载人航天工程办公室消息，在“神舟十四号”载人飞船与空间站组合体成功实现自主快速交会对接后，航天员乘组从返回舱进入轨道舱。按程序完成各项准备后，航天员陈冬成功开启“天和”核心舱舱门，北京时间 2022 年 6 月 5 日 20 时 50 分，航天员陈冬、刘洋、蔡旭哲依次全部进入“天和”核心舱。后续，航天员乘组按计划开展相关工作。2022 年 7 月 17 日 10 时 59 分，“天舟三号”货运飞船完成全部既定任务，已撤离空间站组合体。北京时间 2022 年 11 月 1 日 4 时 27 分，空间站“梦天”实验舱成功对接于“天和”核心舱前向端口，整个交会对接过程历时约 13 小时。“天舟五号”货运飞船与空间站组合体完成自主快速交会对接，中国航天员首次在空间站迎接货运飞船来访。

北京时间 2022 年 11 月 29 日 23 时 08 分，搭载“神舟十五号”载人飞船的“长征二号”F 遥十五运载火箭在酒泉卫星发射中心点火发射，“神舟十五号”载人飞船与火箭成功分离，进入预定轨道，飞行乘组状态良好，发射取得圆满成功。飞船入轨后，将按照预定程序，与空间站组合体进行自主快速交会对接，“神舟十五号”乘组与“神舟十四号”乘组进行在轨轮换。在空间站工作生活约 6 个月期间，进行多次出舱活动，完成舱内外设备安装、调试、维护维修、组合体管理、空间科学与技术实（试）验等各项任务。

2022 年 12 月，铜川籍小卫星“智星三号”A 星顺利进入预定轨道，成为我国首颗由空间站系统释放的商业微小卫星。

8.4.2　系统组成

中国空间站包括“天和”核心舱、“梦天”实验舱、“问天”实验舱、载人飞船（即已经命名的“神舟”号飞船）和货运飞船（“天舟”飞船）五个模块组成。各飞行器既是独立的飞行器，具备独立的飞行能力，又可以与核心舱组合成多种形态的空间组合体，在核心舱统一调度下协同工作，完成空间站承担的各项任务。

2022 年 5 月 26 日消息，按照计划，2022 年 11 月 3 日消息，中国空间站“T”字基本构型在轨组装完成，如图 8 – 15 所示。舱内活动空间超过 110 m^3，并配置 2 个航天员出舱舱口和 1 个货物气闸舱，并提供 6 个睡眠区和 2 个卫生区，可实现长期 3 人、短期 6 人驻留。

图 8 – 15　“T”字构型建造

“天和”核心舱总长 16.6 m，最大直径 4.2 m，起飞质量 22.5 t。核心舱模块分为节点舱、生活控制舱和资源舱。主要任务包括为航天员提供居住环境，支持航天员的长期在轨驻留，支持飞船和扩展模块对接停靠并开展少量的空间应用实验，是空间站的管理和控制中心。核心舱有五个对接口，可以对接一艘货运飞船、两艘载人飞船和两个实验舱，另有一个供航天员出舱活动的出舱口。

“问天”实验舱总长 17.9 m，直径 4.2 m，发射质量达 23 t。空间站核心舱以组合体控制任务为主，梦天实验舱以应用实验任务为主，“问天”实验舱兼有二者功能。“问天”实验舱、“梦天”实验舱先后发射，具备独立飞行功能，与核心舱对接后形成组合体，可开展长期在轨驻留的空间应用和新技术实验，并对核心舱平台功能予以备份和增强。

货运飞船的主要任务，一是补给空间站的推进剂消耗、空气泄漏，运送空间站维修和更换设备，延长空间站的在轨飞行寿命；二是运送航天员工作和生活用品，保障空间站航天员在轨中长期驻留和工作；三是运送空间科学实验设备和用品，支持和保障空间站具备开展较大规模空间科学实验与应用的条件。

货运飞船命名为“天舟”货运飞船，采用模块化设计，具有全密封货舱、半密封/半开放货舱、全开放货舱三种构型，可以把不同的载荷包括小型舱段运输上去，由航天员和机械臂将其装配到空间站上。发射该飞船的是新研制的“长征七号”运载火箭。

“天舟二号”是中国空间站关键技术验证阶段发射的首艘货运飞船。2021 年 5 月 29 日晚，中国在海南文昌航天发射场准时点火发射“天舟二号”货运飞船。这是空间站货物运输系统的第一次应用性飞行，“天舟二号”为空间站送去 6.8 t 物资补给。“天舟二号”飞船在轨运行期间，进行了一系列拓展应用实验。2022 年 3 月 27 日，中国载人航天工程办公室消息，“天舟二号”货运飞船完成空间站组合体阶段全部既定任务，已于北京时间 3 月 27 日 15 时 59 分撤离空间站核心舱组合体。后续在地面控制下择机再入大气层。

2021 年 9 月 20 日 15 时，“长征七号”遥四运载火箭搭载“天舟三号”货运飞船，在海南文昌航天发射场成功发射。“天舟三号”货运飞船入轨后顺利完成入轨状态设置，于北京时间 2021 年 9 月 20 日 22 时 08 分，采用自主快速交会对接模式成功对接于空间站“天和”核心舱后向端口，整个过程历时约 6.5 h。“天舟三号”装载了航天员生活物资、舱外航天服及出舱消耗品、空间站平台物资、部分载荷和推进剂等，与“天和”核心舱及“天舟二号”组合体完成交会对接后，转入三舱（船）组合体飞行状态。

北京时间 2022 年 11 月 12 日 10 时 03 分，搭载“天舟五号”货运飞船的“长征七号”遥六运载火箭在中国文昌航天发射场点火发射，“天舟五号”货运飞船与火箭成功分离并进入预定轨道，飞船太阳能帆板顺利展开工作，发射取得圆满成功。后续，“天舟五号”货运飞船与在轨运行的空间站组合体进行自主快速交会对接。

中国空间站工程巡天望远镜（China Space Station Telescope，CSST）是中国空间站工程最重要的空间科学设施，是中国迄今为止规模最大、指标最先进的空间天文望远镜，也将是未来十年世界上最重要的空间天文观测仪器之一，如图 8 – 16 所示。中国首个大型巡天空间望远镜计划于 2025 年发射，开展广域巡天观测，将在宇宙结构型成和演化、暗物质和暗能量、系外行星与太阳系天体等方面开展前沿科学研究。

图 8 – 16　巡天望远镜

空间实验室是开展空间实验活动的载人航天飞行器，规模上小于空间站，是空间站的雏形。空间实验室的主要任务是：突破并掌握飞行器空间交会对接及组合体控制技术；突破航天员中期驻留、飞行器长期在轨自主飞行、再生式生保和货运飞船补加等关键技术；验证天地往返运输飞船的性能和功能；先期考核空间站建造相关关键技术。中国的“天宫一号”是交会对接目标飞行器，“天宫二号”是为了载荷要求进行改装，原本还有“天宫三号”，但研制队伍通过优化设计和挖潜，将“天宫三号”的实验任务全部合并到了“天宫二号”上进行，这样就节省了“天宫三号”和为“天宫三号”服务的飞船的成本，转而直接发射空间站的实验核心舱，以实现低成本、跨越式的发展。

“天宫一号”重约 8.5 t，主要任务是作为交会对接目标，完成空间交会对接飞行实验；保障航天员在轨短期驻留期间的工作和生活，并保证航天员安全；开展空间应用、航天医学实验、空间科学实验和空间站技术实验；初步建立能够短期载人、长期无人独立可靠运行的空间实验平台，为建造空间站积累经验。2011 年 9 月 29 日 21 时 16 分 03 秒，“天宫一号”目标飞行器从酒泉卫星发射中心升空，设计寿命两年，实际在轨四年半，超期服役并开展多项拓展技术实验。2016 年 3 月 16 日，“天宫一号”目标飞行器正式终止数据服务，全面完成了历史使命。“天宫一号”在轨运行 1 630 天，不但完成了既定使命任务，还超设计寿命飞行、超计划开展多项拓展技术实验，为空间站建设运营和载人航天成果应用推广积累了重要经验。

“天宫二号”与“天宫一号”目标飞行器相同，“天宫二号”空间实验室的质量约为 8.6 t，分为两个舱：前舱为实验舱，是全密封环境；后舱则是资源舱，主要内置推进系统、电源系统，以及保障动力和能源供应。2019 年 7 月 19 日晚，“天宫二号”返回地球。从 2016 年 9 月发射至此，它的运行天数定格在“1 036”这个数字上。“天宫二号”作为中国第一个真正意义上的空间实验室，在接近三年的工作时间里，共搭载 14 项应用载荷，以及航天医学实验设备和在轨维修实验设备，开展了 60 余项空间科学实验和技术实验。此外，“天宫二号”还与“天舟一号”货运飞船配合，首次实现了中国航天器推进剂在轨补加任务，全面突破和掌握了相关技术，对后续空间站阶段的推进剂补加进行了完整验证，并使中国推进剂补加系统性能指标达到世界领先水平。

中国空间应用系统在空间站舱内安排了 14 台高水平的科学实验柜，每台实验柜都是一个小型的太空实验室；空间站舱外安排了 3 个大型载荷挂点、两个暴露实验平台以及与空间站共轨飞行的巡天空间望远镜等“旗舰型”研究设施。

8.4.3　技术创新与文明进步

中国空间站研发面临很多技术上的挑战，将以更先进的控制技术、能源技术、再生技术，将空间站打造成节能典范。

要为航天员的生活、工作、实验提供很好的条件，保证满足空间科学研究的需要，相应对空间站规模和性能提出要求。这就需要利用最新的科技成果，提高空间站对人的保障能力；掌握更好的控制技术，进一步提升空间站姿态稳定度、微重力水平。

空间站要长期运营，需考虑经济性问题，如何通过绿色、再生技术等提高空间站物资循环利用率，减少地面补给需要，实现资源再利用，譬如，用废水、尿液制造氧气，对二氧化碳等人体废弃物进行再生去除等。

空间站还需要更大规模的供电能力。光电和太阳能在地面都有应用，空间上会更重视利用太阳能发电，进一步提高太阳电池发电效率，提高储能电池效率及寿命、可靠性安全性。

2022 年，空间站建好后，随即投入正常运营，开展科学研究和太空实验，促进中国空间科学研究进入世界先进行列，为人类文明发展进步作出贡献。考虑到当前需求和耗费等因素，中国不搞国际空间站这么大规模的空间站，考虑的规模是适度的，可以满足重大科学研究项目的需要，而扩展能力的设计将使我们能根据科学前沿的发展需求，提供更为强大的支持能力。

中国空间站建设将瞄准掌握空间站建造技术，用与时代同步的技术建造有中国特色、时代特征的空间站。中国的空间站也将为全球科学家提供科学研究和实验机会，满足最新最好的空间探索及空间资源利用等科研需要，使中国载人航天发展进入探索科学前沿、开发空间资源、造福人类社会的新阶段。

空间站建成后，航天员需要长期在轨执行任务，所以在空间站内部特别设计了一套报警系统。声光电的这种报警系统，如果真的是发生了故障，可以及时去通报航天员，然后进行处置。

除此之外，为了进一步保障航天员的安全，在地面系统也配置预警设备，对空间站进行实时监测。有了报警系统和预警系统的双重保障，即便在太空中，航天员也能够实现与地面人员同步的作息时间。

如果在轨发生了故障，地面也可以及时进行处置。这种地面和天上一体化的设计，保证航天员在轨可以达到同步的作息，不需要再有一个航天员专门不睡觉来进行值守。

机械臂是空间站的“明星”部件之一。后续发射的“问天”实验舱将配置一个小机械臂。空间站配置的大小两个机械臂，分工各有侧重，又相互配合，可满足空间站任务的需求。

小机械臂有三方面突出的特点：一是更加精巧，小机械臂的质量和长度均约为大臂的 1/2，负载能力约为大臂的 1/8，相应的目标适配器也更加轻巧，小臂的运动和操控灵活。二是更加精准，小臂的末端定位精度更高，位置精度、姿态精度优于大臂，能够完成精度要求更高的精细操作。三是可与大臂级联工作，也就是小机械臂可被大机械臂抓取形成组合机械臂，舱外作业覆盖范围更广，通过大范围转移满足去往不同位置进行精细作业的需求。

小机械臂担负任务：首先，与大机械臂相似，小机械臂通过目标适配器连接分离切换，可实现独立舱外爬行，完成航天员出舱活动支持、舱外状态检查等任务。其次，小机械臂可发挥自身精巧、精准的特点，完成精度要求更高的各类载荷和平台设备的舱外安装、维护和照料等精细操作。大小机械臂可协同开展舱外操作任务，完成互巡互检的自身维护工作，有效提高了机械臂系统的可靠性。

中国要把空间站建成开展大规模空间科学实验与应用的太空实验基地。张伟指出，与前期任务相比，中国载人航天事业将更加开放，包括国际和国内两个方面。与此同时，有望产出一大批重大科学成果，突破一大批核心关键技术，获得无法估量的经济和社会效益。例如，开展国际前沿的量子调控与光传输研究将有力促进世界量子通信技术的发展，甚至引发通信革命。

空间科学研究的应用前景十分广阔。比如空间生物学研究应用方面，可以为培育优良物种、探索疾病机理、研发生物药物、改进人类健康而服务；微重力流体与燃烧研究应用方面，可以促进新型清洁能源开发、改善地球环境；空间材料研究应用方面，开展空间材料加工、先进材料制备等研究，探索和揭示材料物理与化学过程规律，可以改进地面材料加工与生产工艺，研发与生产先进材料，推动工业技术进步。

中国空间站向世界开放，展现了中国航天越来越强大的实力。中国有几千年的“问天”梦。从1970年“东方红一号”卫星成功发射拉开中国探索宇宙奥秘的序幕，中国航天通过自力更生、自主创新，不断打破国外技术的封锁和垄断，解决了一大批“卡脖子”的关键难题，大大缩小了与世界的差距。从“神舟”飞船载人遨游太空到“嫦娥”奔月探索未知，从“北斗”卫星组网导航到“天宫二号”搭建中国“太空之家”，中国航天取得了一项项举世瞩目的成就，完成了众多人类探索创举。众多国家申请参与中国空间站合作，充分印证了中国航天的实力，表明中国航天技术和经验正在受到越来越多国家的认可。

中国空间站向世界开放，是促进人类和平利用太空的一次生动实践。外太空是属于全人类共同的财富，而不是个别国家或个人的私产；和平探索利用外太空是世界各国平等享有的权利。20世纪以来，人类写下了宇宙探索的辉煌篇章。然而个别大国却对他国航天事业一味持敌视态度，大搞技术垄断，孤立乃至阻断他国航天事业发展，甚至不惜将外太空军事化，封锁人类进一步探索外太空的梦想。世界多国参与中国空间站合作项目，是人类探索未知、延展视野的又一次全球合作行动。世界各国通过中国空间增进互信合作，将积累更多航天技术和经验，推动人类航天事业达到新的高峰。

中国空间站向世界开放，彰显了太空治理中的中国责任与担当。中国十分重视太空探索和航天科技创新，同时也愿同世界各国携手合作，和平探索、开发和利用太空。中国空间站向世界敞开合作大门，是历史上此类项目首次向所有联合国会员国开放，无论是国家、组织还是私营实体、学术机构，均可平等参与，充分体现出中国以开放包容的心态与世界分享中国航天事业发展的经验和技术，生动诠释了中国航天合作的多边主义理念。与此同时，中国空间站合作也充分关注了发展中国家需求，提供了众多利用中国空间站开展应用实验的机会，将有效帮助发展中国家跨越航天技术发展鸿沟，共同参与太空治理，实现太空和平开发利用。

建设和运营空间站是衡量一个国家经济、科技和综合国力的重要标志。在近地轨道建造和运营空间站，可以长期开展有人参与的、大规模的空间科学实验和技术实验，能够极大地促进空间科学、生命科学等空间技术发展，辐射带动相关领域技术创新。中国空间站的建造运营将为人类开展深空探索储备技术、积累经验，是中国为人类探索宇宙奥秘、和平利用外太空、推动构建人类命运共同体作出的积极贡献。

8.5　星际航行

自20世纪60年代以来，全球共开展深空探测任务260余次，人类“足迹”已遍布太阳系八大行星，“人类眼界”已拓展至138亿光年。当前，围绕宇宙演化与生命起源等重大科学前沿问题和地外资源开发利用，全球深空探测活动以月球、火星等为探测重点，已进入空前活跃的新时期，在轨任务共有约40项。2022年，全球深空探测领域取得蓬勃发展。“天问一号”圆满完成科学探测任务目标；“嫦娥石”的发现让人类对月球起源与演化的理解更进一步；美国“阿尔忒弥斯”1（Artemis－1）任务成功发射开启重返月球之旅；“双小行星重定向测试”（DART）任务完成全球首次近地天体击防御技术实验。人类探索深空的脚步从未停止，深空探测活动的疆域在不断扩大。

8.5.1 月球探测

月球是地球唯一的天然卫星，由于其具有重要的科学意义与资源价值，已成为世界各国开展深空探测活动的首选目标，也将是未来人类进入深空的理想前哨站。2022 年，中国探月工程四期启动研制，月球科研站基本完成国际大科学工程培育工作，美国主导并联合多国正在实施“阿尔忒弥斯”月球探测计划，欧洲提出了“月球村”设想，俄罗斯、日本、印度、阿联酋等国家也正在实施月球探测计划，继美苏太空争霸之后，世界范围内的月球探测热潮已经兴起。

2022 年 6 月 28 日，全球首次地月空间立方星任务 CAPSTONE 发射并于 11 月 13 日成功进入月球环绕轨道。CAPSTONE 是美国航空航天局（NASA）主导研制的一颗 12 U 立方星作为美国“门户”（Gateway）地月空间站运行的探路先锋，对“近直线晕轨道”（NRHO）的稳定性进行模拟验证，帮助降低未来地月空间站的运行风险。此外，CAPSTONE 还将演示验证不依赖地面跟踪的新型导航技术。任务不仅将为“门户”地月空间站的运行铺平道路，还将为立方星开展空间探索奠定基础。

2022 年 11 月 16 日，美国新一代重型运载火箭“太空发射系统”（SLS）成功发射，将“猎户座”载人飞船及 10 颗立方星送往月球轨道，开始执行“阿尔忒弥斯”1 任务。本次任务是“阿尔忒弥斯”计划的首次试飞任务。“猎户座”飞船开展了无人绕月飞行，并于 12 月 11 日返回地球，为后续载人绕月飞行奠定了基础。“阿尔忒弥斯”1 任务搭载发射的 10 颗立方星将开展月球探测、地月环境辐射研究、小行星探测、技术演示验证等工作。

8.5.2 火星探测

我国的“天问一号”任务已于 2022 年 6 月实现全部既定科学探测任务目标，进入拓展任务阶段。截至 2022 年 12 月，“祝融”火星累计巡视探测 1 921 m，“天问一号”轨道器和火星车累计获取原始科学数据约 1 600 GB。科学研究团队利用我国获取的一手科学探测数据，形成了一批原创性成果，发现了晚西方纪（距今 30 亿年）以来着陆区发生的风沙活动、水活动的新证据，在《自然》《中国科学》等国内外重要期刊发表论文 50 余篇。我国首次火星探测任务获得 2022 年国防科技进步特等奖、国际宇航联合会 2022 年度“世界航天奖”。国际天文联合会将“天问一号”着陆区的 22 个火星地理实体以我国的历史文化名镇命名。

此外，美国的“洞察”（InSight）火星着陆器和印度的“曼加里安”（Mangalyaan）火轨道器正式结束任务。其中，“洞察”于 2018 年 11 月着陆火星，由于火星尘埃的持续积聚，太阳能电池板的发电量一直在减少，NASA 在 2022 年 12 月 21 日宣布，“洞察”在对火星进行长达 4 年多的科学探测之后，任务正式终结；“曼加里安”于 2014 年 9 月进入火星轨道，2022 年 9 月，印度宣布探测器由于与地面失去联系而结束任务。

8.5.3 小行星探测

2022 年，我国“天问二号”小行星探测任务已进入初样阶段，预计在 2025 年发射，并对近地小行星 2016HO3 开展伴飞探测并取样返回。美国“欧西里斯 - 雷克斯”（OSIRIS - Rex）小行星采样返回任务计划在完成采样返回任务之后，将开展扩展任务——“欧西里

斯 - 阿波菲斯探测器”（OSIRIS - APEX）以访问小行星“阿波菲斯”（Apophis）。“阿波菲斯”预计将于 2029 年飞掠地球，离地球最近时距离仅 3.2 万千米。届时探测器将在“阿波菲斯”附近停留 18 个月，对这颗 350 m 的小行星展开近距离探测。在 NASA 宣布“欧西里斯 - 雷克斯”在扩展任务期间探测“阿波菲斯”之后，韩国以“缺乏技术能力”为由，放弃了发射探测器将在 2029 年“阿波菲斯”小行星近距离掠过地球期间探测该小行星的计划。

8.5.4　近地小行星防御

2022 年 9 月 26 日，全球首次近地天体撞击防御技术实验任务——DART 按照计划成功撞击目标小行星。DART 携带的立方星、全球多台地面望远镜及天基望远镜对撞击事件进行观测，以了解动能撞击技术在行星防御方面的可用性及撞击产生的各类影响。探测器最终以 6.5 km/s 的速度撞击了小行星，撞击点距离小行星 Dimorphos 的中心仅有 17 m，任务流程如 8 - 17 所示。NASA 对获得的观测数据进行分析后发现，DART 的撞击成功改变了小行星的轨道，这标志着人类首次有目的地改变天体运动，也是首次真实尺度演示小行星偏转技术。

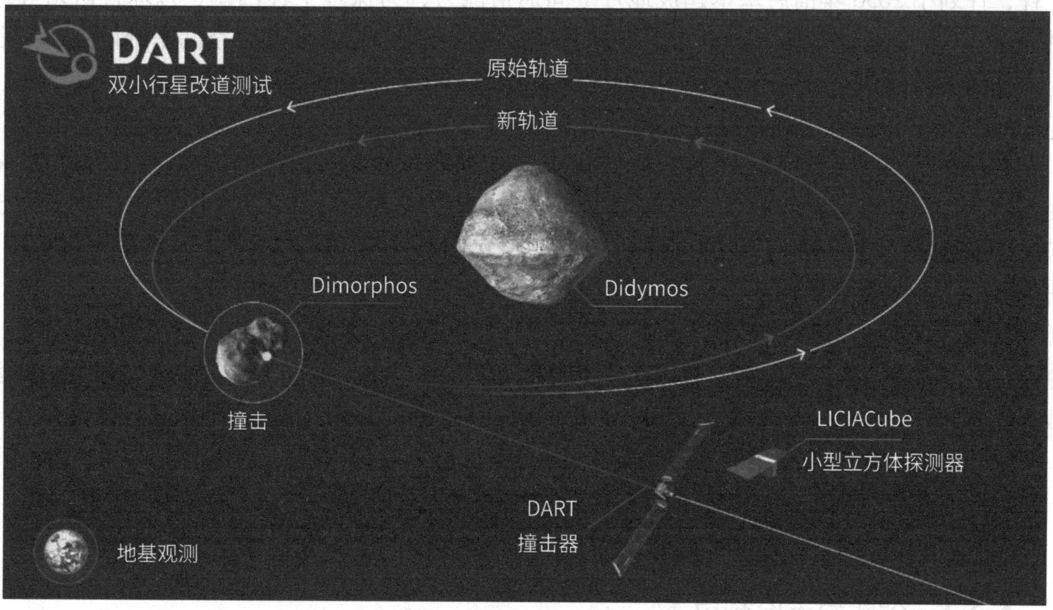

图 8 - 17　DART 任务流程

8.5.5　深空探测发展重点及趋势

1. 地外天体资源开发与利用备受关注

在美国重返月球计划和载人火星探测终极目标的牵引下，全球探索活动继续聚焦月球和火星两大目标，并呈现出逐步从科学探测阶段向资源开发、利用阶段转变的趋势。月球探测方面，各国越发关注月球水冰资源的勘探与开发，“阿尔忒弥斯”1 任务携带的立方星将探测月球水冰和挥发物的分布情况。2023 年，NASA 利用 CLPS 任务将“极地资源冰冰采矿实验”1（PRIME - 1）送上月球，对地表下的冰进行自动取样和分析，在月球上开展首次原位资源利用演示。火星探测方面，美国已经对火星制氧技术开展了实验，并且美欧联合开展的“火星采样返回”计划进入初步设计和技术完成阶段，日本也在推动火星卫星采样返回任务。

中国探月工程四期和行星探测工程正在全面开展，“嫦娥七号”将探寻月球水冰的存在和来源，“嫦娥八号”将首次开展月壤中稀有气体提取、氧资源制备、月面3D打印等工作，并在月球科研站开展月球资源原位利用。“天问二号”将实施近地小行星伴飞和取样返回、主带彗星伴飞等任务，拓展对小行星的认知。“天问三号”火星采样返回任务也进入关键技术攻关阶段，将进一步增强对火星的认识，为未来太空资源开发利用奠定基础。

2. 月球通导遥系统成为地月空间发展热点

随着月球探测活动的增多，通信、导航和定位及遥感系统将促进月球的可持续探索和月球经济的诞生。美欧已经开始推动利用商业力量建立月球通信与导航网络，以服务于未来的载人与无人探测任务，降低任务实施门槛及任务成本。NASA 正在“阿尔忒弥斯”计划下推动“月球网”（Luna Net）的建立，该网络将为月球及其周围的航天器提供中继通信服务并提供导航信息。ESA 正与商业伙伴推动“月光”计划，将建商业月球通信与导航服务系统。

我国正在推动建立“鹊桥”通导综合星座系统开展深空互联网建设，论证实施“鹊桥”工程，计划于2030年前后基本建成地月空间通信能力，为探月工程四期、月球科研站等提供通信、导航与遥感等服务，并形成全球月球探测任务提供服务的地月空间基础设施，打造地月空间鹊桥通信导航遥感星座，推动地月经济圈的构建。

3. 科学前沿探索向木星以远拓展

各国在重点开展月球及火星探测的同时，还在推进木星系及以远的深空探测，以持续拓展人类的探索疆域。欧洲于2023年发射“木星冰卫探索者”（JUICE）任务，美国计划于2024年发射“木卫二快帆”（Europa Clipper）探测任务，两者将对木星的卫星开展探测，研究其冰下海洋及宜居性。

我国正在推进“天问四号”木星系及行星穿越计划，未来还将实施海王星探测任务，探测海王星与海卫一的深层结构，探寻生命的证据。我国前往深空的能力也在不断增强，重型运载火箭总体方案已明确，性能达到国际先进水平，有望进一步拓展我国深空探测的舞台。

8.6 智能技术

8.6.1 智能自主控制技术

智能自主控制，是指具备感知、学习、推理、认知、执行、演化等类人行为属性的自主控制。智能自主控制是自主控制的高级阶段，赋予空间飞行器等无人系统主动探索、获取知识、灵活应用等智能，使其具备复杂未知变化环境下的感知、决策和操控能力，实现生长和演化，最终达到群体协同下的智能涌现。并针对自主无人系统应用，进一步强调了进化、群智等属性。空间飞行器智能自主控制以近地轨道航天器、在轨服务与维护机器人、深空探测器等空间飞行器为对象，在星上资源的约束下，利用人工智能技术，实现透彻感知、最优决策和自主操控，从而使空间飞行器具备在复杂环境下执行多变任务的能力。

空间自主交会方面，美国 XSS－10/XSS－11 微小卫星演示验证项目对自主逼近与交会进行了在轨演示，验证了自寻的制导敏感器和自主制导算法。美国空军于2014年发射了“地球同步空间态势感知计划（GSSAP）”系列空间监视卫星的前两颗，同时搭载了“局部空间自动导航与制导实验（ANGELS）”微型技术实验卫星。GSSAP 卫星能够对地球静止轨道目标进行巡视探测和抵近侦查。

在轨操作方面，1997 年，日本 ETS－Ⅶ首次成功实现在轨捕获合作目标，抓捕过程可自动完成，但动作序列由地面事先精确规划和设计。美国 2007 年实施的轨道快车项目完成了对合作目标的自主交会、接近、捕获、对接等在轨飞行实验。其他研究计划还包括美国的凤凰计划、地球静止轨道卫星机器人服务项目、德国在轨服务项目、俄罗斯国际空间站机器人组件验证计划等。

我国空间飞行器智能自主控制的发展始于 20 世纪 80 年代。1987 年，杨嘉墀先生指出，智能控制和故障诊断是未来航天技术的发展方向。未来的航天器控制就是要实现智能自主控制，利用智能手段达到自主控制的目的。经过 20 多年的发展，我国形成了基于特征模型的智能自适应控制理论框架、模块级进化容错方法、自抗扰控制等原创性成果，已实现了由程序控制到自动控制、自适应控制，再到自主控制的提升，有效支撑了对地遥感、空间交会对接、月球软着陆等国家重大任务。

总体来看，目前在轨实现的操作任务大多依靠地面遥操作，并且局限于带有标志器的合作目标，对于非合作目标操作，还处于地面验证阶段。卫星平台控制方面，目前在轨航天器采用的先进控制方法主要集中在 H2/H∞ 鲁棒控制、LQR 控制和 μ 综合，具备小范围内抗干扰和抵御不确定性的能力，姿态控制还不具备自主学习和对环境的主动适应能力。

8.6.2　航天器健康管理技术

预测与健康管理（Prognostics and Health Management，PHM）是一种故障检测、故障隔离、故障诊断、故障预测、健康评估及维护决策的综合技术。泛指与系统状态监测、故障诊断/预测、故障处理、综合评估、维护保障决策相关的过程。预测与健康管理的根本目的是消除故障，直接目的是检测故障、预测故障和故障时触发便捷有效的维修活动，实施自主式保障。航天器 PHM 技术的应用是实现飞行器全寿命周期的健康状态管理的一种革新方案。

为了实现 PHM 技术落地，NASA 于 2005 年前后开发了基于归纳式监测系统（Inductive Monitoring System，IMS）的状态监测工具和多个较为成熟的机载故障诊断软件平台。主要包括应用于 X－33 高超声速飞行器和深空栖息地（Deep Space Habitat）项目的 TEAMS－RT（Testability Engineering and Maintenance System），应用于 Deep Space－1 深空探测器和 Earth Observe－1 地球观测卫星的 Livingstone 2 和应用于火星自动钻探原型机（Drilling Automation for Mars Environment）项目的混合诊断推理机（Hybrid Diagnostic Engine，HyDE）。同时，以上故障诊断工具都在国际空间站（International Space Station，ISS）项目的分系统中得到性能验证。此外，NASA 还于 2010 年开发了面向新一代载人航天器的集成式故障管理工具——高级提醒和警告系统（Advanced Caution and Warning System，ACAWS），并进行了初步评估。

健康管理技术是航天器安全发射与安全飞行的重要条件。航天器安全发射和安全飞行是永恒的话题。通过 PHM 设计、故障模式及推理分析、推理算法研究、故障诊断及干预技术、寿命预测及运行维护等技术的应用，可实现航天器全寿命周期的状态监视、故障检测、诊断和预测，实现实时健康管理，避免异常问题发生，降低航天器安全风险。PHM 技术对重复使用类飞行器的保障维护作用表现尤为突出，航天器的维修保障正向综合化和智能化的方向发展，通过故障注入、故障诊断、故障预测、自主维修作业等手段，构建全寿命周期的维修保障措施，实现快速测试和便捷维护，实现快速发射、长期贮存和降低保障难度。

开展航天器 PHM 设计，可以有效满足航天器故障诊断及重构、故障超前预警、故障后维护等需求，可以降低运载器全寿命周期保障维护成本，减少保障维护设备规模，降低保障维护费用。PHM 技术承担航天器全寿命周期系统和设备的状态监测、故障诊断与健康预测，为故障处理、维修保障与操作优化提供决策支持，提升飞行器的可靠性、安全性。

8.6.3 故障诊断技术

载人航天器具有如下主要故障模式。电源分系统的常见故障包括蓄电池性能下降、单电池短路、开路和充放电异常等；姿态与轨道控制分系统的常见故障包括执行器恒速、卡死、空转、功耗增加和极性错误等，电机摩擦增大、磁通降低和引线断开等，敏感器漂移、恒值偏差、增益下降、跳变、失效和信号丢包等；遥测遥控分系统常见故障包括电子器件性能退化和电磁屏蔽等；推进分系统主要包括介质腐蚀、活塞泄漏、排放堵塞、过滤器退化和发动机羽流影响等；结构分系统的常见故障包括断裂、穿孔、变形、腐蚀和磨损等；有效载荷分系统常见故障包括二氧化碳吸附塔失效、惯导数据丢失、偏移、激活失败等；热控分系统常见故障包括热振裂、脱落、烧偏、涂层开裂和烧蚀等。为了实时、快速诊断故障以进行处置部署和精确故障预测以开展预后保障，国内外的专家学者对航天器故障诊断与预测技术开展了深入研究，将提升航天器全生命周期安全性、可靠性和任务执行性能视为最终目标。

故障诊断包括异常检测和诊断。异常检测通过借助先进传感器对航天器的状态信息进行感知，并由此判断部件及系统是否存在异常和故障；诊断具有故障分离、故障识别和故障定位的功能。故障诊断兼有串联和并联的构型，在串联构型中，异常检测和诊断单独进行，检测触发后将激活诊断过程，而在并联构型下，可通过一个模块同步执行异常检测和诊断功能。基于模型的航天器故障诊断流程如图 8－18 所示，在建立了与实际航天器等价的输入输出系统模型的同时注入故障，构建了多个航天器故障模型，进一步通过状态估计或等价空间产生残差间接分析系统健康状态，或通过参数估计偏差直接判断。

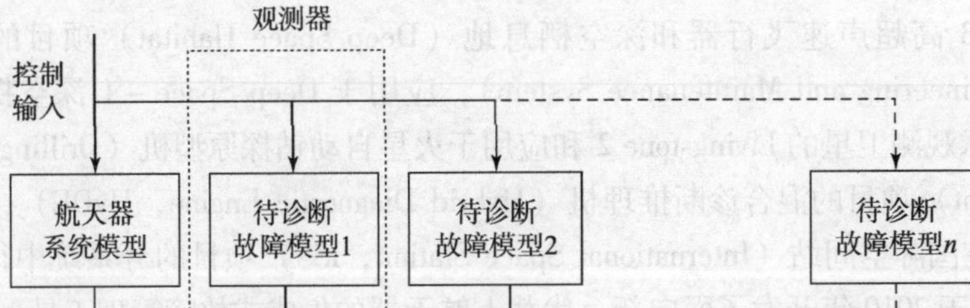

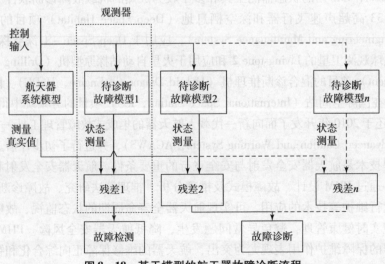

图 8－18　基于模型的航天器故障诊断流程

思　考　题

1. 在空间碎片环境和星座背景下，中国空间站如何避撞？
2. 举例说明应当如何处理失效卫星。
3. 作为新时代的中国青年，我们应该怎么做来实现航天报国？

主要参考文献

[1] 周军. 航天器控制原理 [M]. 西安：西北工业大学出版社，2001.
[2] 岳宝增. 液体大幅晃动动力学 [M]. 北京：科学出版社，2011.
[3] 马兴瑞. 航天器动力学——若干问题进展及应用 [M]. 北京：科学出版社，2001.
[4] 曹喜滨，张锦绣，弗拉基米尔·阿斯拉诺夫. 绳系卫星系统动力学 [M]. 北京：国防工业出版社，2015.
[5] 刘鲁华，孟云鹤，安雪滢. 航天器相对运动轨道动力学与控制 [M]. 北京：中国宇航出版社，2013.
[6] Zhang J R, Cai Y F, Xue C B, Xue Z R, Cai H. LEO mega constellations: review of development, impact, surveillance, and governance [J]. Space: Science & Technology, 2022.
[7] 解永春，雷拥军，郭建新. 航天器动力学与控制（精）/空间技术与科学研究丛书 [M]. 北京：北京理工大学出版社，2018.
[8] 黄克智，薛明德，陆明万. 张量分析 [M]. 北京：清华大学出版社，2003.
[9] 肖业伦. 航天器飞行动力学原理 [M]. 北京：宇航出版社，1995.
[10] 刘林，胡松杰，王歆. 航天动力学引论 [M]. 南京：南京大学出版社，2006.
[11] 章仁为. 卫星轨道姿态动力学与控制 [M]. 北京：北京航空航天大学出版社，1998.
[12] 屠善澄. 卫星姿态动力学与控制 [M]. 北京：宇航出版社，1999.
[13] 吕振铎，雷拥军. 卫星姿态测量与确定 [M]. 北京：国防工业出版社，2013.
[14] 李立涛，荣思远. 航天器姿态动力学与控制 [M]. 哈尔滨：哈尔滨工业大学出版社，2019.
[15] 张洪华. 复杂航天器高品质姿态控制 [M]. 北京：国防工业出版社，2018.
[16] 杨林. 大幅宽高分辨光学卫星一体化结构多目标优化设计 [D]. 长春：中国科学院大学（中国科学院长春光学精密机械与物理研究所），2019.
[17] 陶磊. 空间大型结构体组装单元及装配性能研究 [D]. 哈尔滨：哈尔滨工业大学，2020.
[18] 史创，李伟杰，郭宏伟，陶磊，刘荣强，邓宗全. 空间大型结构体在轨组装单元及对接接口研究 [J]. 机械工程学报，2022，58（1）：52-60.
[19] 葛平，张天馨，康晓晰，康焱，席翔宇，陈琦，王帅. 2022 年深空探测进展与展望 [J]. 中国航天，2023（2）：9-18.
[20] 袁利，黄煌. 空间飞行器智能自主控制技术现状与发展思考 [J]. 空间控制技术与应用，2019，45（4）：7-18.

[21] 詹景坤，王小辉，俞启东，蔡昱，惠俊鹏．未来航天器预测与健康管理技术研究及启示［J］．电子测试，2017（11）：31－33＋48.
[22] 艾绍洁，宋佳，王鹏程．载人航天器自主故障诊断与预测技术研究进展综述［J］．无人系统技术，2023，6（1）：26－42.
[23] 康会峰，梅天宇，夏广庆，王晓阳，范益朋，鹿畅．航天器寿命末期离轨技术研究综述［J］．中国空间科学技术，2022，42（5）：11－23.
[24] 刘隽康，付娆，王林．微小卫星的任务后处置方案［J］．军民两用技术与产品，2021（9）：23－29.
[25] 陈险峰，任维佳，刘惟芳，李晓明．小卫星增阻主动离轨技术的设计与实践［J］．空间碎片研究，2020，20（1）：17－24.
[26] 王立武，鲁媛媛，房冠辉，戈嗣诚．航天器增阻离轨技术发展概述及前景展望［J］．航天器工程，2020，29（1）：61－69.
[27] 阮永井，胡敏，云朝明．低轨巨型星座构型设计与控制研究进展与展望［J］．中国空间科学技术，2022，42（1）：1－15.
[28] 刘爱国．中国“星网”迈向新轨道［J］．法人，2021，213（11）：49－51.